《中国海洋发展报告（2023）》编辑委员会

中国海洋发展报告

China′s Ocean Development Report

（2023）

自然资源部海洋发展战略研究所课题组　编著

海洋出版社
2023年·北京

图书在版编目（CIP）数据

中国海洋发展报告. 2023 / 自然资源部海洋发展战略研究所课题组编著. —北京 ：海洋出版社，2023. 5

ISBN 978-7-5210-1113-5

Ⅰ. ①中… Ⅱ. ①自… Ⅲ. ①海洋战略-研究报告-中国-2023 Ⅳ. ①P74

中国国家版本馆 CIP 数据核字（2023）第 076999 号

责任编辑：高朝君
责任印制：安　森

海洋出版社 出版发行

http：//www. oceanpress. com. cn
北京市海淀区大慧寺路 8 号　邮编：100081
鸿博昊天科技有限公司印刷
2023 年 5 月第 1 版　2023 年 5 月北京第 1 次印刷
开本：787mm×1092mm　1/16　印张：17
字数：340 千字　定价：200. 00 元
发行部：010-62100090　总编室：010-62100034

海洋版图书印、装错误可随时退换

编写说明

2006年以来，海洋发展战略研究所组织编写了关于中国海洋发展的系列年度研究报告。报告立足全面论述中国海洋事业发展的国际和国内环境、海洋战略与政策、法律与权益、经济与科技、资源与环境等方面的理论与实践问题，客观评价海洋在实现"两个一百年"奋斗目标、实施可持续发展战略中的作用，系统梳理国内外海洋事务的发展现状，向有关部门提出中国海洋事业发展的对策和建议，为社会公众普及海洋知识、提高海洋意识提供了阅读和参考读本。

党的二十大确定了全面建成社会主义现代化强国、以中国式现代化全面推进中华民族伟大复兴的战略目标。2023年是全面贯彻落实党的二十大精神的起步之年。高质量发展是全面建设社会主义现代化国家的首要任务，推动高质量发展必须立足新发展阶段，完整、准确、全面贯彻新发展理念，构建新发展格局。

党的二十大报告指出，发展海洋经济，保护海洋生态环境，加快建设海洋强国；促进世界和平与发展，推动构建人类命运共同体。当今世界百年未有之大变局加速演化，世界之变、时代之变、历史之变正以前所未有的方式展开。全球海洋治理加速变革，政治、法律、科学等国际进程联动发展，国际规则更加重视资源环境保护和海洋及其资源的可持续利用。

过去的一年，海洋强国建设持续深入推进，海洋生态文明建设取得积极成效，海洋灾害防治能力显著提升，海洋经济保持健康发展，依法行政能力水平持续提高。在《中国海洋发展报告（2023）》中，我们在既往篇章结构的基础上进行了调整，围绕"坚持陆海统筹，加快建设海洋强国"，结合2022年中国海洋事业发展面临的形势、海洋领域取得的成就和重要事件、自然资源管理的新进展和生态文明建设的新要求，从"海洋政策与管理""海洋经济高质量发展与科技创新""海洋生态文明建设""海洋法治建设与权益维护"以及"全球海洋治理与海洋命运共同体"五个部分展开论述。《中国海洋发展报告（2023）》还对社会公众关注的一些海洋热点和难点问题进行了论述，并对2022年海洋形势予以简要综述。自然资源部海洋发展战略研究所的科研人员承担了《中国海洋发展报告（2023）》的研究和撰写工作，各部分负责人和各章执笔人如下：

第一部分　海洋政策与管理	付　玉
第一章　中国的海洋政策	王　芳

第二章　中国的海洋管理　付　玉
第三章　中国的远洋渔业政策与管理　李明杰
第二部分　海洋经济高质量发展与科技创新　张　平
第四章　中国海洋经济的发展　姜祖岩 鞠劭芃
第五章　中国海洋产业的发展　张　平
第六章　中国海洋科技的发展　刘　明
第三部分　海洋生态文明建设　郑苗壮
第七章　中国的海洋保护地　赵　畅
第八章　中国海洋环境保护　朱　璇　王　哲
第九章　中国海洋生态保护修复　王　哲　朱　璇
第十章　中国蓝碳的探索与实践　杨　妍　姚　霖
第四部分　海洋法治建设与权益维护　密晨曦
第十一章　中国的海洋法治建设　张　颖
第十二章　周边海洋法律秩序的发展　疏震娅
第十三章　中国与《联合国海洋法公约》　罗　刚
第五部分　全球海洋治理与海洋命运共同体　吴继陆
第十四章　BBNJ 国际协定谈判与中国参与　郑苗壮
第十五章　国际海底事务与中国深海事业　张　丹
第十六章　北极治理与中国北极事业　吴雷钊　陈　琛
第十七章　南极治理与中国南极事业　密晨曦
附录　刘　彬
附录 1~3　吴竞超

感谢自然资源部各级领导的关心和指导，感谢全体编写组成员和编辑同事的辛勤劳动和贡献。我们希望把《中国海洋发展报告》做成一部面向广大社会公众和国家决策层的科学、权威的国情咨文，做成全面记载、客观反映和专业评述中国海洋事业发展进程和成就的系列报告。

本年度海洋发展报告中的述评是作者的认识，不代表任何政府部门和单位的观点。本报告作为学术研究成果，难免有不足之处，敬请读者批评指正。

《中国海洋发展报告（2023）》编辑委员会

2023 年 3 月

目　录

第三部分　海洋生态文明建设

第四部分　海洋法治建设与权益维护

第五部分　全球海洋治理与海洋命运共同体

附 录

2022 年海洋形势综述

2022 年，党的二十大报告作出发展海洋经济，保护海洋生态环境，加快建设海洋强国的战略部署。全球海洋治理加速变革，政治、法律、科学等国际进程联动发展，国际规则更加重视资源环境保护和可持续利用。中国持续培育壮大海洋新兴产业，海洋科技创新能力增强，推动海洋经济高质量发展。不断强化海洋保护、海洋利用、海洋治理，推动海洋强国建设不断取得新进展。

一、全球海洋治理加速变革

2022 年，全球海洋治理形势前景日趋明朗，相关国际进程相互关联、联动发展，多项谈判达成或进入最后阶段，国际规则进入变轨换道的关键阶段，全球海洋秩序变革序幕正徐徐拉开。

（一）国家管辖外海域生物多样性养护和可持续利用（BBNJ）国际协定出台在即

2022 年，联合国大会就 BBNJ 国际协定谈判议题举行两轮磋商，决定于 2023 年 2 月召开第五次政府间大会续会，向国际社会传递在续会结束谈判的雄心。美国等西方国家就协定谈判达成共识，在焦点问题上共进退，对发展中国家进行拉拢、分化、施压，企图破坏海洋遗传资源、划区管理工具、海洋环境影响评价、能力建设和技术转让等四大议题同步出台的既定协议。BBNJ 国际协定谈判历经近 20 年，对发展中国家关注的海洋遗传资源货币化惠益、协定供资机制等方面，发达国家始终未正面回应，拒不承担应尽的国际责任，致使谈判陷入僵局。中国积极推动构建公平公正的国际海洋秩序，维护国际社会的整体利益，弥合分歧矛盾，是谈判的贡献方和中坚力量。①

（二）“3030 目标”如期获得通过

西方国家为实现在全球布局公海保护区，竭力推动到 2030 年将全球海洋面积的 30%纳入保护的目标（以下简称“3030 目标”）。2022 年 12 月，《生物多样性公约》第十五次缔约方大会第二阶段会议通过了“昆明–蒙特利尔全球生物多样性框架”，“3030 目标”获得通过。但各方对该目标有不同解读。西方国家为实现其战略意图，强行将

---

① 2023 年 3 月，有关国家完成了 BBNJ 国际协定磋商。

“3030 目标” 适用至公海，影响 BBNJ 国际协定谈判、2030 联合国可持续发展议程更新，加速国际海洋规则变革。在 2022 年 6 月召开的美洲峰会上，美国联合加拿大、智利等太平洋沿岸的美洲九国，要求太平洋地区优先落实 “3030 目标”；在 9 月举行的美国-太平洋岛国峰会上，发布了加强海洋环境保护的战略路线图。“3030 目标” 通过后，美国白宫第一时间呼吁其他国家跟随其步伐，加快落实保护包括公海在内的所谓 “3030 目标”。

（三）开发规章出台仍需时日

国际海底管理局为推动《国际海底区域内矿产资源开发规章》（以下简称《开发规章》）在 2023 年出台[①]，于 2022 年召开了三次大会。国际海底管理局理事会设立非正式工作组，就各自负责的案文草案进行磋商。[②] 在各方共同努力下，《开发规章》草案磋商取得了积极进展，大部分案文草案已完成一读，基本确定了案文条款框架。理事会就 2023 年《开发规章》制定路线图达成一致，决定继续安排三次会议，争取在 2023 年 7 月完成磋商。但从《开发规章》谈判态势来看，各方对草案中不少内容，包括缴费、检查机制等尚存分歧，一些重要事项，如环境阈值的制定等仍需时日。2023 年完成制定《开发规章》仍存在较大难度。

（四）南北极国际治理挑战重重

美国等西方国家与中国、俄罗斯等围绕南极治理的制度性话语权争夺日渐激烈。美国等西方国家以俄乌冲突为由集体谴责施压俄罗斯，在推动加拿大成为《南极条约》协商国的同时，压制白俄罗斯和委内瑞拉的申请，不断推动力量对比天平的倾斜。美国、英国、澳大利亚、新西兰、智利、阿根廷、欧盟等以应对气候变化和保护生物多样性为名，积极推动各种陆海保护区的扩张和叠加，寻求突破和修改现有制度体系，导致他国生存和发展空间受限。同时，美国、英国、法国、比利时等积极推动关于南极活动环境影响评估、环境紧急事件赔偿责任等基本制度的修改，以加强环境保护为名，不断强化美国等西方国家的制度优势。此外，南极领土声索国并未放弃对南极大陆的领土主张，智利以其主张的南极领地为基础，于 2022 年 2 月向联合国大陆架界限委员会提交了 200 海里外大陆架外部界限划界案。

---

① 2021 年 6 月，瑙鲁总统致函国际海底管理局理事会主席，表示瑙鲁担保的承包者瑙鲁海洋资源公司有意申请核准开发工作计划，要求理事会按照 1994 年《关于执行 1982 年 12 月 10 日〈联合国海洋法公约〉第十一部分的协定》附件第 1 节第 15 段有关规定，在瑙鲁请求生效之日起两年内完成《开发规章》的制定，触发了所谓的“两年规则”。

② 国际海底管理局理事会共设立了 5 个非正式工作组来推进《开发规章》的制定工作，分别为“财务问题特设工作组”和“保护和保全海洋环境”“检查、遵守和执行”“机构事项”以及“理事会全会”非正式工作组。

美国将大国博弈引向北极。2022 年 3 月，北极理事会其他七个正式成员国甩开俄罗斯，发表了关于俄罗斯入侵乌克兰后北极理事会合作的联合声明，并宣布暂停北极理事会及其附属机构的所有会议。10 月，美国《北极地区国家战略》提出继续发展符合美国北极利益的伙伴关系，企图与其盟国和伙伴国携手垄断北极理事会等机构的决策权，为特定国家参与北极事务设置障碍；同时，美国联合欧盟等为在北冰洋中央区公海建立海洋保护区积极开展战略预置，为定向排除他国北极活动奠定制度基础。

（五）联合国“海洋十年”行动成果显著

联合国“海洋科学促进可持续发展十年”（以下简称“海洋十年”）获得了国际社会的普遍支持和广泛参与，全球 31 个国家成立了国家委员会。政府间海洋学委员会成立了由成员国专家和联合国机构代表组成的“海洋十年”咨询委员会，组建了监测和评估非正式工作组、技术与创新非正式工作组以及数据协作平台，培育水下深潜器、深海勘探等海洋高新技术，引领全球海洋科技发展走向智能化和数字化，为全球海洋治理提供更为准确、详尽的数据和信息支持。政府间海洋学委员会发布了《2022 年海洋状况报告》《海洋科学促进生物多样性保护和可持续利用》等报告，批准了 45 个全球计划和超过 200 个国际项目，启动了珊瑚礁紧急计划等国际合作计划，共同应对海洋危机、促进可持续发展。

二、周边海上形势总体稳定

中国始终坚持与周边国家通过对话管控分歧、通过合作增进互信，确保周边海洋形势总体稳定可控。同时，美国利用南海、台海问题制造事端，干涉中国内政，挑拨中国与周边国家关系，频频“亮拳头”“秀肌肉”，周边海洋存在潜在冲突的风险。

（一）周边海洋事务合作取得积极成效

中国与日本、韩国开展机制性交流磋商，深化务实合作，促进地区和平、稳定、繁荣和发展。为进一步加强和深化中越全面战略合作伙伴关系，中国和越南于 2022 年 11 月发表联合声明，双方认为妥善管控分歧、维护南海和平稳定至关重要，一致同意妥善处理海上问题，为地区长治久安做出贡献。双方同意，坚持通过友好协商谈判解决海上问题，积极推进海上共同开发磋商和北部湾湾口外海域划界磋商早日取得实质进展，继续推动全面有效落实《南海各方行为宣言》并早日达成“南海行为准则”。中国与菲律宾领导人在 2022 年会见时表示，要坚持友好协商，妥善处理分歧争议。菲律宾总统马科斯表示，海上问题不能定义整个菲中关系，双方可就此进一步加强沟通；菲方愿同中方积极协商，探讨推进海上油气共同开发。中国和印度尼西亚构建政治、经济、人文、海上合作“四轮驱动”的双边关系新格局，加强“一带一路”倡议与“全球海洋支点”构想对接。中国与越南北部湾湾口外海域工作组和海上共同开发磋商工作组相关磋商持续推进，双方认为妥善管控分歧、维护南海和平稳定至关重要，一致同意妥善处理海上问题。充分发挥东亚海洋合作平台青岛论坛的平台效应，聚焦海洋生态、自然灾害防治、海洋生物多样性等议题，携手各方共建海洋命运共同体。中国积极开展双多边海上执法合作，与越南、泰国、印度尼西亚、菲律宾、柬埔寨、巴基斯坦等深化交流，分别在黄海、北部湾与韩国、越南联合巡航，参加第 22 届北太平洋海岸警备执法机构论坛高官会，为周边海上安全稳定增加砝码。

（二）周边海洋秩序构建有序推进

各方在区域性多边机制中就共同关心的海上问题不断凝聚共识。习近平总书记在 2022 年 4 月博鳌亚洲论坛上提出，坚定维护亚洲和平，积极推动亚洲合作，共同促进亚洲团结。第 25 次东盟与中日韩（10+3）领导人会议强调，中日韩是东盟国家的主要合作伙伴，“10+3”是地区合作的压舱石。亚太经合组织领导人非正式会议发表了《2022 年亚太经合组织领导人宣言》和《生物循环绿色经济曼谷目标》，重申致力于实现农业、森林、海洋资源和渔业的可持续资源管理，决心加强合作势头。中国与东盟国家发布《纪念〈南海各方行为宣言〉签署 20 周年联合声明》，展现了各方致力于排除域外干扰、维护南海和平稳定的共同意志和坚定决心，表明地区国家完全有信心、有智慧、有能力处理好南海问题。

（三）周边海上不稳定因素仍然存在

周边海上局势表面缓和，实则暗流涌动。美国与日本把中国定位为首要战略竞争对手，污蔑中国为海洋秩序的不稳定因素，大肆鼓吹所谓“基于规则的国际（海上）秩序”。美国持续强化“航行自由”行动，空中抵近侦察频率不断加大，佩洛西窜访中国台湾，危害我国国家主权安全和南海的和平稳定。越南在其非法侵占我国南沙群岛的岛礁上大肆开展陆地吹填和岛礁设施建造工程，在争议海域继续开展油气开发活动。受菲律宾国内政府换届影响，中菲南海油气共同勘探开发合作一波三折，前景不明。美国与日本、韩国、菲律宾等国的军事与安全合作不断升温，强化地区的军事存在，持续破坏我国周边海上局势，竭力打造围堵中国的“小圈子”。

三、海洋强国建设稳步推进

自然资源部等涉海管理部门和沿海地区、社会各界，深入贯彻落实习近平总书记关于新时代海洋强国的重要论述，锚定建设海洋强国目标，加快形成节约资源和保护环境的空间格局，全面推进海洋资源节约集约利用，加强海洋生态保护修复。中国海洋政策体系不断完善，管海用海水平持续提升，海洋法治建设取得新进展，海洋管理不断向科学化、法治化、精细化迈进。

（一）政策引领海洋事业高质量发展

海洋是高质量发展的战略要地。新冠疫情影响和国际地缘政治紧张等不确定性因素仍持续存在。国家和地方在全面促进海洋经济高质量发展、强力推动海洋环境保护与生态建设、切实保障海洋执法与维权以及加强海洋管理等各方面，出台了一系列政策文件和保障措施。例如，提供重大项目用地用海要素保障、修订发布国家标准规范海洋产业发展、加强海水养殖生态环境监管、开展重点海域综合治理攻坚战、加强海洋生态预警监测质量管理、规范海洋渔业行政处罚自由裁量标准、制定发布“临时仲裁规则”提高航运软实力等诸多政策性文件，为海洋高质量发展提供了强有力的政策支撑，推动海洋事业持续向好发展。

（二）海洋治理水平不断提升

中国推动海洋经济高质量发展，加快推动海洋产业绿色转型，加强海域海岛保护利用及海洋生态环境保护修复，深度参与全球海洋治理，不断提升海洋管理现代化水平。自然资源部等部门按照疫情要防住、经济要稳住、发展要安全的要求，布局海洋产业绿色低碳发展。继续实施海洋伏季休渔制度，明确远洋渔业发展目标。福建、浙江、山东、上海、广西等沿海省（区、市）印发实施海洋渔业资源养护补贴政策实施方案，改革渔业补贴，促进海洋渔业资源养护。大力开展海域海岛监管工作，加强无居民海岛开发利用。推动开展和美海岛创建示范，促进海岛地区实现绿色低碳发展。加强海洋生态保护红线管理，建立健全省级海洋生态预警监测体系。自然资源部等部门联合发布《关于加强生态保护红线管理的通知（试行）》，规范占用生态保护红线用地用海用岛审批，严格生态保护红线监管。广东、浙江等沿海省份印发文件，加强海洋生态预警监测工作。深度参与全球海洋治理。中国积极参与第二届联合国海洋大会，阐述和传播中国立场、理念、实践和倡议，提出建设性实施方案和倡议。

（三）海洋法治建设取得新进展

中国海洋法治建设不断推进，海洋立法不断完善，海洋执法体系和执法能力建设进一步提高，海洋法治实施体系更为高效权威，立法机关和检察机关法律监督更加严密，海洋事业在法治轨道上全面发展。全国人大常委会和国务院在立法工作计划中提出“以高质量立法保障高质量发展”，为海洋立法工作奠定基调。正式实施《中华人民共和国湿地保护法》，修订《中华人民共和国水下文物保护管理条例》，进一步推动《中华人民共和国矿产资源法》《中华人民共和国海洋环境保护法》等的修订和审议工作，涉海法律体系不断完善。海上执法力度不断加强，海上执法效能进一步提升。海警、海事、渔政等机构深化执法协作机制，联合多部门开展“碧海 2022”“商渔共治 2022”等专项执法行动。海警机构与地方涉海部门、检察机关、法院签订多个协作协议，提升海洋执法司法整体效能。海事审判体系改革不断推进，“三审合一”改革稳步推进，宁波、海口海事法院稳步推进海事刑事案件审理。

四、海洋经济与科技创新水平继续提升

2022 年，面对国内外复杂的形势，在以习近平同志为核心的党中央坚强领导下，各地区各部门高效统筹疫情防控和经济社会发展，海洋经济顶住压力持续恢复，海洋新兴产业呈现良好发展势头，海洋传统产业发挥了“稳定器”作用。

（一）海洋经济持续恢复

据初步核算①，2022 年全国海洋生产总值 94 628 亿元，比上年增长 1.9%，占国内生产总值的比重为 7.8%。其中，海洋第一产业增加值 4 345 亿元，第二产业增加值 34 565 亿元，第三产业增加值 55 718 亿元，分别占海洋生产总值的 4.6%、36.5%和 58.9%。

2022 年，15 个海洋产业增加值 38 542 亿元，比上年下降 0.5%。海洋传统产业中，受装备技术进步、产业结构调整和升级以及跨海桥梁、海底隧道、沿海港口、海上油气等多项重大工程有序推进的影响，海洋油气业、海洋船舶工业、海洋工程建筑业、海洋交通运输业以及海洋矿业均实现了 5%以上的较快发展。其中，海洋矿业增速达 9.8%，居于首位，海洋船舶工业以 9.6%的增速紧随其后。而随着海洋渔业转型升级的深入推进，智能、绿色和深远海养殖稳步发展，海洋水产品稳产保供水平进一步提升，海洋渔业、海洋水产品加工业实现平稳发展。受宏观经济放缓、化工产品需求疲软影响，海洋化工产品产量有所下降，海洋化工业全年实现增加值 4 400 亿元，比上年下降 2.8%。

海洋新兴产业中，海洋电力业、海洋药物和生物制品业、海水淡化与综合利用业等继续保持较快增长势头。其中，海洋电力业 2022 年实现增加值 395 亿元，较上年增长 20.9%，位列海洋新兴产业增速第一；海上风电保持快速增长态势，截至 2022 年年末，海上风电累计并网容量比上年同期增长 19.9%，潮流能、波浪能的应用与研发不

---

① 自然资源部海洋战略规划与经济司：《2022 年中国海洋经济统计公报》，自然资源部，2023 年 4 月 13 日，http://gi.mnr.gov.cn/202304/t20230413_2781419.html，2023 年 4 月 14 日登录。

断推进。随着海洋药物临床试验稳步推进、海洋生物制品生产规模不断扩大，海洋药物和生物制品业全年实现增加值746亿元，较上年增长7.1%。有赖于海水淡化关键技术研发取得新突破、海水淡化工程规模进一步扩大，海水淡化与综合利用业全年实现增加值329亿元，比上年增长3.6%。受疫情影响，海洋旅游业下降幅度较大，该产业全年实现增加值13 109亿元，较上年下降10.3%。

（二）海洋科技创新能力取得突破

中国海洋科技实力显著提升，发展总体较好。中国在物理海洋学、海洋生物学、海洋地质学、海洋气象学等领域取得突破性进展。在国家创新驱动战略和科技兴海战略的指引下，中国海洋科技在深水、绿色、安全的海洋高技术领域取得突破，在推动海洋经济转型升级过程中急需的核心技术和关键共性技术方面取得了突破，成为推动新时代海洋经济高质量发展的重要引擎和海洋强国建设的重要支撑力量。中国基本实现浅水油气装备的自主设计建造，多项海工船舶已形成品牌，深海装备制造取得了突破性进展，部分装备已处于国际领先水平。“海基一号”的顺利完工、“深海一号”能源站的投产、首套国产化深水水下采油树完成安装、超稠油开发技术的重要突破、国产大型邮轮H1509的正式开工建造等一系列海工装备的重要进展，推动中国海洋装备技术水平和研发能力持续提高。多型海洋卫星运行良好，海洋卫星组网业务化观测格局已全面形成。第39次南极科学考察及大洋科学考察成功开展，顺利完成南极大气成分、水文气象、生态环境等方面的科学调查工作，执行了南大洋微塑料、海漂垃圾等新型污染物的监测任务。

五、海洋生态环境持续向好发展

在习近平生态文明思想的指引下，中国高度重视海洋生态文明建设，把美丽海洋作为建设目标，持续加强海洋环境污染防治，保护海洋生物多样性，实现海洋资源有序开发利用，为子孙后代留下一片碧海蓝天。

（一）海洋保护地体系逐步完善

截至2019年年底，中国已建成各类海洋保护地271个，总面积约12.4万平方千米，占主张管辖海域面积的4.1%。海洋保护地涉及11个沿海省（区、市），保护对象涵盖珊瑚礁、红树林、滨海湿地、海湾、海岛等典型海洋生态系统及中华白海豚、斑海豹、海龟等珍稀濒危海洋生物物种。中国持续推进构建以国家公园为主体的自然保护地体系，把具有国家代表性的重要生态系统纳入国家公园体系严格保护，在全国逐步形成以国家公园为主体、自然保护区为基础、各类自然公园为补充的保护地管理体系；持续完善海洋自然保护地网络，构建以海岸带、海岛链和自然保护地为支撑的“一带一链多点”海洋生态安全格局，并通过开展全国海洋自然保护地现状调查评估，加强海洋自然保护地监测预警。

（二）海洋生态环境稳中向好

全国入海河流水质状况稳定，海水环境质量持续改善，近岸海域生态环境质量总体向好。典型海洋生态系统基本消除“不健康”状态，海洋生态系统健康状况得到总体改善。《国务院办公厅关于加强入河入海排污口监督管理工作的实施意见》的印发，推进了重点海湾排污口排查整治，建立起科学高效的排污口监督管理体系。《中华人民共和国海洋环境保护法》修订草案提请第十三届全国人大常委会审议，修订草案强化海洋生态环境保护规划的引导作用，修改和完善重点海域排污总量控制制度，优化海洋环境标准和监测调查体系并明确规定建设项目应当避免或减轻对海洋生物的影响，增加建设项目不得造成领海基点及其周围环境的侵蚀、淤积和损害。美丽海湾保护与建设积极推进，陆海统筹视角下的综合治理、系统治理、源头治理理念得到成功实践，首批美丽海湾优秀案例发布。

（三）海洋生态保护修复取得积极进展

中国持续推进“蓝色海湾”整治行动、海岸带保护修复、红树林修复等海洋生态保护修复重点工程，开展典型海洋生态系统监测与评价，构建海洋生态预警监测体系，有效改善海洋生态系统质量，提升海洋生物多样性水平及防灾减灾能力。辽宁大连复州湾生态修复项目、山东省东营市渤海综合治理及攻坚战生态修复项目等入选 2022 年自然资源部“渤海生态修复典型案例”，总结推广海洋生态修复优秀实践经验。《碳排放权交易管理暂行条例》正式列入国务院立法工作计划，建立健全蓝碳市场制度体系获得新历史机遇。福建省完成全国首例双壳贝类海洋渔业碳汇交易，在探索“海洋碳汇”交易实践方面取得阶段性成果。在海南东寨港国家级自然保护区管理局组织实施下，海南首个蓝碳生态产品交易完成签约，交易碳汇量 3 000 余吨，为实现蓝碳项目开发和市场化提供有益借鉴。

2022 年，中国顺利召开党的二十大，吹响了奋进新征程的时代号角。作为国际海洋治理的推动者和建设性力量，中国深度参与 BBNJ 国际协定谈判、“3030 目标”制定等全球海洋治理进程，启动联合国“海洋十年”中国行动。积极服务稳住经济大盘，加强海洋资源保护和合理开发，促进海洋经济高质量发展，为维护经济社会大局稳定积极贡献力量。未来五年是全面建设社会主义现代化国家开局起步的关键时期，我国将更好地统筹海洋安全与发展，协调海洋资源环境保护与开发，有效支撑和保障海洋经济高质量发展，有力促进人与海洋和谐共生的现代化强国建设。

第一部分

海洋政策与管理

第一章　中国的海洋政策

2013 年 7 月，中央政治局就建设海洋强国进行集体学习。这是党中央准确把握时代发展趋势、深刻分析国内外形势作出的重要战略决策，为我国海洋事业发展指明了方向。2022 年 10 月，党的二十大报告从战略高度对海洋事业发展作出了全面部署。党的二十大报告指出，发展海洋经济，保护海洋生态环境，加快建设海洋强国，维护海洋权益，坚定捍卫国家主权、安全、发展利益。从 2013 年到 2022 年，围绕着国家的大政方针，海洋政策不断调整完善，推动海洋强国建设取得令人瞩目的巨大成就，对于促进和支撑经济社会发展发挥重要作用。2022 年，有关部门制定了一系列政策措施，促进了海洋事业的全面发展。

一、海洋政策护航海洋强国建设取得显著成就

建设海洋强国是中国特色社会主义事业的重要组成部分。党的十八大提出建设海洋强国以来，国家出台多项重大举措和相关政策，从提高海洋资源开发能力、加快优化海洋产业结构步伐、深入推进海洋生态文明建设等方面入手，把推动海洋高质量发展作为加快建设海洋强国的主线，全面落实“依海富国、以海强国”，推动中国海洋强国建设取得显著成就。

（一）海洋经济实现高质量发展新跨越

中国以发展海洋经济为核心，着力推动海洋经济向质量效益型转变。近年来，中国海洋经济实现平稳较快发展，在提高人民生活水平、全面建成小康社会中发挥了重要作用。中国海洋经济逐步稳健复苏，2020 年海洋生产总值达 80 010 亿元人民币，占沿海地区生产总值的 14. 9%；2012—2021 年，海洋经济总值从 5 万亿元增长到 9 万亿元，占国内生产总值的比重保持在 9%左右。海洋产业结构不断优化，新兴海洋产业的增速超过 10%。海洋经济转型升级效果明显、亮点频现，海工装备、海洋电力等新兴产业不断取得突破。海水淡化工程规模达到 165 万吨/日，海洋渔业、船舶制造等海洋传统产业提质增效步伐加快，海产品产量多年位居世界第一。中国作为世界第一造船大国，海洋工程装备总装建造进入世界第一方阵，海洋港口规模和海上风电累计

装机容量均居世界第一，海运量约占全球的1/3。海洋油气成为国家能源重要增长极，海洋服务业创新发展并领跑其他海洋产业，海洋休闲娱乐、涉海金融等新兴业态彰显生机活力。

三大海洋经济圈发展特色逐步显现，北部新旧动能转换提速，东部一体化步伐加快，南部集聚带动力明显提升。海洋为沿海城市发展和对外开放注入新动能，京津冀、长三角、珠三角等区域凭借海洋经济优势不断焕发新活力，深圳、上海加快建设全球海洋中心城市，海南自由贸易港建设全面启动，海洋经济发展示范区和海洋经济创新发展示范城市的产业集聚和辐射带动作用不断增强，海洋已成为陆海内外联动、东西双向互济开放格局中的关键一环。

（二）海洋生态文明建设取得突破性进展

中国以海洋生态文明建设为主线，不断强化顶层设计，健全完善管理体系，持续加大监督管理力度。在管理体制、法律法规、政策文件、制度体系等方面体现了由陆海分割到陆海统筹、由宏观到微观、由松散到严格等一系列变化。目前，中国海洋资源开发保护制度基本健全，海洋资源节约集约利用持续加强，陆海统筹的海洋空间规划体系逐步形成，“生态+海洋管理”新模式不断完善。逐步建立“海域、海岛、海岸线全覆盖”“用海行业与用海方式相结合”的海洋空间用途管制制度，海洋保护地规模及质量不断提高，海洋开发保护格局与空间基本功能更加清晰。海洋生态预警监测体系逐步健全，湾长制、海洋资源环境承载能力监测预警等改革试点顺利开展，“蓝色海湾”“生态岛礁”等重大工程统筹实施，海洋生态环境治理成效显著。在伏季休渔基础上推行公海自主休渔，为维系全球海洋生态系统健康做出中国贡献。海洋环境污染防治力度不断加大，总量控制、排污许可等控污减排制度逐步实施，入海排污口排查整治、入海河流断面消劣等效果明显，全国近岸海域水质持续向好。

大力践行绿色发展理念，海洋生态保护修复取得了积极进展。“十三五”期间整治修复岸线1 200千米、滨海湿地2.3万公顷，局部海域典型生态系统退化趋势得到初步遏制。中国初步建立了海洋生态预警监测体系，实施红树林保护修复专项行动计划和海洋生态保护修复工程。全国近30%的近岸海域和37%的大陆岸线被纳入生态保护红线管控范围，“蓝色海湾”“南红北柳”“生态岛礁”等重大生态修复工程加快推进。通过严格保护和生态修复，建立52处有红树林分布的自然保护地，成为世界上少数红树林面积净增加的国家之一。海水环境质量总体改善，符合第一类海水水质标准的海域面积占管辖海域的96.8%。

（三）海洋科技创新和公共服务能力不断提升

中国海洋科技创新取得重大标志性成果，“蛟龙”号、“深海勇士”号、“奋斗者”号成功研制，载人深潜突破万米大关，实现集成创新向自主创新的飞跃。“海洋石油981”深水半潜式钻井平台在南海首钻成功，可燃冰试采创造产气时长和总量的世界纪录。近海海水养殖育种技术、多糖类药物研发突破瓶颈，潮流能新增装机规模及连续运行时间等方面处于世界领先水平，中国自主建造的“雪龙 2”号破冰船填补了中国在极地考察重大装备领域的空白。中国在轨运行的海洋卫星已经达到 10 颗，建成海洋水色、海洋动力、海洋监测遥感观测卫星星座，全球海洋立体观测网初步形成。海洋预报减灾能力显著增强，海洋灾害风险评估和区划全面启动，风暴潮、海浪、海冰、海平面上升等灾害应对取得明显成效。海洋科技创新平台加快搭建，沿海地区建成了一批海洋产业公共服务平台和企业研发中心。

海洋科技创新发挥了核心与支柱作用，依靠创新来支撑海洋民生、兜住生态底线，为海洋事业持续健康发展提供不竭动力源泉。在深远海和大洋调查探测技术与装备、深远海及极地资源开发利用工程装备与技术、战略海洋新材料的研究与开发、深远海开发力度等方面持续发力。在海洋科技国际合作方面，以发达海洋国家和“21 世纪海上丝绸之路”沿线国家为重点，探索“引进来”与“走出去”并重的海洋科技创新与高技术产业国际合作新机制，推动海洋产业链全球网络布局和创新发展。

（四）维护国家海洋权益和参与全球海洋治理能力显著增强

中国坚持维护国家主权、安全、发展利益相统一。贯彻总体国家安全观，坚持把国家主权和安全放在第一位，努力建设强大的综合性海上力量。以捍卫海洋安全为原则，着力推动海洋安全向内外兼修型转变。以维护海洋权益和负责任大国形象为重点，着力推动海洋维权向统筹兼顾型转变。加强维权执法，通过加强对话磋商、深化互利合作、灵活运用规则，开展法理维权，正确引导舆论，实施有效管控，妥善应对和化解周边各种海上风险和复杂局面。加强常态化维权巡航执法应对海上侵权，以设立三沙市等举措强化行政管辖，通过发布白皮书和系列声明宣示立场。拓展海洋发展新空间，加强双多边海洋合作，维护中国海外利益和海洋合法权益。积极推进海洋国际合作，与 40 多个国家和国际组织在海洋科学研究、海洋生态保护和海洋防灾减灾等领域签署合作协议。深度参与涉海国际组织活动，秉持共商共建共享原则，发起和实施一批务实的海洋国际合作项目，承建了多个国际组织的中国中心。推动成立东亚海洋合作平台、中国–东盟海洋合作中心等区域性平台，在“21 世纪海上丝绸之路”沿线国家推广应用自主海洋环境安全保障技术。

极地与深海保护利用能力显著增强。中国先后实施 39 次南极科学考察和 12 次北极科学考察，形成了若干具有代表性的“中国成果”，“两船六站”的极地立体化协同考察体系发挥了重要作用。发布《中国的北极政策》《中国的南极事业》白皮书，“极地大国”地位进一步巩固。多类型深海调查监测与观测平台基本建成，先后组织约 80 个大洋调查航次，成功在国际海底区域获得 5 块、总面积达 24 万平方千米具有专属勘探权和优先开发权的矿区。

二、海洋政策引领国家海洋事业新发展

海洋是高质量发展的战略要地。2022 年，中国协同推进海洋生态环境高水平保护与海洋经济高质量发展，切实保障海上执法和维护海洋权益，海洋经济实力全面提升、海洋环境质量稳中趋好、海洋执法维权成效显著、海洋科技创新取得新突破。

（一）全面促进海洋经济高质量发展

为重大项目用地用海提供要素保障。为切实做好建设项目用地用海保障，推进有效投资重要项目尽快形成实物工作量，促进经济社会平稳健康发展，自然资源部于 2022 年 8 月印发《关于积极做好用地用海要素保障的通知》。[①] 在用海用岛审批方面，对暂不具备受理条件的项目提出先行开展用海用岛论证专家评审等技术审查工作，对报国务院批准用海的海底电缆管道项目提出施工申请和用海申请，一并提交审查，精简技术评估报告，项目用海与填海项目竣工海域使用验收一并审查，简化无居民海岛的公益设施用岛审批等。

修订发布国家标准，规范海洋产业发展。为科学划分海洋产业类别，2022 年 7 月 1 日，修订版《海洋及相关产业分类》（GB/T 20794—2021）正式实施，将海洋经济分为海洋经济核心层、海洋经济支持层、海洋经济外围层。在产业分类层面新标准更加细化，将海洋经济划分为海洋产业、海洋科研教育、海洋公共管理服务、海洋上游相关产业、海洋下游相关产业 5 个产业类别，下分 28 个产业大类、121 个产业中类、362 个产业小类。为加强指导人为水下噪声对海洋生物影响评价，自然资源部于 2022 年 10 月发布《人为水下噪声对海洋生物影响评价指南》[②]，降低水下噪声引起的负面效应，减少对海洋生物尤其是珍稀濒危物种的影响。

---

① 《自然资源部关于积极做好用地用海要素保障的通知》（自然资发〔2022〕129 号），中国政府网，2022 年 8 月 2 日，http：//www. gov. cn/zhengce/zhengceku/2022-08/08/content_5704636. htm，2022 年 10 月 10 日登录。

② 《海洋行业标准〈人为水下噪声对海洋生物影响评价指南〉编制说明》，自然资源部，http：//gi. mnr. gov. cn/202208/P020220816410062971615. pdf，2022 年 10 月 28 日登录。

促进远洋渔业高质量发展。为促进远洋渔业规范有序高质量发展，2022 年 2 月，农业农村部发布关于促进“十四五”远洋渔业高质量发展的意见，部署优化远洋渔业区域布局、推进远洋渔业全产业链集聚发展、健全远洋渔业发展支撑体系、提升远洋渔业综合治理能力、加大远洋渔业发展保障力度五项重点任务，并提出坚持绿色发展、坚持合作共赢发展、坚持全产业链发展、坚持安全稳定发展四项基本原则，提出到 2025 年远洋渔业总产量稳定在 230 万吨左右。

（二）强力推动海洋环境保护与生态建设

加强海水养殖生态环境监管。2022 年，《生态环境部 农业农村部 关于加强海水养殖生态环境监管的意见》印发，要求沿海各级生态环境部门、农业农村（渔业）部门以海洋生态环境质量改善为核心，以突出问题为导向，坚持精准治污、科学治污、依法治污，采取针对性举措，切实加强海水养殖生态环境监管。该意见主要内容包括严格环评管理和布局优化、实施养殖排污口排查整治、强化监测监管和执法检查、加强政策支持与组织实施四个方面十项举措，进一步明确了沿海各级生态环境部门和农业农村（渔业）部门加强海水养殖生态环境监管的重点任务。①

开展重点海域综合治理攻坚战。渤海、长江口-杭州湾和珠江口邻近海域等重点海域是中国沿海高质量发展的重大战略区、人海和谐共生的重要实践区。2022 年 2 月，生态环境部、国家发展改革委、自然资源部等多部委联合印发《重点海域综合治理攻坚战行动方案》，按照因地制宜、分区施策，陆海统筹、综合治理，系统保护、协同增效，落实责任、合力攻坚的基本原则，聚焦三大重点海域存在的突出生态环境问题，系统部署治污染、保生态、防风险、提质量等重点任务和差异化目标，并从加强组织领导和监督评估、强化科技支撑和资金保障、加强信息公开和公众参与三个方面提出保障措施。②

加强入河入海排污口监督管理。为加强和规范排污口监督管理，国务院办公厅印发《关于加强入河入海排污口监督管理工作的实施意见》，从排查溯源、分类整治、监督管理、支撑保障等方面明确了相关要求，提出水陆统筹、以水定岸，明晰责任、严格监督，统一要求、差别管理，突出重点、分步实施等工作原则，明确了到 2023 年、2025 年的目标任务。③

---

① 《生态环境部 农业农村部 关于加强海水养殖生态环境监管的意见》（环海洋〔2022〕3 号），农业农村部，2022 年 1 月 10 日，http：//www. moa. gov. cn/govpublic/YYJ/202201/t20220111_6386707. htm，2022 年 10 月 9 日登录。

② 《生态环境部有关负责人就〈重点海域综合治理攻坚战行动方案〉答记者问》，“生态环境部”百度百家号，2022 年 2 月 17 日，https：//baijiahao. baidu. com/s？ id = 1725004004111690149&wfr = spider&for = pc，2022 年 10 月 9 日登录。

③ 《国务院办公厅印发〈关于加强入河入海排污口监督管理工作的实施意见〉》，中国政府网，2022 年 3 月 2 日，http：//www. gov. cn/xinwen/2022-03/02/content_5676518. htm，2022 年 10 月 9 日登录。

加强海洋生态预警监测质量管理。2022 年 7 月，自然资源部办公厅印发《关于加强海洋生态预警监测质量管理工作的通知》，从健全海洋生态预警监测质量管理机制、强化监测全过程质量控制、加强监测质量监督与管理等方面提出加强监测质量管理工作的 14 条主要措施。进一步落实质量管理分级责任制、建立监测质量责任追溯制度、完善标准规范体系、制定工作方案、外业质量控制、内业质量控制、数据管理与审核、实验室运行管理、人员培训和能力确认、加大质量监督检查力度、组织开展外控样考核比测与交流活动、提升质量监督保障能力等。

编制完成《全国海洋观测网规划（2022—2030 年）》。根据工作职责，自然资源部组织编制并完成《全国海洋观测网规划（2022—2030 年）》（征求意见稿），将整合观测、监测、调查，形成“三位一体”业务布局，兼顾科学观测和业务化应用需求，集约资源，强化基础设施共建共享，建立部门间数据共享机制，大力推进海洋观测数据共享，进一步明确海洋生态预警监测的内涵，增加原位在线、航空遥感等监测手段。

（三）切实保障海洋执法与维权

规范海洋渔业行政处罚自由裁量标准。为规范海洋渔业行政处罚自由裁量标准，确保沿海各地各级渔政、海警机构公平、公正、合理地实施渔业行政处罚，2021 年 11 月，农业农村部会同中国海警局制定了《海洋渔业行政处罚自由裁量基准（试行）》，坚持依法设定、过罚相当原则，对海洋渔业行政执法的裁量条件、标准、幅度作出了统一规定。该文件确定了 86 项涉渔违法行为，加强打击非法捕捞、保护水生野生动物、管理渔港水域交通安全、保护渔业水域生态环境及管理渔业船员、渔业无线电、渔业航标，明确违法行为的处罚依据、违法情节分类、认定标准、细化阶次、处罚内容等事项。对地方性法规和规章确定的行政处罚事项，明确由地方渔业主管部门制定自由裁量基准。①

制定发布《中国海商法协会临时仲裁规则》，提高航运软实力。2022 年 3 月，中国海商法协会、中国海事仲裁委员会发布《中国海商法协会临时仲裁规则》（以下简称《海协临时仲裁规则》）和《中国海事仲裁委员会临时仲裁服务规则》（以下简称《海仲服务规则》）。《海协临时仲裁规则》对包括规则适用范围、送达和期限、仲裁地、仲裁语言、仲裁庭的组成、追加当事人、合并开庭、临时措施、预备会议、举证和质证、裁决、仲裁费用等临时仲裁全流程作出系统规定。《海仲服务规则》旨在履行好《海协临时仲裁规则》规定以及当事人约定的由中国海事仲裁委员会担任“指定机构”

---

① 《农业农村部渔业渔政管理局和中国海警局执法部负责同志就〈海洋渔业行政处罚自由裁量基准（试行）〉答记者问》，农业农村部，2022 年 1 月 13 日，http：//www. moa. gov. cn/gk/zcjd/202201/t20220113_6386878. htm，2022 年 10 月 10 日登录。

的服务职责，有效推进临时仲裁落地，满足中外当事人多元化仲裁服务的实际需求，推动中国服务贸易高质量发展。[①]

发布司法解释，完善海洋环境公益诉讼制度。为加强海洋自然资源与生态环境公益诉讼案件的依法办理，2022 年 5 月，《最高人民法院　最高人民检察院关于办理海洋自然资源与生态环境公益诉讼案件若干问题的规定》公布实施。该规定主要针对《中华人民共和国海洋环境保护法》第八十九条所规定的破坏海洋生态、海洋水产资源、海洋保护区的行为，涵盖了民事、行政和刑事附带民事公益诉讼三种不同情况。该规定适用的地域范围包括中国内水、领海、毗连区、专属经济区、大陆架以及中国管辖的其他海域。[②]

三、海洋政策支撑地方海洋管理

国家和各省市海洋政策是明确沿海地区工作重点和一定时期内经济社会发展的行动纲领。2022 年，沿海地区制定实施多部涉及海洋经济、海洋生态环境、海洋科技及海洋管理等多个领域的各类政策性文件，推动各地区海洋事业持续发展。

（一）顶层设计谋划和引领海洋事业发展

以规划为引领，国务院及江苏、浙江、山东、河北等沿海省加强海洋事业顶层设计谋划，发布了发展规划及行动计划，推动海洋强省建设（表 1-1）。

表 1-1　国务院及沿海地区近期发布的涉海规划及行动计划

沿海地区	发布时间	政策文件	主要内容
江苏省	2021 年 12 月	国务院批复《关于江苏沿海地区发展规划（2021—2025 年）》	围绕以新发展理念为引领这条主线，突出绿色生态和高质量发展，提出到 2025 年和 2035 年发展目标和任务，壮大“三纵”发展轴，完善“三横”通道，打造“三大”片区，建设长三角区域重要发展带，海洋经济创新发展区，东西双向开放新枢纽，人与自然和谐共生宜居地

① 《〈中国海商法协会临时仲裁规则〉〈中国海事仲裁委员会临时仲裁服务规则〉在京发布》，中国发展网，2022 年 3 月 18 日，https：//baijiahao. baidu. com/s？ id=1727618232308718865&wfr=spider&for=pc，2022 年 10 月 10 日登录。

② 《最高人民法院 最高人民检察院关于办理海洋自然资源与生态环境公益诉讼案件若干问题的规定》，最高人民法院，2022 年 5 月 11 日，https：//www. court. gov. cn/zixun-xiangqing-358411. html，2022 年 10 月 10 日登录。

续表

沿海地区	发布时间	政策文件	主要内容
江苏省南通市	2022 年 2 月	交通运输部、江苏省政府联合批复《南通港总体规划（2035 年）》	提出南通港发展方向为“优江拓海、江海联动”，明确了南通港“一港四区”的总体规划格局，分别为沿江三个港区（如皋港区、南通港区、通海港区）和沿海一个港区（通州湾港区），最终要逐步发展成为布局合理、能力充分、功能完善、安全绿色、港城协调的现代化综合性港口
山东省	2022 年 3 月	山东省委、省政府印发《海洋强省建设行动计划》	推进海洋科技创新能力行动、海洋生态环境保护行动、世界一流港口建设行动、海洋新兴产业壮大行动、海洋传统产业升级行动、智慧海洋突破行动、海洋文化振兴行动、海洋开放合作行动、海洋治理能力提升行动九大行动计划，共 10 个方面 30 项具体任务
浙江省宁波市	2022 年 3 月	宁波市委市政府印发《宁波市加快发展海洋经济 建设全球海洋中心城市行动纲要（2021—2025 年）》	对海洋经济中长期发展作出行动部署，目标剑指全球海洋中心城市。到 2025 年，力争实现“五中心一城市”功能定位，继续发挥滨海优势，构建“一核、三湾、六片”的陆海统筹发展新格局①
广东省深圳市	2022 年 6 月	深圳市发展改革委发布了《深圳市培育发展海洋产业集群行动计划（2022—2025）》	提出深圳海洋产业集群发展的四项目标，强调抓创新、强主体、提能级、拓开放、促协同，进一步优化海洋产业空间发展布局，推进沿海各区错位协同特色发展，构建由重点企业、重点项目、重点载体等构成的“六个一”工作体系②
河北省	2022 年 6 月	河北省自然资源厅出台《河北省海洋资源管理三年行动计划》	提出加强规划引领、强化资源监管、积极推进生态修复、严厉打击违法用海、提升管理能力等任务，通过细化目标任务、明确时间节点、建立长效机制等措施，压实责任，管好用好海洋资源，推动全省海洋经济高质量发展

①　《宁波市发力打造“全球海洋中心城市”》，浙江省纪委，2022 年 3 月 22 日，http：//www. zjsjw. gov. cn/shizhengzhaibao/202203/t20220322_5795502. shtml，2022 年 10 月 11 日登录。

②　《深圳市培育发展海洋产业集群行动计划（2022—2025）》，深圳市发展改革委，2022 年 6 月 30 日，http：//fgw. sz. gov. cn/gkmlpt/content/9/9924/mpost_9924940. html#2645，2022 年 10 月 11 日登录。

续表

沿海地区	发布时间	政策文件	主要内容
江苏省南京市	2022年10月	南京市规划和自然资源局发布《南京市"十四五"海洋经济发展规划》	分析了南京市海洋经济发展基础、存在的问题，以及蓝色经济发展态势，提出了"一城市、一高地、一平台"的海洋经济远景发展定位，并针对实施路径提出具体要求。这是南京首次发布海洋经济发展规划

（二）政策促进海洋经济高质量发展

海洋是高质量发展的战略要地，海洋经济高质量发展是各沿海省市关注的重点。2022年，山东、天津、福建、广东、浙江、辽宁等沿海省市出台一系列政策，加强海洋资源管理，推动海洋产业提质增效，促进海洋经济高质量发展（表1-2）。

表1-2 2022年沿海地区促进海洋经济发展的政策法规主要情况

沿海地区	发布时间	政策文件	主要内容
山东省青岛市	2022年2月	《青岛市支持海洋经济高质量发展15条政策》	推动海洋传统产业转型升级，支持现代渔业、航运服务业等传统产业发展；促进海洋新兴产业突破发展，支持高端船舶与海工装备、海洋生物医药、海水淡化、海洋新能源等战略性新兴产业提质增效；强化海洋人才集聚与科技创新，实施海洋科技创新示范工程，加大海洋人才集聚和培育力度；加快涉海市场主体培育壮大，实施海洋产业倍增计划和冠军企业倍增计划，围绕设立海洋产业基金、强化项目保障等领域提出保障支持政策①
		青岛市海洋发展局、青岛市财政局制定和发布《青岛市远洋渔业发展专项资金管理办法（试行）》	对专项资金的扶持对象、条件和标准，企业申报和审批程序，资金拨付及项目管理等均作出明确规定
		青岛市海洋发展局、青岛市财政局联合出台《青岛市海水淡化项目建设奖补政策实施细则（试行）》	对青岛市行政区域内符合条件的海岛海水淡化项目，按照固定资产投资的20%给予不超过1 000万元的一次性奖补；对符合条件的非海岛海水淡化项目，按照固定资产投资的10%给予不超过1 000万元的一次性奖补

① 《关于印发青岛市支持海洋经济高质量发展15条政策的通知》，青岛市人民政府，2022年1月25日，http：//www.qingdao.gov.cn/zwgk/xxgk/bgt/gkml/gwfg/202201/t20220127_4287242.shtml，2022年10月11日登录。

续表

沿海地区	发布时间	政策文件	主要内容
天津市	2022 年 1 月	天津市人民代表大会常务委员会通过《天津市促进海水淡化产业发展若干规定》	坚持政府引导、市场导向、企业主体、创新驱动的原则，发挥海水淡化产业优势，全面提升产业集聚和协同创新能力，降低海水淡化运营成本，培育具有竞争力的海水淡化产业，建设全国海水淡化产业先进制造研发基地和海水淡化示范城市
	2022 年 4 月	天津市发展改革委、市规划资源局和市水务局联合印发《天津市促进海水淡化产业高质量发展实施方案》	提出到 2025 年，天津将初步建成全国海水淡化产业创新中心和全国海水淡化产业先进制造研发基地，海水淡化水年供水量达 1 亿立方米左右；到 2035 年，建成具有竞争力的海水淡化产业强链，海水淡化实现规模化利用，形成健康的产业生态，建成全国海水淡化科技创新和装备制造高地
福建省	2022 年 1 月	福建省海洋与渔业局、福建省财政厅联合发布《福建省海洋渔业资源养护补贴政策实施方案》	自 2022 年起，面向福建籍合法的国内海洋捕捞渔船的所有人，发放海洋渔业资源养护补贴。9 月，福建省海洋与渔业局、福建省财政厅发布通知，调整优化“十四五”期间海洋渔业资源养护补贴负责任捕捞指标比重和执行时间，渔船组织化管理指标统一设定为 2022—2024 年度，对未加入组织化管理的渔船不给予该部分补贴①
	2022 年 4 月	福建省海洋与渔业局发布《福建省海洋与渔业局关于加强海洋捕捞渔船组织化建设的指导意见》	要求 2022 年 8 月 15 日前，全省在册海洋捕捞渔船（含捕捞辅助船）实现组织化管理全覆盖。通过建立运转有效、管理服务一体、内生机制健全的渔船管理服务组织，促进渔业安全生产和渔业资源养护取得实效
	2022 年 9 月	福建省海洋与渔业局发布《福建省“十四五”渔业发展专项规划》	从产业体系、科技创新、基础设施、绿色生态、开放合作、治理体系六个方面分别提出到 2025 年和 2035 年的发展目标和任务，围绕“优化渔业发展空间布局”，提出优化淡水渔业、海水养殖、近海捕捞、远洋渔业空间布局，对不同区域、不同业态实行差异化发展政策②

① 《福建省海洋与渔业局 福建省财政厅关于海洋渔业资源养护补贴政策调整的补充通知》，福建省海洋与渔业局，2022 年 9 月 9 日，http://hyyyj.fujian.gov.cn/xxgk/zfxxgk/zfxxgkml/zcfg_310/gfxwj/202209/t20220920_5995997.htm，2022 年 10 月 11 日登录。

② 《〈福建省“十四五”渔业发展专项规划〉政策解读》，福建省海洋与渔业局，2022 年 9 月 6 日，http://hyyyj.fujian.gov.cn/jdhy/zcjd/202209/t20220906_5988242.htm，2022 年 10 月 18 日登录。

续表

沿海地区	发布时间	政策文件	主要内容
福建省	2022年9月	福建省自然资源厅下发《关于进一步深化用地用海要素保障全力稳经济大盘的通知》	提出强化国土空间规划支撑、引导项目科学选址、精准配置用地指标、用地报批提速增效、加强项目用海保障以及优化资金使用配置和缴交方式、深化保障工作机制等重大项目用地用海要素保障措施，加强用地用海保障服务，加快推进重点项目落地建设，强化支撑稳住经济大盘工作[①]
广东省	2022年3月	广东省自然资源厅发布《广东省海洋资源管理与利用专项资金管理实施细则（试行）》	从专项资金的管理职责、职责分工、预算管理、绩效管理、监督管理等方面提出了明确要求和规定。专项资金的安排应遵循依法依规、规范管理、科学分配、绩效优先、公开透明、专款专用原则，确保资金的使用效率[②]
浙江省	2022年4月	《浙江省自然资源厅关于推进海域使用权立体分层设权的通知》	探索海域“立体化”管理。坚持因地制宜、稳妥推进，功能优先、适度兼容，依法设权、合规运行的原则，在互不排斥和有限影响且可控的前提下，兼容多种用海行为，稳妥推进海域使用权立体分层设权[③]
辽宁省	2022年7月	辽宁省自然资源厅出台《关于为稳住经济大盘做好报省政府项目用海审核工作的通知》	全面优化用海审核程序、简化审核环节、压缩审核时限。用海申请受理即进行网上公示，海域使用权变更、续期、转让、临时用海等事项不再通过会议会审，进而将用海审批时限进一步压缩至15个工作日以内[④]

（三）强化海洋科技创新支撑作用

沿海各地坚持海洋科技创新与体制机制创新“双轮”驱动，纷纷推行“揭榜挂

---

① 《福建：七项举措深化用地用海要素保障》，“人民网精选资讯”百度百家号，2022年8月12日，https://baijiahao.baidu.com/s?id=1740913438994691629&wfr=spider&for=pc，2022年10月11日登录。

② 《广东省自然资源厅关于印发〈广东省海洋资源管理与利用专项资金管理实施细则（试行）〉的通知》，广东省自然资源厅，2022年3月14日，http://nr.gd.gov.cn/ztzlnew/pfzl/flfggz/content/post_3908238.html，2022年10月11日登录。

③ 《〈浙江省自然资源厅关于推进海域使用权立体分层设权的通知〉政策解读》，浙江省自然资源厅，2022年4月8日，http://zrzyt.zj.gov.cn/art/2022/4/8/art_1229101716_2400402.html，2022年10月11日登录。

④ 《辽宁省出台20项措施提速用海审批》，“人民科技”百度百家号，2022年7月12日，https://baijiahao.baidu.com/s?id=1738103691276239412&wfr=spider&for=pc，2022年10月11日登录。

帅”制度，科技创新机制持续深化，激发海洋科技力量新活力。同时，加大多元化资金投入，支持海洋科技创新和成果转化，促进海洋产业人才链、创新链与产业链高度融合（表1-3）。

表1-3　沿海地区近期促进海洋科技发展的政策文件

沿海地区	发布时间	政策文件	主要内容
山东省青岛市	2021年12月	青岛市科技局研究制定了《实施“海创计划”加快推进涉海科技企业创新发展的若干举措》	包括支持开展关键技术攻关、实施海洋科技创新示范工程、培育涉海高新技术企业、支持涉海高新技术企业上市、培育涉海产业领军人才（团队）、打造海洋专业孵化器、支持涉海科技企业融资发展、支持建设高端科技创新平台和引进涉海科技企业及新型研发机构九个方面①
	2021年12月	青岛市西海岸新区印发《关于加快建设国家海洋科技自主创新领航区的实施意见》	围绕创新空间、创新主体、创新动力、创新能力、创新机制、创新环境六个方面，制定了建设国家海洋科技自主创新领航区的任务措施②
广东省广州市	2022年1月	广州市人民政府办公厅印发《广州市科技创新“十四五”规划》	“十四五”期间，构建“一轴四核多点”为主的科技创新空间功能布局，形成“一轴核心驱动、四核战略支撑、多点全域协同”的点线面多层次格局，促进区域联动、高效协同，强化与珠江沿岸高质量发展的衔接，集聚高端创新资源，提升重大创新节点能级，辐射带动广深港、广珠澳科技创新走廊建设③
	2022年6月	国务院印发《广州南沙深化面向世界的粤港澳全面合作总体方案》	包括建设华南科技成果转移转化高地，打造中国南方海洋科技创新中心，建设国家科技兴海产业示范基地等多项涉海内容

① 《青岛市实施“海创计划”加快推进涉海科技企业创新发展的若干举措》，“青岛科技通”微信公众号，2022年6月29日，https：//mp. weixin. qq. com/s？__biz = MzIxNzEzOTgxMg = = &mid = 2651740725&idx = 3&sn = ed771155451018 03ff93e98e7f25dce8&chksm = 8c04a53ebb732c287fc6f7954447519316ede237f605d30c71376ca48f8cade928bf6ff0b4fd&scene=27，2022年10月15日登录。

② 《西海岸新区：打造全国知名区域科技创新中心》，“青西新经济”百度百家号，2021年12月23日，https：//baijiahao. baidu. com/s？id=1719898763814092559&wfr=spider&for=pc，2022年10月15日登录。

③ 《广州市人民政府办公厅关于印发广州市科技创新“十四五”规划的通知》，广州市人民政府办公厅，2022年2月17日，http：//zc. gjzwfw. gov. cn/art/2022/2/24/art_8_46903. html，2022年10月15日登录。

续表

沿海地区	发布时间	政策文件	主要内容
浙江省舟山市	2022年10月	舟山市政府出台《舟山市海洋科技创新三年（2022—2024年）行动计划》	聚焦“全力建设海洋科技创新港”目标，明确了未来三年全市实施海洋科技创新的具体指标，即石化新材料、海洋电子信息、海洋生物、海洋装备制造四大区域性科创高地建设

（四）推动海洋生态环境持续向好发展

沿海地方出台一系列政策文件，加强海洋环境保护与生态预警监测，启动近岸海域综合治理攻坚战，在推动绿色低碳和海洋生态环境持续向好发展方面持续发力（表1-4）。

表1-4　2022年沿海地区海洋环境治理政策

沿海地区	发布时间	政策文件	主要内容
山东省	2022年2月	山东省发展改革委发布《长岛海洋生态文明综合试验区建设行动计划》	坚持新发展理念，把生态保护作为第一要务，把绿色发展作为根本前提，坚持世界眼光、国际标准、长岛优势，强化政策保障，推动陆海统筹发展，推动长岛国家公园设立，打造国内一流、国际先进的海洋生态岛①
浙江省	2022年3月	浙江省自然资源厅印发《2021—2025年浙江省海洋生态预警监测工作方案》	明确了“十四五”期间海洋生态预警监测工作的指导思想、工作目标、工作思路、工作布局、主要任务和预期成果清单，并对各具体监测任务的实施区域、监测指标内容、实施时间和具体分工进行了分解落实②
广东省	2022年3月	广东省自然资源厅印发《关于建立健全全省海洋生态预警监测体系的通知》	提出到2025年的工作目标和主要任务，包括摸清广东海洋生态家底、推进典型生态系统预警监测、强化海洋生态灾害预警监测、推动国家和省重大战略区域协同监测、强化监测评价预警成果产出，以及严格质量管理、加强能力建设七大方面

① 《重磅！长岛综试区建设行动计划发布》，“烟台广播电视台”百度百家号，2022年2月27日，https：//baijiahao.baidu.com/s?id=1725882397786604091&wfr=spider&for=pc，2022年10月20日登录。

② 《浙江省印发2021—2025年海洋生态预警监测实施方案》，中国海洋信息网，2022年3月8日，http：//www.nmdis.org.cn/c/2022-03-08/76510.shtml，2022年10月20日登录。

续表

沿海地区	发布时间	政策文件	主要内容
广东省	2022年3月	广东省林业局、国家海洋局南海规划与环境研究院研究编制并发布《广东省海洋公园建设技术指引（试行）》	从海洋公园的建设程序、基础设施、能力提升、示范性建设及限制性条款等方面，规定了海洋公园建设的具体内容和要求
	2022年4月	发布技术性指导文件《广东省红树林生态修复技术指南》	从种苗选用、滩涂红树林营造、外来红树纯林改造、区域选择、生境修复、植被恢复、有害生物防控、生态功能修复与提升、红树林管护等方面给出了操作性较强的技术要求和方法，提供了工程造价参考和验收评价方法
广西壮族自治区	2022年5月	《广西蓝碳工作先行先试工作方案》	开展广西海洋蓝碳生态系统碳汇核算，推动开发保护管理型蓝碳项目和修复增植型蓝碳项目，积极探索蓝碳交易机制构建，推动海洋低碳绿色发展
江苏省	2022年5月	《近岸海域综合治理攻坚战实施方案》	聚焦建设美丽海湾的主线，构建“9+2”攻坚体系。九大攻坚行动包括入海排污口排查整治行动、入海河流水质改善行动、沿海城市污染治理行动、沿海农业农村污染治理行动、海水养殖环境整治行动、船舶港口污染防治行动、岸滩环境整治行动、海洋生态保护修复行动、流域海域统筹治理行动。两项建设任务分别是海洋环境风险防范和应急监管能力建设与美丽海湾建设
辽宁省	2022年6月	辽宁省生态环境厅、发展改革委、自然资源厅等八部门联合印发《深化渤海（辽宁段）综合治理攻坚战实施方案》	明确六项主要目标，提出十项重点任务，坚持精准治污、科学治污、依法治污，强化从源头到末端的全链条治理和“一湾一策”差异化治理，推动渤海生态环境持续稳定向好[①]
海南省	2022年9月	海南省政府印发《海南省碳达峰实施方案》	明确到2030年的工作目标，提出8大项、30条重点任务，为推动实现碳达峰明确“路线图”和“时间表”。要求多措并举推动蓝碳（海洋碳汇）增汇，推动低碳技术成果应用示范和海洋碳汇生态系统建设工程[②]

① 《关于印发〈深化渤海（辽宁段）综合治理攻坚战实施方案〉的通知》，盘锦市发展和改革委员会，2022年6月10日，https://fgw.panjin.gov.cn/2022_06/10_10/content-375079.html，2022年10月26日登录。

② 《海南省人民政府关于印发海南省碳达峰实施方案的通知》（琼府〔2022〕27号），海南省人民政府，2022年8月9日，https://www.hainan.gov.cn/hainan/szfwj/202208/911b7a2656f148c08e5c9079227103a7.shtml，2022年10月26日登录。

（五）不断加强海岸带管理

山东省建立实施海岸建筑退缩线制度。为加强海岸带和沿海生态系统保护，减轻海洋灾害影响，维护公众亲海权益，保持海岸带区域经济健康发展，山东省自然资源厅、生态环境厅等11部门于2022年1月联合印发《关于建立实施山东省海岸建筑退缩线制度的通知》，同时下发了《山东省海岸建筑退缩线划定技术指南（试行）》。要求沿海各市要统筹考虑海岸线类型、海洋灾害、生态环境、亲海空间等要素，科学划定海岸建筑核心退缩线和一般控制线。该通知适用于山东省管辖大陆海岸线向陆一侧的海岸带区域，规定海岸线与海岸建筑核心退缩线之间形成的海岸建筑核心退缩区内，除准入项目外，不得新建、扩建建筑物。确需开展准入建设活动的，原则上不得占用自然岸线。

海南省细化海岸带保护与利用管理。2022年7月，海南省政府印发《海南经济特区海岸带保护与利用管理实施细则》，通过划定生态保护红线，严格限定开发边界，优化海岸带保护与利用布局；规定海岸带陆域200米生态保护红线内原则上禁止人为活动，引导已建但对生态环境不利的项目退出，非生态保护红线范围可规划九类项目，并明确对海岸带相关违法行为将追究刑事责任。

四、小　结

党的十八大以来，围绕着国家的大政方针，海洋政策不断调整完善，促进了海洋事业快速发展，推动海洋强国建设取得令人瞩目的巨大成就。在一系列涉海政策措施的引领支撑下，国家和地方的海洋事业全面发展。2022年，虽然疫情影响、国际地缘政治紧张等不确定性因素仍在持续，但海洋经济持续恢复和向好发展的态势没有改变，国家和地方在促进海洋经济发展、保护海洋生态环境、保障海洋维权执法及海洋综合管理等各方面出台诸多政策性文件，为海洋各领域发展提供了强有力的政策支撑和保障。未来，中国将坚定不移贯彻新发展理念，在海洋政策的引领下，进一步促进海洋经济高质量发展，持续推进海洋强国建设。

第二章　中国的海洋管理

海洋是高质量发展战略要地，是高水平对外开放的重要载体，是国家安全的战略屏障，也是国际竞争与合作的关键领域。2022 年，中国深入贯彻落实习近平总书记关于新时代海洋强国的重要论述以及完整、准确、全面贯彻新发展理念的重要讲话精神，牢牢把握自然资源工作支撑保障高质量发展的实践取向，以加快建设海洋强国为目标，加快形成节约资源和保护环境的空间格局，全面推进海洋资源节约集约利用，加强海洋生态环境保护修复，海洋管理工作取得新成效，管海用海水平不断提升。

一、国家海洋管理进展

2022 年是中国迈上全面建设社会主义现代化国家新征程、向第二个百年奋斗目标进军的关键一年，中国的海洋管理以陆海统筹、可持续发展、科技创新驱动和合作共赢等为原则，锚定加快建设海洋强国的目标，推动海洋经济高质量发展及绿色转型，加强海域海岛海岸线保护利用及海洋生态环境保护修复，深度参与全球海洋治理，不断提升海洋治理的现代化水平。

（一）海洋经济高质量发展

2022 年，涉海部门和沿海地方按照“疫情要防住、经济要稳住、发展要安全”的要求，加快落实稳经济一揽子政策和接续政策措施，扩大有效需求，布局海洋产业绿色低碳发展，积极助力实现“双碳”目标，畅通港口集疏运体系，持续推进海洋经济高质量发展。

促进海洋产业绿色低碳发展。为引导金融机构提升对海洋产业绿色低碳发展的认识，进一步提高海洋产业对接多层次资本市场的效率，2022 年 4 月，自然资源部海洋战略规划与经济司、深圳证券交易所联合举办海洋经济碳中和专题培训。来自自然资源（海洋）行政主管部门及技术支撑单位、有债券融资需求的企业、金融机构代表及各类市场主体共 3 000 余人参与在线培训。培训涵盖发展蓝色债券推动海洋经济高质量发展、碳中和背景下资本市场服务海洋经济、蓝色及绿色固定收益产品政策解读及操作案例等内容。①

规划海洋可再生能源发展。为深入贯彻能源安全新战略，落实碳达峰碳中和目标，推动可再生能源产业高质量发展，国家发展改革委、自然资源部等九部委联合印发《“十四五”可再生能源发展规划》。该规划提出，有序推进海上风电基地建设，稳妥推进海洋能示范化开发。开展省级海上风电规划制修订，同步开展规划环评，优化近海海上风电布局，鼓励地方政府出台支持政策，积极推动近海海上风电规模化发展。稳步发展潮汐能发电，优先支持具有一定工作基础、站址优良的潮汐能电站建设，推动万千瓦级潮汐能示范电站建设。②

继续实施海洋伏季休渔制度。中国是渔业大国，海洋渔业对保障国家粮食安全和重要农产品有效供给、促进农民增收、服务生态文明建设和政治外交大局等具有重要作用。2022 年，中国海洋渔业管理坚持绿色发展，养护生物资源，继续实施海洋伏季休渔制度，推动远洋渔业高质量发展。有关方面按照《农业农村部关于调整海洋伏季休渔制度的通告》等文件确定的时间节点和相关制度，继续坚持最严格的伏季休渔制度和执法监管。休渔海域涵盖渤海、黄海、东海及北纬 12 度以北的南海（含北部湾）相关海域，涉及除钓具外的所有作业类型，以及为捕捞渔船配套服务的捕捞辅助船。

明确远洋渔业发展目标。农业农村部印发《关于促进“十四五”远洋渔业高质量发展的意见》，提出到 2025 年中国远洋渔业总产量稳定在 230 万吨左右，严格控制远洋渔船规模。

海运助力国内国际双循环。2022 年，沿海各地积极畅通港口集疏运体系，增设码头和航线，保障海上运输高效通畅，海运贸易呈现向好发展态势。中国沿海港口生产平稳，沿海港口货物吞吐量、集装箱吞吐量 1—9 月同比分别增长 0.9%和 3.8%。基础设施建设有序推进，舟山液化天然气码头、南通港通州湾港区通用码头建成。对外航线持续拓展，青岛、泉州等地启动多条中俄海运航线，大连、钦州等地首次开通至东南亚、北美等集装箱班轮直航航线，“敦煌—连云港—雅加达”国际海铁联运首发。中国沿海各地加强互联互通，沿海港口内贸吞吐量同比增长 3.5%，“秦皇岛—烟台—泉州”“宁波—日照—青岛”等内贸集装箱航线投入运营，舟山、连云港积极拓展与甘肃、湖北等内陆地区海铁联运线路。③

---

① 《自然资源部海洋战略规划与经济司、深圳证券交易所联合举办海洋经济碳中和专题培训》，自然资源部，2022 年 4 月 21 日，https：//www.mnr.gov.cn/dt/ywbb/202204/t20220421_2734566.html，2022 年 11 月 26 日登录。

② 国家发展改革委等九部委：《“十四五”可再生能源发展规划》（发改能源〔2021〕1445 号），2022 年 6 月 1 日发布。

③ 《海洋经济逐步恢复，回稳向上》，自然资源部，2022 年 11 月 3 日，http：//gi.mnr.gov.cn/202211/t20221103_2763635.html，2022 年 11 月 26 日登录。

开展“商渔共治 2022”专项行动。农业农村部、交通运输部联合印发《“商渔共治 2022”专项行动实施方案》，部署继续开展联合宣传教育和联合执法，并针对突出问题联合开展商渔船航路畅通、“网位仪 AIS”清理治理和事故调查“回头看”三个专项行动。①

（二）海域海岛保护利用

海岛是自然资源的重要组成部分，是保护海洋环境、维护海洋生态平衡的基础平台，是壮大海洋经济、拓展发展空间的重要依托。② 2022 年，自然资源部等部门继续大力开展海域海岛监管工作，加强无居民海岛开发利用，进一步加强海岛及其周边海域生态环境保护，提升海岛基础设施建设，开展和美海岛创建示范。

组织开展和美海岛创建示范。为促进海岛地区生态环境明显改善，人居环境和公共服务水平明显提升，2022 年 5 月，自然资源部印发《关于开展和美海岛创建示范工作的通知》，提出通过开展和美海岛创建示范工作，建设一批“生态美、生活美、生产美”的和美海岛，推动海岛地区实现绿色低碳发展，促进资源节约集约利用。

推动海岛可持续发展学术交流与合作。2022 年 4 月，“典型海岛资源生态与可持续发展平台”正式上线运行。该平台由自然资源部海岛研究中心、河海大学海岸灾害及防护教育部重点实验室、中国海洋发展基金会与全球合作伙伴共同发起，旨在依托平台通过基于资源、生态等的创新实践促进海岛地区的可持续发展。

（三）海洋生态环境保护修复

2022 年，自然资源部等有关部门持续加强海洋生态保护红线管理，加强海洋生态修复技术标准体系建设，统筹规划海洋生态环境保护，中国海洋生态保护修复工作步入高质量发展的新阶段。

加强生态保护红线管理。生态保护红线是指在生态空间范围内具有特殊重要生态功能、必须强制性严格保护的区域，是保障和维护国家生态安全的底线和生命线，通常包括具有重要水源涵养、生物多样性维护、海岸生态稳定等功能的重要区域，以及生态环境敏感脆弱区域。2022 年 8 月，自然资源部、生态环境部、国家林业和草原局发布《关于加强生态保护红线管理的通知（试行）》，规范占用生态保护红线用地用海用岛审批，严格生态保护红线监管。该通知明确了在生态保护红线内允许开展的有限人为活动类型，包括允许原住居民和其他合法权益主体，在不扩大现有利用规模

---

① 《农业农村部 交通运输部联合开展“商渔共治 2022”专项行动》，农业农村部，2022 年 4 月 8 日，http://www.yyj.moa.gov.cn/gzdt/202204/t20220411_6395904.htm，2022 年 11 月 20 日登录。

② 赵宁：《和美海岛怎么建？权威解读来了！》，载《中国自然资源报》，2022 年 8 月 2 日第 5 版。

前提下，开展捕捞和养殖（不包括投礁型海洋牧场、围海养殖）等活动，修筑生产生活设施。

统筹规划海洋生态环境保护。2022 年 1 月，生态环境部会同国家发展改革委、自然资源部等部门印发《“十四五”海洋生态环境保护规划》，部署构建现代环境治理体系。该规划部署了五个方面的重点工作，包括强化精准治污，保护修复并举，有效应对海洋突发环境事件和生态灾害，坚持综合治理，以及协同推进应对气候变化与海洋生态环境保护。①

加强重点海域综合治理和海水养殖生态环境监管。2022 年，生态环境部、国家发展改革委、自然资源部等七部门联合印发《重点海域综合治理攻坚战行动方案》，对“十四五”时期渤海、长江口-杭州湾和珠江口邻近海域三大重点海域综合治理攻坚行动的总体要求，主要目标，重点任务和保障措施等作出了部署安排。生态环境部和农业农村部联合印发《关于加强海水养殖生态环境监管的意见》，以海洋生态环境高水平保护促进海水养殖业绿色高质量发展。

（四）海洋促进碳达峰碳中和

在中国积极稳妥推进碳达峰碳中和目标背景下，海洋碳汇（蓝碳）潜力巨大。海洋碳汇是红树林、盐沼、海草床、浮游植物、大型藻类等从空气或海水中吸收并储存大气中二氧化碳的过程、活动和机制。海岸带是海洋碳汇的重要区域，中国兼具红树林、盐沼和海草床三大海岸带蓝碳生境。2022 年，中国有序推进海洋碳汇工作，加强海洋气候监测预测，并认证全国首个“负碳海岛”。

有序推进海洋碳汇工作。自然资源部批准发布《海洋碳汇核算方法》（HY/T0349—2022）。该标准是中国首个综合性海洋碳汇核算标准，自 2023 年 1 月 1 日起正式实施。该标准规定了海洋碳汇核算工作的流程、内容、方法及技术等要求，确保了海洋碳汇核算工作有标可依，填补了该领域的行业标准空白。②

加强海洋气候监测预测。中国气象局气候变化中心 2022 年 8 月发布的《中国气候变化蓝皮书（2022）》显示，2021 年全球平均温度较工业化前水平高出 1.11℃，是有完整气象观测记录以来的七个最暖年份之一。中国升温速率高于同期全球平均水平，是全球气候变化敏感区，中国沿海海平面变化总体呈波动上升趋势。2021 年中国沿海海平面为 1980 年以来最高。自 20 世纪 70 年代以来，中国沿海红树林面积总体呈现先

---

①《“十四五”海洋生态环境保护规划》，生态环境部，2022 年 1 月发布，https：//www.mee.gov.cn/xxgk2018/xxgk/xxgk03/202202/W020220222382120532016.pdf，2022 年 12 月 10 日登录。

②《〈海洋碳汇核算方法〉行业标准正式发布》，“观沧海”微信公众号，2022 年 10 月 14 日，https：//mp.weixin.qq.com/s/GQQqlGouoUHv3vu_pvc8Vw，2022 年 11 月 26 日登录。

减少后增加的趋势。①

全国首个“负碳海岛”获得认证。青岛西海岸新区灵山岛省级自然保护区碳排放核算结果获得中国质量认证中心（CQC）认证，成为全国首个得到权威部门认证的自主负碳区域。

（五）深度参与全球海洋治理

2022年，中国积极参与全球海洋治理，深度参与联合国海洋大会、联合国“海洋十年”行动倡议，构建蓝色伙伴关系，推进国际海洋务实合作与交流。

全面参与联合国海洋大会。联合国海洋大会是海洋可持续发展领域最重要的国际会议，具有广泛的全球影响力。2022年，第二届联合国海洋大会在葡萄牙里斯本举行，会议主题为“扩大基于科学和创新的海洋行动，促进落实目标14：评估、伙伴关系和解决办法”。中国政府特使、自然资源部总工程师张占海率团与会。中国代表团在这个重要国际舞台上阐述和传播中国立场、理念、实践和倡议，提出了建设性的实施方案和倡议。中国代表团参加了全会和互动对话会议，并在两个互动对话会上作为专家小组成员进行主旨发言，还主办“促进蓝色伙伴关系，共建可持续未来”边会等活动。为促进全球海洋可持续发展，中国代表团在全会上向国际社会提出四点倡议：进一步深化对海洋生态系统的科学认知，维护生态系统健康和生物多样性；进一步强化海洋领域应对气候变化的有效措施，提高缓解和适应能力；进一步加强对发展中国家特别是小岛屿国家的援助，增强其可持续发展能力；进一步加强全球合作与伙伴关系，强化执行举措和协同行动。为构建蓝色伙伴关系，推进务实合作，自然资源部在大会期间主办边会，发布《蓝色伙伴关系原则》，倡导以发展蓝色伙伴关系和协同开展务实行动促进海洋可持续发展。②

深度参与联合国“海洋十年”项目。为推动落实联合国《2030年可持续发展议程》相关目标，联合国大会将2021—2030年定为“联合国海洋科学促进可持续发展十年”并通过了实施计划，旨在获取海洋和社会可持续发展所需的科学知识，形成对海洋的全面认知和了解，为全球海洋治理提供科学解决方案，构建“清洁的、健康且有韧性的、物产丰盈的、可预测的、安全的、可获取的和富于启迪并具有吸引力的海洋”。经国务院批准，自然资源部于2022年8月牵头协调相关部门成立“海洋十年”

① 《中国气候变化蓝皮书（2022）发布 全球变暖趋势仍持续 2021年我国多项气候变化指标打破观测纪录》，中国气象局，2022年8月3日，http：//www.cma.gov.cn/2011xwzx/2011xqxxw/2011xqxyw/202208/t20220803_5016624.html，2022年10月16日登录。

② 周超、高岩、于傲：《联合国海洋大会上的“中国声音”（二）》，载《中国自然资源报》，2022年7月13日第5版。

中国委员会，组织实施和协调推动“海洋十年”相关重点工作。2022年6月8日（世界海洋日），联合国政府间海洋学委员会公布了联合国“海洋十年”新一批获批行动。中国已有4个项目获批成为联合国“海洋十年”大科学计划，彰显中国海洋科学国际竞争力的新跨越。2022年6月，中国申办的“海洋十年”海洋与气候协作中心正式获批，是联合国首批设立的6个“海洋十年”协作中心之一。

二、地方海洋管理进展

2022年，沿海地区积极落实国家海洋政策，多措并举促进海洋经济高质量发展，推动海洋可再生能源开发利用，建立并实施海岸建筑退缩线制度，改革渔业补贴，促进海洋渔业资源养护，深入推进海洋促进碳达峰碳中和工作，管海、用海、护海能力不断提升。

（一）海洋经济高质量发展

2022年，沿海地区积极落实“双碳”目标要求，持续推进海上风电项目开发建设，促进海水淡化产业发展，并出台政策支持海洋经济高质量发展，推进涉海科技企业创新发展。

持续推进海上风电项目开发建设，助力能源绿色转型。2022年，中国新增海上风电装机容量6.8吉瓦，占2022年全球新增海洋风电装机容量的72%；截至2022年年底，中国海上风电总装机容量达到25.6吉瓦，跃升至全球第一位，占全球海上风电总装机容量的44%。[①] 2022年全球共有42个海上风电场投入运营，其中中国29个，越南5个，日本2个，法国、英国、韩国、德国、西班牙和意大利各1个。[②]

积极推广海水淡化与综合利用。2022年1月，天津市通过《天津市促进海水淡化产业发展若干规定》，这是全国首部促进海水淡化产业发展的地方性法规。该规定要求，全面提升产业集聚和协同创新能力，降低海水淡化运营成本，培育具有竞争力的海水淡化产业，因地制宜地推动符合相关标准的海水淡化水进入市政供水管网。[③]

---

① World Forum Offshore Wind, Global Offshore Wind Report 2022, February 2023, https://wfo-global.org/wp-content/uploads/2023/03/WFO_Global-Offshore-Wind-Report-2022.pdf，2023年4月20日登录。

② 《2022年全球海上风电报告发布》，中国海洋发展研究中心，2023年2月28日，https://aoc.ouc.edu.cn/2023/0306/c9829a425116/page.htm，2023年4月20日登录。

③ 《天津出台法规促进海水淡化产业发展》，自然资源部，2022年1月19日，http://www.mnr.gov.cn//dt/hy/202201/t20220119_2717742.html，2022年10月16日登录。

精准推动海洋经济发展。深圳市发改委发布《深圳市培育发展海洋产业集群行动计划（2022—2025年）》、山东省青岛市制定实施《青岛市支持海洋经济高质量发展15条政策》及其实施细则，优化海洋产业空间发展布局，精准推动海洋经济高质量发展。① 为推进涉海科技企业创新发展，2022年1月，青岛市科技局印发《实施“海创计划”加快推进涉海科技企业创新发展的若干举措》，提出力争用3年时间，在海洋高端装备、海洋信息、海洋医药与生物制品、海洋新材料、现代海洋渔业、海水利用与海洋新能源等领域，新增200家以上涉海高新技术企业，为海洋经济高质量发展提供有力的科技支撑。②

改革渔业补贴促进海洋渔业资源养护。2022年，沿海地区加大海洋渔业资源养护力度，促进海洋捕捞行业持续健康发展，改革渔业补贴，促进海洋渔业资源养护，持续推进深远海养殖。“国信1号”大型养殖工船首次起捕收获65吨大黄鱼，海上福州“百台万吨项目”乾动深远海智慧渔场启动运营。③ 福建、浙江、山东、上海、广西等沿海地方印发实施海洋渔业资源养护补贴政策实施方案，自2022年起，面向合法的国内海洋捕捞渔船所有人，发放海洋渔业资源养护补贴，不再发放渔船燃油补贴，将依据海洋伏季休渔和负责任捕捞两项指标（各占50%），对国内海洋捕捞渔船按照船长和作业类型（15类船长、16种作业类型）进行分类分档补助。福建和浙江等省明确规定，《渔业捕捞许可证》核定或实际从事的作业类型为双船有翼单囊拖网（双船底拖网）、单锚张纲张网（帆张网）、单船有囊围网（三角虎网）的渔船，不予补贴。④

处理全国首例渔业碳汇修复渔业生态环境案。2022年7月，福州市海洋与渔业执法支队在南台岛南岸成功查获一艘涉嫌非法电鱼的船只和两名电鱼人员，依法没收其“三无”船舶、电鱼工具，促使其自愿通过海峡资源环境交易中心购买海洋碳汇1 000吨并予以注销，对福州市渔业生态环境给予补偿。⑤

---

① 王晶：《“政策土壤”稳海洋经济》，载《中国自然资源报》，2022年7月28日第5版。

② 《青岛实施“海创计划”推进涉海企业发展》，自然资源部，2022年1月4日，http：//www. mnr. gov. cn//dt/hy/202201/t20220104_2716467. html，2022年9月26日登录。

③ 《海洋经济逐步恢复，回稳向上》，自然资源部，2022年11月3日，http：//gi. mnr. gov. cn/202211/t20221103_2763635. html，2022年11月26日登录。

④ 《福建省海洋与渔业局 福建省财政厅关于印发福建省海洋渔业资源养护补贴政策实施方案的通知》，福建省海洋与渔业局，2022年2月8日，http：//hyyyj. fujian. gov. cn/xxgk/zfxxgk/zfxxgkml/zcfg _ 310/gfxwj/202202/t20220211_5832625. htm，2022年11月6日登录；《浙江省农业农村厅 浙江省财政厅关于印发浙江省海洋渔业资源养护补贴实施方案（试行）的通知》（浙农渔发〔2022〕16号），浙江省农业农村厅，2022年9月9日，http：//nynct. zj. gov. cn/art/2022/9/9/art_1229142036_2423707. html，2022年11月16日登录。

⑤ 《福州市海洋与渔业执法支队办理全国首例渔业碳汇修复渔业生态环境案》，自然资源部，2022年7月29日，http：//mnr. gov. cn/dt/hy/202207/t20220729_2742942. html，2022年11月16日登录。

（二）海岸带保护利用

2022 年，沿海地区继续加强海岸带环境资源保护，规范海岸带开发利用管理，建立并实施海岸建筑退缩线制度，在加强海岸带和沿海生态系统保护的同时，减轻海洋灾害影响，积极应对气候变化。

实施海岸建筑退缩线制度。《中华人民共和国国民经济和社会发展第十四个五年规划和 2035 年远景目标纲要》提出“探索海岸建筑退缩线制度”。自然资源部印发《省级海岸带综合保护与利用规划编制指南（试行）》，对海岸建筑退缩线制度的建设和退缩距离均作出了明确要求。2022 年 1 月，山东省建立并实施海岸建筑退缩线制度，要求沿海各市要统筹考虑海岸线类型、海洋灾害、生态环境、亲海空间等要素，科学划定海岸建筑退缩线。在海岸线与核心退缩线之间形成的海岸建筑核心退缩区内，除军事、港口及其配套设施、安全防护、生态环境保护、必要的市政设施、必需的旅游观光公共配套设施和经国家、省委省政府批准的特殊项目外，不得新建、扩建建筑物。[①]

加强海岸带保护与利用管理。海南省于 2022 年 6 月印发实施《海南经济特区海岸带保护与利用管理实施细则》，明确海岸带保护与利用应当遵循陆海统筹、科学规划，生态优先、合理利用，综合管理、协调发展的原则，对海岸带生态环境损害实行权责一致、终身追究的原则。强调要按照海岸带环境总量和资源承载力，划定生态保护红线，严格限定开发边界，优化海岸带保护与利用布局。[②]

（三）海域海岛保护利用

海洋的水面、水体、海床和底土分布着不同的资源，具有明显的立体特征。在满足兼容条件下，实现海域立体分层使用，对生态用海、可持续发展具有重要现实意义。2022 年，沿海地方加强海域集约节约利用，推进海域使用权立体分层设权，并着力提高对海岛的智能化和精细化管理水平。

推进海域使用权立体分层设权。2022 年 4 月，浙江印发《浙江省自然资源厅关于推进海域使用权立体分层设权的通知》，探索海域管理从平面到立体的转变，拓展海域开发利用的深度和广度，为海上光伏、海上风电等项目立体开发提供可行路径；要求坚持因地制宜、稳妥推进，功能优先、适度兼容，依法设权、合规运行的原则，在互

---

① 王晶：《山东加强“两线”“两区”海岸带管控》，载《中国自然资源报》，2022 年 3 月 7 日。

② 《海南省人民政府关于印发海南经济特区海岸带保护与利用管理实施细则的通知》，海南省人民政府，2022 年 6 月 15 日，https：//www. hainan. gov. cn/hainan/szfwj/202206/fc967219b01f4312a02be1def407c290. shtml，2022 年 11 月 16 日登录。

不排斥和有限影响且可控的前提下，兼容多种用海行为。

建成海岛保护信息服务体系。2022 年 1 月，广东省海岛保护信息服务体系建设项目通过专家评审验收。信息服务体系包括广东省海岛保护数据集、海岛综合数据库，搭建了统一高效和可业务化运行的海岛信息管理系统，建设了面向政府部门和公众的海岛智能化数据产品服务体系。该项目还利用大数据分析等技术，构建海岛旅游智能监测模型，实现海岛旅游实时动态智能监测。

（四）海洋生态环境保护修复

近年来，海洋生态环境保护修复成为地方海洋管理工作的一个重要领域，沿海地区大力开展海洋生态基础监测，省级海洋生态预警监测体系不断健全。

建立健全省级海洋生态预警监测体系。2022 年，广东省自然资源厅印发《关于建立健全全省海洋生态预警监测体系的通知》，明确到 2025 年，基本完成珊瑚礁、海草床、红树林、牡蛎礁、海藻场、盐沼、泥质海岸、砂质海岸、河口、海湾十类海洋典型生态系统的全省性调查，构建省市分工协作的海洋生态预警监测体系，实施业务化海洋生态调查、监测、评估、预警。浙江省自然资源厅印发《2021—2025 年浙江省海洋生态预警监测工作方案》，提出到 2025 年基本建成分工明确、协同高效的组织管理体系，业务运行体系，质量管理体系和能力支撑体系，全面摸清海洋生态系统的分布格局，掌握典型海洋生态系统的现状及变化趋势，实现对主要海洋生态灾害及生态风险的动态跟踪监测。①

加强省级海洋公园规范化建设。2022 年 2 月，广东省林业局印发《广东省海洋公园建设技术指引（试行）》，这是中国首个省级层面海洋公园规范化建设技术标准。从海洋公园建设程序、基础设施、能力提升、示范性建设及限制性条款等方面，规定了海洋公园建设的具体内容和标准要求，为海洋公园差别化管理提供依据。

（五）海洋促进碳达峰碳中和

为深入贯彻党中央关于碳达峰碳中和重大战略决策，沿海地区积极开展海洋促进碳达峰碳中和部署，从海洋能、蓝色碳汇、海洋科学研究等多个方面推动海洋绿色低碳发展。

深入推进海洋促进碳达峰碳中和工作。2022 年 8 月，海南省印发实施《海南省碳达峰实施方案》，确定了在海洋碳汇贡献等方面加快形成一批标志性成果的总体目标，

---

① 《浙江省印发 2021—2025 年海洋生态预警监测实施方案》，中国海洋信息网，2022 年 3 月 8 日，http://www.nmdis.org.cn/c/2022-03-08/76510.shtml，2022 年 11 月 16 日登录。

明确将积极发展海上风电，探索推进波浪能、温差能等海洋新能源开发应用，建设安全高效清洁能源岛；高标准建设蓝碳研究中心，积极参与蓝碳标准制定，开展试点示范，开展蓝碳生态系统提升工程，多措并举推动蓝碳增汇。①

开展蓝碳工作先行先试。2022 年，自然资源部正式批复同意支持广西开展蓝碳先行先试，广西壮族自治区海洋局牵头编制了《广西蓝碳工作先行先试工作方案》，明确有步骤、有计划地全面完成广西三大蓝碳生态系统的碳储量调查及碳汇核算工作、推动开展和完成蓝碳交易，探索建立蓝碳交易服务平台等主要工作目标和任务，不断提升广西红树林减灾防灾功能，有力促进海洋生态产品的价值实现，持续筑牢南方重要生态屏障。②

加强海洋负排放科学研究。为保障海洋负排放国际大科学计划的顺利实施，2022 年 4 月，海洋负排放国际大科学计划总部在厦门大学启用。该总部将为大科学计划的开展提供基础保障，将面向全球吸引、集聚高端人才，支撑中国碳达峰碳中和目标的贯彻落实，并推出中国领衔制定的海洋负排放标准体系。③

三、中国的海洋执法活动

2022 年，中国海警局等海洋执法部门在中国钓鱼岛领海内持续开展维权巡航，组织开展“碧海 2022”专项执法行动、“中国渔政亮剑 2022”海洋伏季休渔专项执法行动等，并与越南和韩国等国家的海洋执法部门开展执法交流合作。

（一）海洋执法活动

1. 开展维权巡航执法

2022 年，中国海警继续在管辖海域实施定期维权巡航执法，履行维护国家海洋权益职责，包括在钓鱼岛领海内持续开展常态化维权巡航（见表 2-1）。

---

① 《海南省人民政府关于印发海南省碳达峰实施方案的通知》（琼府〔2022〕27 号），海南省人民政府，2022 年 8 月 9 日，https：//www. hainan. gov. cn/hainan/szfwj/202208/911b7a2656f148c08e5c9079227103a7. shtml，2022 年 11 月 26 日登录。

② 《推动海洋低碳绿色发展 广西先行蓝碳交易工作》，中国海洋信息网，2022 年 5 月 25 日，http：//www. nmdis. org. cn/c/2022-05-25/76943. shtml，2022 年 11 月 6 日登录。

③ 谢开飞、高凌、欧阳桂莲：《海洋负排放国际大科学计划总部启用》，载《科技日报》，2022 年 4 月 7 日第 1 版。

表 2-1　2022 年中国海警在钓鱼岛领海内巡航执法主要情况①

序号	时间	巡航编队
1	1 月 15 日	中国海警 1301 舰艇编队
2	2 月 25 日	中国海警 1301 舰艇编队
3	3 月 16 日	中国海警 2302 舰艇编队
4	4 月 12 日	中国海警 2302 舰艇编队
5	5 月 14 日	中国海警 1302 舰艇编队
6	6 月 2 日	中国海警 2301 舰艇编队
7	7 月 29 日	中国海警 2502 舰艇编队
8	8 月 25 日	中国海警 1302 舰艇编队
9	9 月 8 日	中国海警 1302 舰艇编队
10	10 月 7 日	中国海警 2301 舰艇编队
11	11 月 25 日	中国海警 2502 舰艇编队
12	12 月 21 日	中国海警 2502 舰艇编队

2. 中国海警局联合三部门部署开展“碧海 2022”专项执法行动

为集中整治海洋污染与生态破坏突出问题，有效规范海域海岛开发利用秩序，切实防范化解重大环境风险，2022 年，中国海警局联合工业和信息化部、生态环境部、国家林业和草原局开展为期两个月的“碧海 2022”海洋生态环境保护和自然资源开发利用专项执法行动，以更严格的执法监管支撑生态环境高水平保护。专项执法行动的重点为海域海岛使用、通信海缆保护、海洋石油勘探开发、海砂开采运输、废弃物倾倒、海洋自然保护地等方面执法监管。②

3. 开展“中国渔政亮剑 2022”系列专项执法行动

“中国渔政亮剑 2022”系列专项执法行动由农业农村部统一领导，各省级渔业渔政主管部门或渔政执法机构具体组织实施。海洋伏季休渔专项行动是“中国渔政亮剑 2022”的重要组成部分，继续坚持最严格的伏季休渔执法监管，严肃查处违法违规行为，确保海洋捕捞渔船（含捕捞辅助船）应休尽休，落实船籍港休渔，强化执法巡查，

① 根据中国海警局官方网站公开发布的信息整理。

② 《中国海警局联合三部门部署开展“碧海 2022”专项执法行动》，中国海警局，2022 年 11 月 2 日，https：//www. ccg. gov. cn//2022/hjyw_1102/2152. html，2022 年 11 月 26 日登录。

严管特许捕捞，并强化全链条执法。[①]

（二）海洋执法国际合作与交流

2022 年，中国海警通过与越南、韩国等国家的海洋执法部门开展联合巡航、执法工作会谈，参加北太平洋海岸警备执法机构论坛高官会等多种方式，开展海洋执法国际合作与交流。

1. 与周边国家开展联合巡航

联合巡航是中国海警与周边国家开展海上执法合作的重要方式。2022 年，中越两国海警部门于 4 月、11 月举行两次北部湾联合巡航。在巡航期间，双方巡航舰艇对两国渔船进行观察记录，对渔民开展宣传教育，维护海上生产作业秩序。[②] 迄今为止，两国海上执法部门已开展 24 次联合巡航。2022 年 4 月，中国海警与韩国海洋执法部门在中韩渔业协定暂定措施水域开展联合巡航。[③]

2. 与韩国等国家的海上执法机构开展工作会谈

为加强沟通联络、深化交往，中国海警与韩国、越南、印度尼西亚、菲律宾、柬埔寨等国家的海上执法机构积极开展工作会谈。2022 年 6 月，中国海警局与韩国海洋水产部以视频会议方式召开 2022 年度中韩渔业执法工作会谈。双方同意保持密切沟通、友好协商，继续开展更加务实高效的执法交流合作，特别是加大对严重违规渔船的打击，共同维护好海上生产作业秩序。[④] 2022 年 12 月，中国海警局参加在越南河内举行的“越南海警和朋友们”交流活动，并在活动期间与泰国、印度尼西亚、菲律宾、柬埔寨等国家的海上执法机构举行工作会谈。[⑤]

---

① 《农业农村部关于印发〈“中国渔政亮剑 2022”系列专项执法行动方案〉的通知》，农业农村部，2022 年 6 月 7 日，http：//www. moa. gov. cn/nybgb/2022/202204/202206/t20220607_6401739. htm，2022 年 11 月 6 日登录。

② 《中越海警开展 2022 年第二次北部湾海域联合巡航》，中国海警局，2022 年 11 月 5 日，https：//www. ccg. gov. cn//2022/gjhz_1105/2155. html，2022 年 12 月 10 日登录。

③ 《中韩海上执法部门开展中韩渔业协定暂定措施水域联合巡航》，中国海警局，2022 年 6 月 22 日，https：//www. ccg. gov. cn//2022/gjhz_0622/1826. html，2022 年 10 月 25 日登录。

④ 《中韩举行 2022 年度渔业执法工作会谈》，中国海警局，2022 年 7 月 5 日，https：//www. ccg. gov. cn//2022/gjhz_0705/1868. html，2022 年 10 月 25 日登录。

⑤ 《中国海警局与印度尼西亚、菲律宾、柬埔寨海上执法机构举行工作会谈》，“中国海警”微信公众号，2022 年 12 月 9 日，https：//mp. weixin. qq. com/s/HGPOj_bxtqGCWfzY5ZOatg，2022 年 12 月 10 日登录；《中泰海上执法机构举行工作会谈》，“中国海警”微信公众号，2022 年 12 月 8 日，https：//mp. weixin. qq. com/s/aL4fR9Y-Cjy8aZcwuLxPAw，2022 年 12 月 10 日登录。

3. 参加第22届北太平洋海岸警备执法机构论坛高官会

北太平洋海岸警备执法机构论坛是地区国家海上执法机构间交流与合作的重要平台。2022年9月，中国海警局代表团以视频方式，参加了由韩国海洋警察厅轮值主办的第22届北太平洋海岸警备执法机构论坛高官会，中国、加拿大、日本、韩国、俄罗斯、美国六个国家的海上执法机构负责人参会。会议主要讨论防范和打击海上非法贩运活动、北太平洋公海渔业执法巡航、海上应急救援和海洋环境保护、成员机构间信息共享、多边多任务演练等工作。①

四、小 结

2022年，中国的海洋管理继续围绕节约资源和保护环境这两条主线，推进海洋资源节约集约利用，加强海洋生态环境保护修复，健全海域海岛海岸线保护与利用管理体系，推动海洋经济高质量发展，加快海洋安全和生态文明建设，增强海洋领域应对气候变化的能力，提升海洋管理现代化水平。根据党的二十大报告作出的“发展海洋经济，保护海洋生态环境，加快建设海洋强国”的战略部署，中国的海洋管理不断向精细化、法治化、科学化方向迈进，准确把握国内与国际两个大局、安全与发展两件大事、开发与保护两种关系，立足新发展阶段、贯彻新发展理念、构建新发展格局、推动高质量发展，奋力开启新时代中国特色海洋强国建设新征程，为推进中国特色社会主义现代化建设事业发挥支撑和保障作用。

① 《中国海警局代表团参加第22届北太平洋海岸警备执法机构论坛高官会》，中国海警局，2022年9月22日，https：//www. ccg. gov. cn//2022/gjhz_0922/2121. html，2022年10月25日登录。

第三章　中国的远洋渔业政策与管理

中国远洋渔业从 1985 年起步，经 30 余年发展，已经成为构建“海洋命运共同体”、实施“一带一路”倡议的重要组成部分。特别是“十三五”以来，中国远洋渔船和远洋渔业企业数量基本稳定，捕捞产量、产值及运回比例稳中有增，批准建设多个境内外远洋渔业基地，初步形成重点区域产业聚集区。更新建造一大批专业化渔船，首次自主设计建造专业南极磷虾捕捞加工渔船。修订《远洋渔业管理规定》，实施更完善更严格的管理措施。完善以捕捞技术、资源调查与探捕等为主要内容的科技支撑体系，建成远洋渔业数据汇集、国际履约等研究平台。深入参与 8 个区域渔业管理组织事务，实施公海自主休渔，积极履行国际义务，拓展双边合作。

一、中国远洋渔业发展历程

改革开放以来，在党中央和国务院的高度重视和支持下，中国海洋水产业不断发展，取得了举世瞩目的成就。在这个过程中，中国远洋渔业从 20 世纪 80 年代初起步以来，渔船规模、装备水平、捕捞加工能力、科研水平已跻身世界前列。

（一）改革开放，探索发展

1985 年 3 月，《中共中央国务院关于放宽政策、加速发展水产业的指示》下发后，渔业成为改革开放以来中国最早放开价格的一个产业，生产力得到极大的解放，辽宁和上海等地的远洋渔船进入日本海、北太平洋公海、美国专属经济区进行合作生产。同年 3 月，中国水产联合总公司组织成立了中国历史上第一支由 13 艘渔船、223 名船员组成的远洋渔船船队，由福州出航，途经马六甲海峡，横跨印度洋和阿拉伯海，穿过红海和苏伊士运河进入地中海，最后经直布罗陀海峡进入大西洋。经过 1 万多海里的航行，历时 50 天，于 4 月 29 日到达西班牙的加那利群岛拉斯帕尔马斯港。然后渔船分别在几内亚比绍、塞拉利昂、塞内加尔等协议合作国家作业，从而开创了中国远洋渔业新纪元。① 1987 年 11 月，中国渔业企业和新西兰企业合资成立了“中新渔业发展

① 王林堂：《我国远洋渔业的起步与发展——中国水产总公司的组建与第一支远洋渔业船队启航》，见《2008（舟山）中国现代渔业发展暨渔业改革开放三十年论坛论文集》，2008 年。

有限公司”，开发西南太平洋澳新渔场。[①]

这一时期，中国远洋渔业以过洋性渔业为主，捕捞方式以拖网作业为主，主要作业海域为北太平洋、西非、西南大西洋及南太平洋等。截至 1997 年，中国远洋渔业产量达到 103.7 万吨，在产业结构方面，金枪鱼钓、鱿鱼钓等项目得到长足发展，作业海域延展至日本海、中西部太平洋、印度洋及南太平洋等海域。中国在渔业交流合作领域取得较大发展，与 21 个国家（或地区）建立合作关系，中国还加入了养护大西洋金枪鱼国际委员会（The International Commission for the Conservation of Atlantic Tunas，ICCAT）、印度洋金枪鱼委员会（Indian Ocean Tuna Commission，IOTC）等区域渔业管理组织。[②]

（二）调整转型，持续规范

1998 年 12 月，全国农业工作会议渔业专业会明确提出，从 1999 年起海洋捕捞产量实行“零增长”。[③] 中国远洋渔业开始由粗放型增长向集约型增长转型，大洋性渔业与过洋性渔业的产量大致相当，一改之前过于依赖过洋性渔业的局面。作业海域涵盖大西洋、太平洋、印度洋公海及 33 个国家（或地区）的专属经济区[④]，水产品总产量一直保持两位数的增长速度，彻底解决了长期存在的“吃鱼难”问题。2006 年，中国的远洋渔业产量从 1986 年的近 2 万吨增加到 143.8 万吨，远洋渔船 2 000 多艘，从业人员 39 000 多人。在三大洋，中国与 30 多个国家（地区）从事捕捞和加工等多方面的渔业合作，成绩卓著。[⑤]

（三）优化结构，逐步完善

“十一五”期间，中国远洋渔业结构继续优化，大洋性公海渔业比重由 46%提高到 58%，成功启动实施南极海洋生物资源开发项目。[⑥] “十二五”期间，远洋渔业装备水平显著提升、远洋渔业管理制度逐步完善，远洋渔业取得了跨越式发展，从产业大国逐步向远洋渔业强国挺进。截至 2016 年年底，全国远洋渔业企业有 162 家，比 2010 年增长 46%；远洋渔船近 2 900 艘（含在建渔船），作业船数比 2010 年增长 66%；远洋

---

① 杨良平、唐汉刊：《我国第一支西南太平洋捕鱼船队开赴瓦努阿图》，载《远洋渔业》，1989 年第 1 期。

② 陈晔、戴昊悦：《中国远洋渔业发展历程及其特征》，载《海洋开发与管理》，2019 年第 3 期。

③ 杨坚：《捕捞“零增长”：渔业供给侧结构性改革的先声》，中国渔业协会，2019 年 10 月 14 日，http://www.china-cfa.org/xwzx/xydt/2019/1014/218.html，2022 年 10 月 14 日登录。

④ 陈晔、戴昊悦：《中国远洋渔业发展历程及其特征》，载《海洋开发与管理》，2019 年第 3 期。

⑤ 黄祥祺：《改革开放三十年中国水产业发展的政策回顾》，载《中国渔业经济》，2008 年第 4 期。

⑥《全国渔业发展第十二个五年规划（2011—2015 年）》，农业农村部，2011 年 10 月 17 日，http://www.moa.gov.cn/ztzl/shierwu/hyfz/201110/t20111017_2357716.htm，2022 年 10 月 14 日登录。

渔业总产量199万吨，比2010年增长78%。作业海域涉及42个国家（地区）的管辖海域和太平洋、印度洋、大西洋公海以及南极海域。其中，公海作业渔船1 329艘，占世界公海作业渔船的6%，产量132万吨，占世界公海渔业产量的12%。①

“十三五”以来，中国远洋渔业规范有序发展，渔船和远洋渔业企业数量基本稳定，捕捞产量、产值及运回比例稳中有增。远洋水产品供需格局不断优化，发布“中国远洋鱿鱼指数”，批准建设多个境内外远洋渔业基地，初步形成重点区域产业聚集区。更新建造了一大批专业化渔船，首次自主设计建造专业南极磷虾捕捞加工渔船。修订发布《远洋渔业管理规定》，实施更完善更严格的管理措施。完善以捕捞技术、资源调查与探捕、渔情海况预报、渔用装备研发、水产品加工等为主要内容的科技支撑体系，建成远洋渔业数据汇集、国际履约等研究平台。深入参与8个区域渔业管理组织事务，试行公海自主休渔，积极履行国际义务，拓展双边合作。② 2019年，全国远洋渔业企业共178家，作业远洋渔船2 701艘，远洋渔业年产量217万吨。远洋渔业成为推进农业“走出去”和“一带一路”倡议的重要内容，在丰富国内市场供应、保障国家食物安全、促进对外合作等方面发挥了重要作用。③

二、中国远洋渔业管理政策

远洋渔业既涉及远洋捕捞、加工、流通等环节，又与资源环境、对外政策、国际法律等多个方面息息相关。中国政府高度重视远洋渔业发展，通过健全远洋渔业法律法规体系、持续加强规范管理、严厉打击非法捕鱼、加强远洋渔业国际履约能力建设等措施，使中国远洋渔业取得了较好的发展。

（一）中国远洋渔业政策

在中国远洋渔业30多年发展历程中，国家适时出台相关政策规划和指导意见，为远洋渔业发展指明了方向，推动中国由远洋渔业大国向远洋渔业强国转变。

1. 制订规划统筹远洋渔业发展

国家根据远洋渔业发展面临的形势和特点，通过制订系列发展规划统筹和规范远

① 《“十三五”全国远洋渔业发展规划》，农业农村部，2017年12月27日，http：//www.moa.gov.cn/gk/ghjh_1/201712/t20171227_6128624.htm，2022年10月14日登录。

② 曾诗淇：《蓝色答卷——“十四五”开局之年远洋渔业发展取得显著成效》，中国农村网，2022年4月14日，http：//journal.crnews.net/ncpsczk/2022n/d5q/gz/946851_20220414021929.html，2022年10月14日登录。

③ 《“十三五”渔业亮点连载丨我国远洋渔业“十三五”发展亮点纷呈》，农业农村部，2021年1月4日，http://www.yyj.moa.gov.cn/gzdt/202101/t20210104_6359366.htm，2022年10月14日登录。

洋渔业发展。

《我国远洋渔业发展总体规划（2001—2010年）》：由国务院于2001年批准实施，明确将远洋渔业作为“走出去”政策和发展外向型经济的重要组成部分，提出了优先发展大洋性公海渔业的目标、重点和保障措施。

《全国渔业发展第十一个五年规划（2006—2010年）》：由农业部于2006年发布，提出要不断提高远洋渔业“走出去”的水平和质量，探索养殖、加工境外合作方式，更好地利用国内外两个市场、两种资源，拓展国际、国内水产品市场，在发展外向型经济与扩大内需的平衡中实现渔业经济的高质量发展。远洋渔业传统区应重点加强远洋渔船设施改造和远洋基地建设，提高国际渔业资源开发能力，研制远洋渔业新装备，建立现代远洋渔业综合配套技术体系。①

《全国渔业发展第十二个五年规划（2011—2015年）》：由农业部于2011年发布，提出要深化渔业双多边合作交流，积极参与国际渔业资源管理制度制定，拓展远洋渔业发展空间。巩固提高过洋性渔业，探索新型合作方式，发展壮大公海大洋性渔业，加强新资源新渔场的探捕和开发利用。积极开展海外基地建设，增强加工、贸易和服务保障能力，延长远洋渔业产业链。提升远洋渔业装备和企业管理水平，培育一批具有国际竞争力的远洋渔业企业和现代化远洋渔业船队。②

《“十三五”全国远洋渔业发展规划》：由农业部于2017年12月印发，明确了“十三五”期间远洋渔业的发展思路、基本原则、主要目标、产业布局和重点任务等。提出至2020年，全国远洋渔船总数稳定在3 000艘以内；严控并不断提高企业准入门槛，远洋渔业企业数量在2016年基础上保持“零增长”，培育一批有国际竞争力的现代化远洋渔业企业。明确了“十三五”远洋渔业发展的总体思路，要求牢固树立“创新、协调、绿色、开放、共享”的新发展理念，加快转变发展方式，推进转型升级，稳定船队规模，提高质量效益，强化规范管理，加强国际合作，提升国际形象，努力建设布局合理、装备优良、配套完善、生产安全、管理规范的远洋渔业产业体系，在开放环境下促进中国远洋渔业规范有序发展。③

《关于促进“十四五”远洋渔业高质量发展的意见》（以下简称《意见》）：由农业农村部于2022年2月印发，确定了“十四五”远洋渔业发展的指导思想、主要原

---

① 《全国渔业发展第十一个五年规划（2006—2010年）》，商务部，2007年2月7日，http：//www. mofcom. gov. cn/article/bh/200702/20070204363537. shtml，2022年10月14日登录。

② 《全国渔业发展第十二个五年规划（2011—2015年）》，农业农村部，2011年10月17日，http：//www. moa. gov. cn/ztzl/shierwu/hyfz/201110/t20111017_2357716. htm，2022年10月14日登录。

③ 农业农村部印发《“十三五”全国远洋渔业发展规划》，中国政府网，2017年12月8日，http：//www. gov. cn/xinwen/2017-12/08/content_5245275. htm，2022年10月14日登录。

则、发展目标、区域布局和重点任务，对推进远洋渔业高质量发展作出总体安排。明确到2025年，远洋渔业总产量稳定在230万吨左右，严格控制远洋渔船规模，区域与产业布局进一步优化，远洋渔业企业整体素质和生产效益显著提升。提出“十四五”期间，远洋渔业发展要把握稳中求进总基调，稳定支持政策，强化规范管理，控制产业规模，促进转型升级，提高发展质量和效益，加强多双边渔业合作交流。

《意见》就“十四五”远洋渔业产业结构和区域布局进行了统筹规划。一方面，巩固提升大洋性渔业，对金枪鱼、鱿鱼、中上层鱼类及极地渔业的区域布局进行细化；另一方面，规范优化过洋性渔业，提出精细化管理西非和东南亚等传统合作区，积极开发东非和南太平洋等新兴合作区，稳步拓展拉丁美洲、西亚、南亚等潜力合作区。《意见》立足于推进远洋渔业转型升级、提升发展质量效益，提出了四个方面的重点任务：一是推动远洋渔业全产业链、规模化、集聚发展；二是健全远洋渔业发展支撑体系，强化科技支撑，加强人才培养；三是提升远洋渔业综合治理能力，全面加强监管能力建设，不断提高安全生产水平，深入参与国际渔业治理；四是加大远洋渔业发展保障力度，加强组织领导，完善政策体系，深化协调服务。①

2. 颁布和实施系列法规和管理政策

为进一步推进远洋渔业发展，中国逐步建立和完善远洋渔业法律法规体系，农业部于2003年颁布《远洋渔业管理规定》。2020年2月，农业农村部按照“适应国际规则、促进转型升级、加强监督管理、强化法律责任”的原则对《远洋渔业管理规定》进行了全面修订。

同时，为进一步支持保障远洋渔业发展，远洋渔业主管部门也制定了相关的管理制度，在远洋渔船管理方面主要规范了船舶登记、检验和安全管理制度（表3-1）。

表3-1 中国远洋渔业主要法规

发布时间	发布机构	文件名称	主要内容
1986年1月	全国人大常委会	《中华人民共和国渔业法》	加强渔业资源的保护、增殖、开发和合理利用，发展人工养殖，保障渔业生产者的合法权益，促进渔业生产的发展
2008年7月	农业部	《农业部办公厅关于规范金枪鱼渔业渔捞日志的通知》	规定了渔捞日志的编写、报送要求

① 《农业农村部关于促进“十四五”远洋渔业高质量发展的意见》（农渔发〔2022〕4号），2022年2月14日。

续表

发布时间	发布机构	文件名称	主要内容
2010 年 6 月	农业部	《农业部办公厅关于规范鱿鱼渔业渔捞日志的通知》	规定了渔捞日志的编写、报送要求
2011 年 1 月	农业部	《关于加强远洋渔业国家观察员管理工作的通知》	规定了国家观察员的选拔、培训、派遣的工作流程，明确了国家观察员的工作职责
2011 年 12 月	农业部、海关总署	《中华人民共和国农业部、海关总署公告》（第 1696 号）	明确了对进口部分水产品启用《合法捕捞产品通关证明》，规定了证明的办理流程
2016 年 12 月	农业部	《远洋渔业国家观察员管理实施细则》	对国家观察员的组织、管理、派遣、选拔、培训和监督管理进一步细化，促进远洋渔业国家观察员工作更加规范化、制度化、程序化
2019 年 8 月	农业农村部	《远洋渔船船位监测管理办法》	明确经农业农村部批准从事远洋渔业生产的渔船（含渔业辅助船），应当安装船位监测设备并纳入农业农村部远洋渔船船位监测系统，由农业农村部实施船位监测。对监测设备的安装使用维护、船位的日常报告和监测作出了规定
2020 年 2 月	农业农村部	《远洋渔业管理规定》	从远洋渔业的管理范围和基本制度、远洋渔业项目的申请和审批、远洋渔业企业资格认定和项目确认、远洋渔业船舶和船员、监督管理等几个方面作出了规定
2020 年 4 月	农业农村部	《农业农村部办公厅关于进一步加强远洋渔业安全管理工作的通知》	为进一步加强远洋渔业安全管理，树立负责任渔业大国形象，严防疫情期间发生越界捕捞等重大涉外事件
2020 年 5 月	农业农村部	《农业农村部关于加强远洋渔业公海转载管理的通知》	规范远洋渔业公海转载活动，提升远洋渔业自捕水产品运输保障能力，促进国际公海渔业资源科学养护和可持续利用，停止远洋渔业辅助船制造审批，实行远洋渔业公海转载观察员管理，逐步建立远洋渔业运输交易平台，加强远洋渔业转载管理和服务
2020 年 6 月	农业农村部	《农业农村部关于加强公海鱿鱼资源养护促进我国远洋渔业可持续发展的通知》	为加强公海鱿鱼资源的科学养护，促进鱿鱼资源长期可持续利用和中国远洋渔业可持续发展
2020 年 7 月	农业农村部	《渔业捕捞许可管理规定》	对捕捞业实行船网工具控制指标管理，实行捕捞许可证制度和捕捞限额制度

续表

发布时间	发布机构	文件名称	主要内容
2021年3月	农业农村部	《加强渔业船舶安全风险防控工作实施方案》	进一步加强渔业船舶安全风险防控，强化渔船渔港安全源头监管，有效遏制重特大事故的发生，切实加强渔业安全"三线一体系"建设，确保渔业安全生产形势稳定向好

资料来源：《中国远洋渔业行业分析报告——产业规模现状与发展动向预测（2022—2029）》，观研报告网，https://www.chinabaogao.com/baogao/202210/612585.html

3. 积极参与国际渔业合作

截至2020年年底，中国已加入养护大西洋金枪鱼国际委员会、印度洋金枪鱼委员会、中西太平洋渔业委员会（WCPFC）、美洲间热带金枪鱼委员会（IATTC）、北太平洋渔业委员会（NPFC）、南太平洋区域渔业管理组织（SPRFMO）、南印度洋渔业协定（SIOFA）、南极海洋生物资源养护委员会（CCAMLR）等区域渔业管理组织，基本覆盖全球重要公海海域。根据上述区域渔业管理组织要求履行成员义务，并对尚无区域渔业管理组织管理的部分公海渔业履行船旗国应尽的勤勉义务，确保国际渔业资源可持续利用，促进中国远洋渔业在国际渔业管理框架下可持续发展。① 中国还参与了联合国粮农组织、国际海事组织、世贸组织、濒危野生动植物物种国际贸易公约、亚太经合组织以及有关区域渔业管理组织等30多个涉渔国际组织活动（表3-2）。②

表3-2　中国参与区域渔业条约及其组织或安排的清单③

序号	区域渔业条约及其组织或安排	中国参与进程
1	《中白令海峡鳕资源养护与管理公约》	参与谈判，1995年批准该公约
2	《养护大西洋金枪鱼国际公约》及养护大西洋金枪鱼国际委员会	1994年作为观察员参会，1996年加入该公约，成为委员会成员
3	《建立印度洋金枪鱼委员会协定》及印度洋金枪鱼委员会	1996年作为观察员参会，1998年加入该协定，成为委员会成员

① 农业农村部：《中国远洋渔业履约白皮书》，2020年11月21日。

② 《"十三五"渔业亮点连载丨我国渔业走出去成效显著》，农业农村部，2021年1月4日，http://www.moa.gov.cn/xw/bmdt/202101/t20210104_6359370.htm，2022年10月14日登录。

③ 唐建业、Chen Jueyu、Huang Yuxin：《中国远洋渔业的发展与转型——兼评〈中国远洋渔业履约白皮书〉》，载《中华海洋法学评论》，2021年第1期。

续表

序号	区域渔业条约及其组织或安排	中国参与进程
4	《中西太平洋高度洄游鱼类种群养护和管理公约》及中西太平洋渔业委员会	参与谈判，2004 年批准该公约，成为委员会成员
5	《关于加强美利坚合众国与哥斯达黎加共和国 1949 年公约设立的美洲间热带金枪鱼委员会的公约》及美洲间热带金枪鱼委员会	2002 年作为观察员参会；2004 年第 72 届 IATTC 会议决定赋予中国合作非成员国资格，2009 年批准该公约，2010 年该公约生效，成为委员会成员
6	《南极海洋生物资源养护公约》及南极海洋生物资源养护委员会	2001 年作为观察员参会，2006 年加入该公约，2007 年成为委员会成员
7	《南太平洋公海渔业资源养护和管理公约》及南太平洋区域渔业管理组织	参与谈判，2013 年批准该公约，成为委员会成员
8	《北太平洋公海渔业资源养护和管理公约》北太平洋渔业委员会	参与谈判，2015 年批准该公约，成为委员会成员
9	《预防中北冰洋不管制公海渔业协定》	参与谈判，2018 年签署，2021 年 5 月批准
10	《南印度洋渔业协定》	2016 年作为观察员参会，2019 年加入该协定，成为缔约方大会成员

截至 2020 年年底，中国与美国、挪威、加拿大、澳大利亚、新西兰以及欧盟等国家和地区建立高级别对话机制，并与亚洲、非洲、拉丁美洲等区域的多个国家开展双边渔业合作。习近平总书记见证签署中国-毛里塔尼亚渔业混委会会议纪要，李克强总理见证签署中欧蓝色伙伴关系宣言，胡春华副总理见证签署中国-巴布亚新几内亚渔业合作备忘录。组织召开中国-南太平洋岛国农业部长会议和渔业合作论坛，并签署《楠迪宣言》。①

（二）中国远洋渔业履约情况

远洋渔业国际履约是国家行使公海捕捞权利的前提条件，也是维护国家海洋渔业权益、参与全球海洋治理的重要窗口，体现一个国家的海洋综合治理能力。中国远洋渔业在发展过程中，始终坚持合法行使开发利用公海渔业资源的权利，同时全面履行相应的资源养护和管理义务。中国始终坚持走绿色可持续发展道路，致力于科学养护和可持续利用渔业资源，促进全球渔业的可持续发展，主动适应国际渔业发展的新形

① 《“十三五”渔业亮点连载丨我国渔业走出去成效显著》，农业农村部，2021 年 1 月 4 日，http：//www.moa.gov.cn/xw/bmdt/202101/t20210104_6359370.htm，2022 年 10 月 14 日登录。

势，稳定船队规模，强化规范管理，向负责任渔业强国发展。

为使国际社会充分了解中国远洋渔业管理的原则立场、政策措施和履约成效，2020 年 11 月，农业农村部发布《中国远洋渔业履约白皮书（2020）》，这是中国首次发布远洋渔业履约白皮书。该白皮书主要介绍中国履行船旗国、港口国和市场国的义务，实施远洋渔业监管，促进渔业资源科学养护和可持续利用的各项制度规定和举措，以及为提升履约绩效、促进全球渔业可持续发展开展的科学支撑、国际合作、基础设施和能力建设等内容。

1. 全面履行船旗国义务

中国已建立了全面的远洋渔业管理制度和措施，全面实行远洋渔业许可证制度。中国在“十三五”期间严格控制远洋渔业规模，将远洋渔船总量控制在 3 000 艘以内。严格遵守各区域渔业管理组织的相关制度，建立了涵盖远洋渔业企业和远洋渔船信息、船位监测、渔捞日志、转载、国家观察员、港口采关、科学调查及探捕等全方位的远洋渔业数据采集和报送体系。从 2001 年开始，中国开始探索派遣国家观察员，并于 2016 年发布了《远洋渔业国家观察员管理实施细则》，推进国家观察员派遣工作的规范化、制度化和程序化。2021 年 4 月，中国首批 5 名由农业农村部派遣的公海转载观察员正式登临远洋渔业运输船，代表中国政府执行公海转载监督任务，体现了中国积极参与国际海洋治理、严厉打击非法捕捞活动的坚定决心和大国担当。[①] 中国从 2020 年开始，每年在西南大西洋、东太平洋部分公海海域分别实行为期三个月的鱿鱼渔业自主休渔。[②] 中国推动远洋渔业企业提升履约能力和依法合规生产，近年来履约能力逐年提升，在印度洋金枪鱼委员会、大西洋金枪鱼养护委员会和南极海洋生物资源养护委员会等区域渔业组织的评比中，中国远洋渔业履约成绩都排名前列。[③]

---

① 《我国首次派遣远洋渔业公海转载观察员》，农业农村部，2021 年 4 月 10 日，http://www.moa.gov.cn/xw/zwdt/202104/t20210410_6365565.htm，2022 年 10 月 14 日登录。

② 农业农村部 2022 年 5 月 25 日发布通知，自 2022 年继续实施公海自主休渔措施，自主休渔海域除西南大西洋、东太平洋部分公海海域外，新增印度洋北部公海海域（试行）。

实施海域和时间：

（一）7 月 1 日至 9 月 30 日，32°—44°S、48°—60°W 之间的西南大西洋公海海域；

（二）9 月 1 日至 11 月 30 日，5°N—5°S、110°—95°W 之间的东太平洋公海海域；

（三）7 月 1 日至 9 月 30 日，0°—22°N、55°—70°E 之间的印度洋北部公海海域（不含南印度洋渔业协定管辖海域）（试行）。

在上述（一）（二）（三）海域作业的中国所有鱿鱼钓、拖网、灯光围网（敷网和罩网）等远洋渔船（不含金枪鱼延绳钓、金枪鱼围网渔船），统一实施自主休渔，休渔期间停止捕捞作业。

③ 2022 年 1 月 4 日，农业农村部办公厅印发《全面实施远洋渔业企业履约评估工作的通知》，决定自 2022 年起，全面实施远洋渔业企业履约评估工作。

2. 严格实施远洋渔业监管

中国于2014年正式发布《远洋渔船船位监测管理办法》，对远洋渔船实行24小时船位监控，同时建立远洋渔船越界预警和报警机制，严防渔船误入或未经批准进入他国管辖海域。2020年，农业农村部印发《关于加强远洋渔业公海转载管理的通知》，规定自2021年1月1日起，所有中国渔船公海转载活动均需提前申报和事后报告。2020年，中国开始在北太平洋渔业委员会注册执法船，正式启动北太平洋公海登临检查工作，切实履行成员国义务，为北太平洋区域内公海执法提供有力保障。同时，中国逐步推动按程序向其他区域渔业管理组织派遣执法船，有效参与国际社会打击公海非法捕捞的共同行动。2022年7月，由中国海警局“长山舰”和“石城舰”组成的舰艇编队，从山东青岛起航，前往北太平洋公海执行为期45天的2022年北太平洋公海渔业执法巡航任务。① 中国支持通过港口监管加强打击非法、不报告和不管制（IUU）渔业活动，积极研究加入联合国粮农组织《关于预防、制止和消除非法、不报告和不管制捕捞的港口国措施协定》，开展部门协调，逐步提高港口检查能力。根据相关区域渔业管理组织养护管理措施要求，中国严格实施水产品进出口监管，积极履行市场国义务。

坚决支持并积极配合国际社会打击各种非法渔业活动。对相关国家和国际组织等提供的有关中国渔船涉嫌违规线索，中方均认真予以调查，以“零容忍”态度对调查核实的违规远洋渔业企业和渔船采取罚款、暂停渔船作业、暂停或取消企业从业资格、将违规船长和管理人员列入从业人员“黑名单”等措施进行严厉处罚，持续推进远洋渔业规范有序发展。2022年3月，农业农村部办公厅发布《远洋渔业“监管提升年”行动方案》，部署开展远洋渔业“监管提升年”行动，进一步提升远洋渔业监管能力，稳定生产经营秩序，推进“十四五”远洋渔业规范有序高质量发展。②

三、中国远洋渔业发展展望

远洋渔业是构建“海洋命运共同体”、建设“海洋强国”、实施“走出去”政策和“一带一路”倡议的重要组成部分，对丰富国内优质水产品供应、保障国家粮食安全、促进多双边渔业合作、维护国家海洋权益等具有重要意义。“十四五”时期，远洋渔业

① 《中国海警舰艇编队赴北太平洋开展渔业执法巡航》，中国军网，2022年7月18日，http://www.81.cn/big5/yw/2022-07/18/content_10171815.htm，2022年10月14日登录。

② 《农业农村部部署开展远洋渔业“监管提升年”行动》，农业农村部，2022年3月31日，http://www.yyj.moa.gov.cn/gzdt/202203/t20220331_6394849.htm，2022年10月14日登录。

发展挑战与机遇并存，在全球海洋渔业治理持续变革和新冠疫情全球大流行的背景下，远洋渔业受到前所未有的冲击。与此同时，国内国际双循环发展战略和“一带一路”倡议等深入实施，以及国内外市场对优质水产品日益增长的需求等，也为远洋渔业发展提供了新的机遇。

（一）坚持远洋渔业绿色可持续发展

中国远洋渔业始终坚持以“适应国际规则、促进转型升级、加强监督管理、强化法律责任”为原则，修订《远洋渔业管理规定》，建立了更为完善的远洋渔业管理制度体系，新增了电子渔捞日志、电子栅栏、电子监控、远洋渔业履约评估制度等多项管理措施，在世界上首次在西南大西洋和东太平洋部分公海海域实行自主休渔，为全球远洋渔业持续健康发展贡献了中国方案。未来中国将坚持做负责任的渔业大国，坚持走绿色可持续发展的远洋渔业发展道路，致力于科学养护和可持续利用渔业资源，促进全球渔业的可持续发展。

（二）提升远洋渔业产业质量和效益

经过 30 多年的发展，中国已成为世界上主要的远洋渔业国家之一，并初步建立了“捕捞—运输—销售”的远洋渔业全产业集群和全产业链，为联合国粮农组织倡导的蓝色增长发挥示范作用。未来中国将继续鼓励远洋渔业企业加快向产业后端发展，打造聚合捕捞、养殖、加工、冷链、配送、市场和品牌建设的新型全产业链经营形态；以远洋渔业基地建设为依托，打造辐射面广、带动性强的区域性远洋渔业产业集群，最终目的是提升产业的质量和效益，打造中国远洋渔业品牌。

（三）促进远洋渔业技术装备创新

中国远洋渔业装备和技术已接近先进国家水平，新材料、新设备、新能源逐步得到推广和应用。中国开工建造专业南极磷虾捕捞加工渔船，并设计优化了大型金枪鱼围网渔船、金枪鱼延绳钓渔船、鱿鱼钓渔船、双甲板拖网渔船等专业化、现代化远洋渔船，为节能减排实现“双碳”目标提供了装备基础。远洋渔业资源专业调查船队已初具规模，多次开展远洋渔业资源调查。多个远洋渔业平台充分发挥自身优势，多领域和多学科协同研究，不断提升中国远洋渔业履约能力，为国际远洋渔业资源可持续利用和科学养护提供科技支撑。

2022 年 6 月发布的《关于促进“十四五”远洋渔业高质量发展的意见》提出，鼓励科技创新、装备研发与技术应用，积极推进渔船机械化、自动化和智能化，以机代人，降低成本，支持生态友好、环保节能型渔船渔具和捕捞技术研发，加强物联网、人工智能、大数据等在远洋渔业领域的研发和应用等，为未来中国远洋渔业创新与技术发展指明了方向。

四、小　结

中国自 1985 年开始发展远洋渔业以来，始终坚持走绿色可持续发展道路，全面履行相应的资源养护和管理义务，致力于科学养护和可持续利用渔业资源，主动适应国际渔业发展的新形势，强化规范管理，稳定船队规模，促进全球远洋渔业的可持续发展，做负责任的渔业大国。当前，中国远洋渔业发展面临激烈的竞争与挑战。30 多年的发展经验，为远洋渔业转型升级、实现高质量发展提供了有力的支撑。中国远洋渔业的下一步发展，既要创新发展方式和路径实现高质量发展，又要坚持互惠互利、不断拓展新的国际合作，并将继续遵守国际规则，履行养护和可持续利用海洋生物资源义务，推动中国的远洋渔业达到国际一流水平。

第二部分

海洋经济高质量发展与科技创新

第四章　中国海洋经济的发展

海洋是经济社会发展的重要依托和载体，海洋经济在拓展发展空间和保持经济持续增长方面发挥了举足轻重的作用。在国家“十四五”规划和海洋经济专项规划指引下，国家和沿海各地以习近平新时代中国特色社会主义思想为指导，立足新发展阶段，完整、准确、全面贯彻新发展理念，构建新发展格局，通过优化海洋经济空间布局、加快构建现代海洋产业体系、着力提升海洋科技自主创新能力、协调推进海洋资源保护与开发[①]等措施，切实推动海洋经济高质量发展。

一、海洋经济发展总体概况

2022 年，面对国内外复杂的形势，在以习近平同志为核心的党中央坚强领导下，各地区各部门高效统筹疫情防控和经济社会发展，海洋经济顶住压力持续恢复，海洋新兴产业呈现良好发展势头，海洋传统产业发挥了“稳定器”作用。据初步核算[②]，2022 年全国海洋生产总值 94 628 亿元，比上年增长 1.9%，占国内生产总值的比重为 7.8%。其中，海洋第一产业增加值 4 345 亿元，第二产业增加值 34 565 亿元，第三产业增加值 55 718 亿元，分别占海洋生产总值的 4.6%、36.5% 和 58.9%。

2022 年，15 个海洋产业增加值 38 542 亿元，比上年下降 0.5%。海洋传统产业中，受装备技术进步、产业结构调整和升级以及跨海桥梁、海底隧道、沿海港口、海上油气等多项重大工程有序推进的影响，海洋油气业、海洋船舶工业、海洋工程建筑业、海洋交通运输业以及海洋矿业均实现了 5%以上的较快发展。其中，海洋矿业增速达 9.8%，居于首位，海洋船舶工业以 9.6%的增速紧随其后。而随着海洋渔业转型升级的深入推进，智能、绿色和深远海养殖稳步发展，海洋水产品稳产保供水平进一步提升，海洋渔业、海洋水产品加工业实现平稳发展。受宏观经济放缓、

---

① 国务院：《国务院关于“十四五”海洋经济发展规划的批复》，中国政府网，2021 年 12 月 27 日，http://www.gov.cn/zhengce/content/2021-12/27/content_5664783.htm，2022 年 10 月 20 日登录。

② 自然资源部海洋战略规划与经济司：《2022 年中国海洋经济统计公报》，自然资源部，2023 年 4 月 13 日，http://gi.mnr.gov.cn/202304/t20230413_2781419.html，2023 年 4 月 14 日登录。

化工产品需求疲软影响，海洋化工产品产量有所下降，海洋化工业全年实现增加值4 400 亿元，比上年下降 2. 8%。

海洋新兴产业中，海洋电力业、海洋药物和生物制品业、海水淡化产业等继续保持较快增长势头。其中，海洋电力业 2022 年实现增加值 395 亿元，较上年增长 20. 9%，位列海洋新兴产业增速第一；海上风电保持快速增长态势，截至 2022 年年末，海上风电累计并网容量比上年同期增长 19. 9%，潮流能、波浪能的应用与研发不断推进。随着海洋药物临床试验稳步推进、海洋生物制品生产规模不断扩大，海洋药物和生物制品业全年实现增加值 746 亿元，较上年增长 7. 1%。有赖于海水淡化关键技术研发取得新突破、海水淡化工程规模进一步扩大，海水淡化与综合利用业全年实现增加值 329 亿元，比上年增长 3. 6%。受疫情影响，海洋旅游业下降幅度较大，该产业全年实现增加值13 109 亿元，较上年下降 10. 3%。

二、海洋经济发展特点

2022 年，中国海洋经济发展承压前行，保持了稳中向好态势，海洋产业结构不断优化，海洋新兴产业发展势头总体良好，市场主体活力保持平稳。同时，中国海洋经济发展成效稳中有升，发展韧性持续彰显，满足人民需求的能力不断提升，海洋经济增长质量进一步提高。

（一）海洋经济平稳增长

海洋生产总值（GOP）是海洋经济生产总值的简称，指按市场价格计算的沿海地区常住单位在一定时期内海洋经济活动的最终成果，是海洋产业和海洋相关产业增加值之和。从 2001 年起，中国海洋经济统计开始采用海洋生产总值统计口径，至 2022 年已有连续 22 年的统计数据。2001 年，中国海洋生产总值为 9 518. 4 亿元，2002 年突破万亿元；五年后的 2006 年实现翻倍增长；2012 年海洋生产总值突破 5 万亿元；2019 年中国海洋生产总值达到新冠疫情前的最高值 84 191. 3 亿元①；2020 年受国内外多种因素的影响，中国海洋生产总值出现自 2001 年以来的首次负增长，降为 79 549. 8 亿元。② 滨海旅游业受新冠疫情冲击最大，旅游景区关停，游客锐减，该产业增加值较 2019 年下降了 24. 5%，是 2020 年海洋经济总量下降的主要

① 2019 年数据为再次修订数据。

② 2020 年数据为初步核实数据。

原因之一[①]。2021 年中国海洋经济强劲恢复，海洋经济总量再上新台阶，实现 89 521 亿元[②]。2022 年在国内外纷繁复杂的形势下，中国海洋经济保持平稳增长，展现出良好的发展韧性，海洋生产总值首次突破 9 万亿元，达 94 628 亿元（图 4-1）。

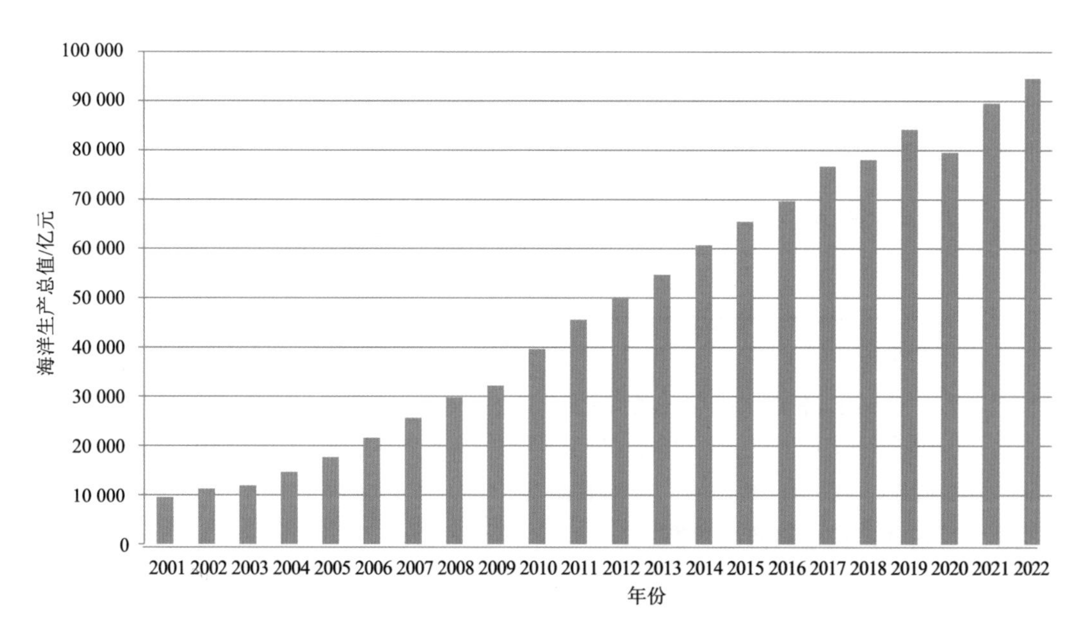

图 4-1　全国海洋生产总值（2001—2022 年）

数据来源[③]：《中国海洋统计年鉴》（2021）、《中国海洋经济统计公报》（2001—2022）

“十二五”前，就增速而言，除个别年份以外，全国 GOP 总体高于同期国内生产总值（GDP），其中 2002 年、2004 年和 2006 年三个年份海洋生产总值增速均比同期国内生产总值增速高 5%以上，最高的 2002 年甚至高出 10.7 个百分点（见图 4-2）。由此可见，多年来海洋经济在中国总体经济中颇具活力，发展水平基本高于同期国民经济整体进程。“十二五”以来，中国海洋经济进入深度调整期，除 2020 年外，海洋生产总值增速基本与同期国内生产总值增速趋近。

① 何广顺：《海洋经济稳健复苏，高质量发展态势不断巩固——〈2020 年中国海洋经济统计公报〉解读》，自然资源部，2021 年 3 月 31 日，http://www.mnr.gov.cn/dt/ywbb/202103/t20210331_2618721.html，2021 年 4 月 2 日登录。

② 2021 年数据为核实数，核实后的 2021 年海洋生产总值为 89 521 亿元。

③ 本节数据来源：《中国海洋统计年鉴》《中国海洋经济统计公报》，部分数据通过计算得出。

图 4-2　全国海洋生产总值与国内生产总值同比增速（2002—2022 年）

数据来源：《中国海洋统计年鉴》（2021）、《中国海洋经济统计公报》（2002—2022）

（二）海洋产业结构持续调整

海洋产业结构反映海洋经济发展的进程和水平，可通过海洋生产总值的三次产业结构表达，即海洋经济的全部生产和服务活动按三次产业划分的结构比例。

2022 年统计数据显示，中国海洋经济发展平稳，海洋产业结构持续调整。“十三五”至“十四五”时期，海洋经济三次产业比重由 2016 年的 5. 1∶39. 7∶55. 2 调整为 2019 年的 4. 6∶33. 3∶62. 2，受新兴服务业市场需求增加等因素的带动，这段时期海洋第三产业比重持续上升。近年来，为了破解“卡脖子”难题，改善部分关键核心技术受制于人的现状，实现“制造业立国”的目标，海洋领域亦积极调整产业结构，第二产业比重有所提升，海洋三次产业结构由 2020 年的 5. 2∶33∶61. 8 调整为 2022 年的 4. 6∶36. 5∶58. 9（见图 4-3 和图 4-4）。

（三）海洋经济对国民经济贡献显著

海洋经济贡献率是反映海洋经济在国民经济中的地位和作用的指标，可以从两个层次表达：一是海洋经济总贡献率，即 GOP 与 GDP 的比值，这个指标用来表征海洋经济活动最终结果的总和对全国经济的贡献。二是区域海洋经济贡献率，即 GOP 与沿海地区国内生产总值（GRP）的比值，用来表征海洋经济对沿海地区经济的贡献。

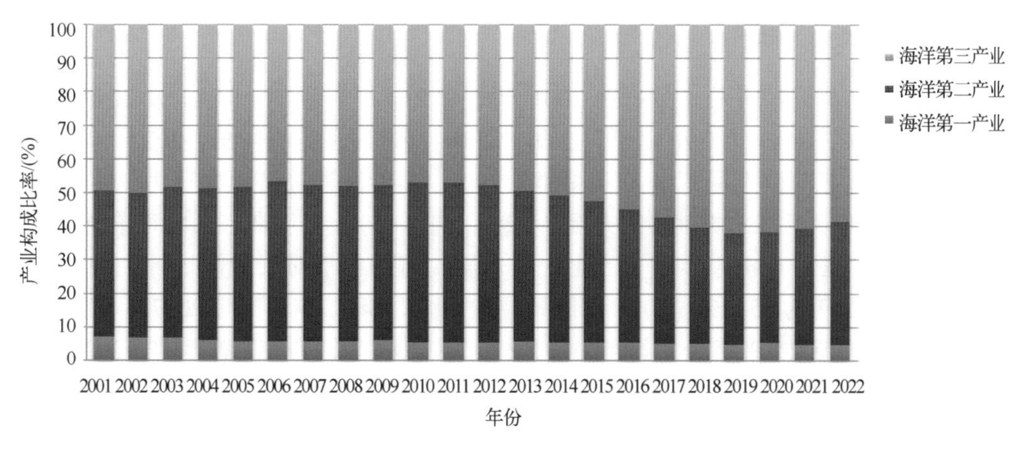

图 4-3　全国海洋生产总值三次产业构成（2001—2022 年）

数据来源：《中国海洋统计年鉴》（2021）、《中国海洋经济统计公报》（2001—2022）

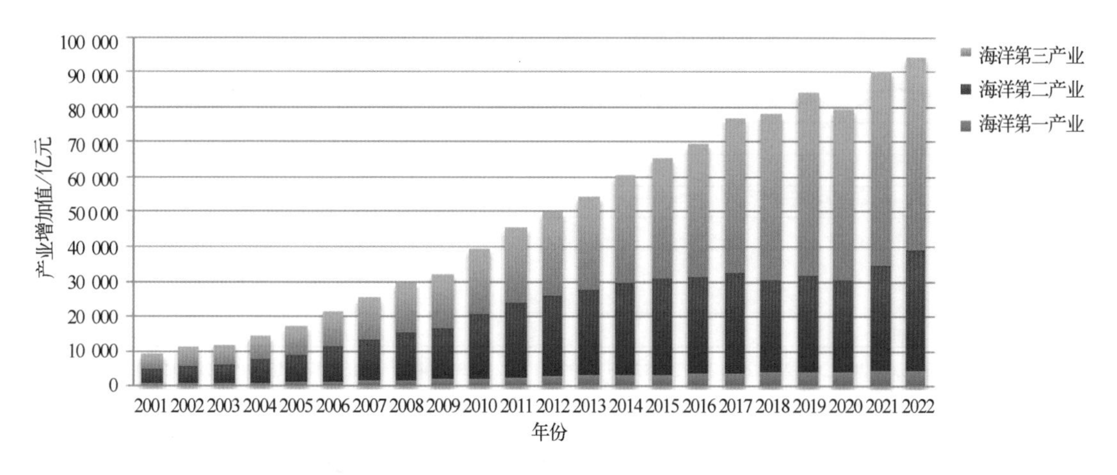

图 4-4　全国海洋生产总值三次产业增长（2001—2022 年）

数据来源：《中国海洋统计年鉴》（2021）、《中国海洋经济统计公报》（2021—2022）

海洋经济的核心内容是主要海洋产业，因此，海洋产业贡献率可以更加客观真实地反映海洋经济对国民经济以及沿海地区经济的直接贡献。海洋产业贡献率也可以从两个层次表达：一是海洋产业总贡献率，即主要海洋产业增加值与 GDP 的比值；二是区域海洋产业贡献率，即主要海洋产业增加值与 GRP 的比值。

1. 海洋经济总贡献率

数据显示，海洋经济总贡献率由2001年的8.59%提高到2017年的9.22%，2018年回落至8.49%，2019年有小幅提升，为8.53%。受新冠疫情冲击，2020年和2021年海洋经济总贡献率分别回落至7.85%和7.79%。随着海洋经济顶住压力，实现平稳增长，2022年海洋经济总贡献率提升至7.82%（图4-5）。多年来，区域海洋经济贡献率指标一直居于海洋经济总贡献率之上。这表明，海洋经济对于沿海地区经济的贡献更为显著，2001年为15.7%，2015年最高，达到17.5%，2016年与2017年略回落至17.2%，2018年与2019年分别降至16.1%与16.2%，因新冠疫情影响，2020年与2021年区域海洋经济贡献率分别降至14.8%和14.7%，仍高于同年海洋经济总贡献率。2022年，区域海洋经济贡献率回升至14.9%。22年来，中国海洋经济总贡献率保持在7.79%~9.84%，区域海洋经济贡献率保持在14.7%~17.5%（图4-5）。由此可见，海洋经济对于全国国民经济特别是沿海地区经济具有举足轻重的地位和作用。

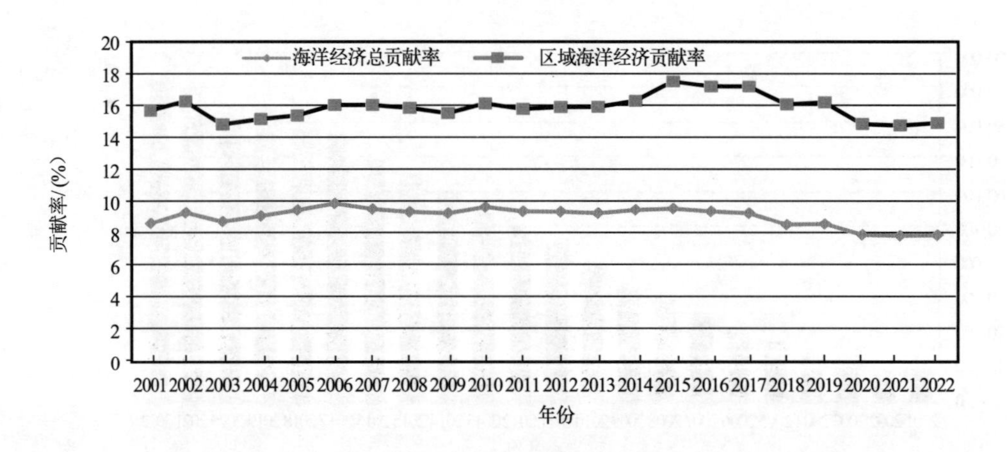

图4-5　海洋生产总值对全国GDP和沿海GRP的贡献（2001—2022年）

数据来源：《中国海洋统计年鉴》（2021）、《中国海洋经济统计公报》（2001—2022）、国家统计局分省年度数据（2001—2022）

2. 海洋产业贡献率

2001—2022年，中国主要海洋产业对全国国民经济发展的贡献率保持在2.9%~4%，对沿海地区经济发展的贡献率保持在5.5%~7.2%（见图4-6）。由此可见，海洋产业已经成为中国国民经济和沿海地区经济的支柱产业。

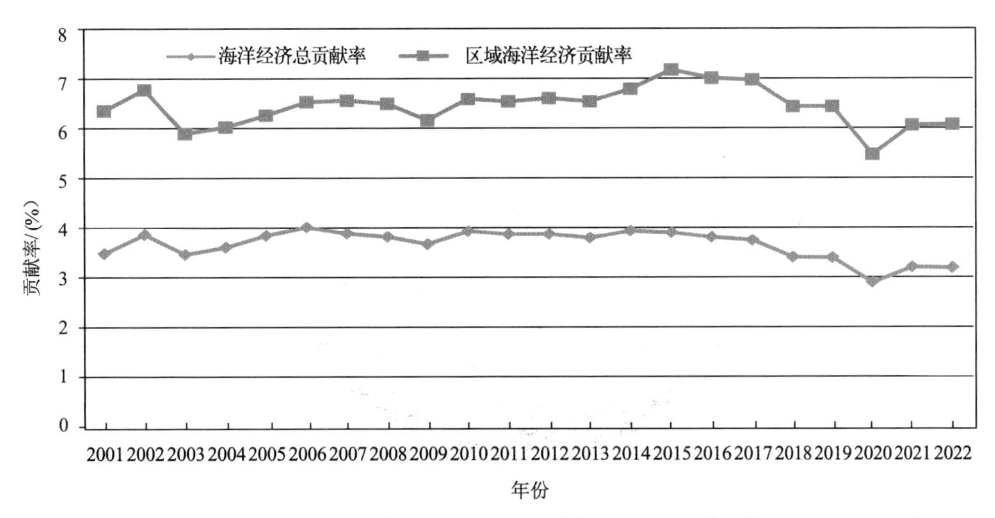

图 4-6　主要海洋产业增加值对全国 GDP 和沿海地区 GRP 的贡献（2001—2022 年）

数据来源：《中国海洋统计年鉴》（2021）、《中国海洋经济统计公报》（2001—2022）、国家统计局分省年度数据（2001—2022）

三、区域海洋经济发展

在建设海洋强国和沿海各省市海洋经济发展规划的引领下，各沿海省（区、市）切实发挥自身优势，统筹优化海洋经济空间布局，加快构建现代海洋产业体系，海洋产业集聚发展的“三圈”格局初具规模。从三大海洋经济圈的海洋经济总量和增速来看，南部海洋经济圈表现出绝对优势，东部海洋经济圈表现出较大发展潜力，北部海洋经济圈发展相对缓慢。2021 年，北部海洋经济圈海洋生产总值 25 867 亿元，比上年名义增长 15. 1%，占全国海洋生产总值的比重为 28. 6%；东部海洋经济圈海洋生产总值 29 000 亿元，比上年名义增长 12. 8%，占全国海洋生产总值的比重为 32. 1%；南部海洋经济圈海洋生产总值 35 518 亿元，比上年名义增长 13. 2%，占全国海洋生产总值的比重为 39. 3%（见图 4-7）。①

《中华人民共和国国民经济和社会发展第十四个五年规划和 2035 年远景目标纲要》中提出，建设一批高质量海洋经济发展示范区和特色化海洋产业集群，全面提高北部、东部、南部三大海洋经济圈发展水平；以沿海经济带为支撑，深化与周边国家

① 《2021 年中国海洋经济统计公报》，自然资源部，2022 年 4 月 6 日，http：//gi. mnr. gov. cn/202204/P020220406315859098460. pdf，2022 年 10 月 11 日登录。

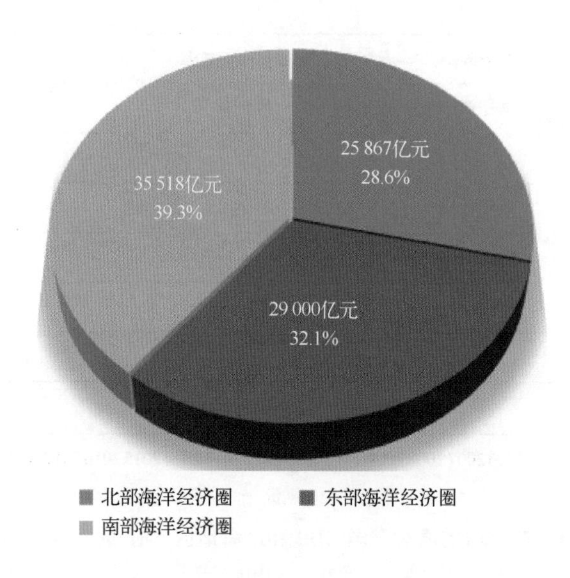

图 4-7　2021 年各海洋经济圈海洋经济生产总值及比重

涉海合作。[①] 中国沿海城市基本具备建设海洋特色现代化城市的基础条件，北部海洋经济圈的青岛、天津、大连，东部海洋经济圈的上海、厦门、宁波，以及南部海洋经济圈的广州、深圳等均已明确海洋经济“十四五”路线，并相继提出建设全球海洋中心城市的目标。

（一）北部海洋经济圈

北部海洋经济圈是由辽东半岛、渤海湾和山东半岛沿岸地区所组成的经济区域，主要包括辽宁省、河北省、天津市和山东省的海域与陆域。该区域区位条件优越，东临日本、韩国，南接长三角，对外服务于东北地区对外开放与东北亚经济合作，是北方对外开放的重要平台；对内以港口航运资源的优化整合推进京津冀协同发展。港口物流、海洋船舶、海水淡化、海水养殖、海洋生物医药等产业是该区域海洋经济优势产业。

辽宁省是中国最北端的沿海省份，是东北地区唯一的沿海省，坐拥黄海、渤海，由大连、丹东、锦州、营口、盘锦、葫芦岛 6 个城市构成辽宁沿海经济带。近年来，辽宁省围绕沿海经济带发展不断加强顶层设计，出台《辽宁省推进“一圈一带两区”

① 《中华人民共和国国民经济和社会发展第十四个五年规划和 2035 年远景目标纲要》，中国政府网，2021 年 3 月 13 日，http：//www.gov.cn/xinwen/2021-03/13/content_5592681.htm，2022 年 10 月 11 日登录。

区域协调发展三年行动方案》，部署沿海经济带发展工作。此外，辽宁省将海洋经济发展与振兴东北老工业基地“一带一路”建设等结合，寻找新的突破口。“十四五”期间，辽宁努力打造成为东北地区全面振兴“蓝色引擎”、中国重要的“蓝色粮仓”、全国领先的船舶与海工装备产业基地和东北亚海洋经济开放合作高地，为辽宁经济全面振兴、全方位振兴注入强劲动力。① 2020 年，辽宁省海洋生产总值达到 3 125 亿元，占全省地区生产总值的 12.4%，三次产业占比为 11.2∶28.1∶60.8。② 在“蓝色粮仓”建设方面，重视发展精品海水养殖、深海智能网箱养殖，高标准建设现代化海洋牧场。2021 年，辽宁省的国家级海洋牧场示范区数量达到 34 个（其中大连 25 个），位居全国第二。在能源开发利用方面，大连庄河海上风电场于 2021 年年底全面进入并网调试阶段，这是中国北方单体容量最大、纬度最高的海上风电项目，实现了东北地区海上风电“零的突破”。2021 年 5 月，位于辽宁省葫芦岛市的徐大堡核电站 3 号、4 号机组建设项目正式开工，标志着中俄核能合作在“十四五”开局之年再上新台阶。2022 年 7 月，中交营口液化天然气（LNG）接收站项目开工建设，对实现能源结构调整、推动东北地区能源转型优化具有重要意义。在港口建设方面，辽宁省强力推进海陆大通道建设，补齐通道内铁路、公路、物流园区（场站）等设施能力短板，为国内和日韩等国货物通过辽宁北上、西进通达欧洲等国家和地区提供更加便利、快捷、高效的服务③，中欧班列实现“三通道五口岸”全线贯通，海陆大通道的“铁路邮差”作用日益显现。

河北省地处环渤海核心地带，沿海地区毗邻京津、连接三北（西北、华北、东北），海洋区位条件独特，现有 3 个沿海市和 11 个沿海县（市、区）、7 个经济开发区。近年来，河北省海洋生产总值大幅增长、产业结构不断优化，主要海洋产业增势强劲。2021 年，河北省海洋生产总值达到 2 651.6 亿元，增速位列全国第五。2022 年上半年，河北省海洋生产总值为 1 280 亿元，同比增长 2.0%，高于全国平均增速 0.8 个百分点。海洋产业结构不断优化。2021 年，河北省海洋第一产业增加值为 182.2 亿元，第二产业增加值为 924.5 亿元，第三产业增加值为 1 544.9 亿元，三次产业占比为 6.9∶34.9∶58.2。海洋新兴产业发展持续向好。河北省统筹推动海水淡化综合利用，产能达到 34.07 万吨/日，居全国第三位。《河北省海洋经济发展“十四五”规划》

---

① 《辽宁省人民政府办公厅关于印发辽宁省“十四五”海洋经济发展规划的通知》（辽政协发〔2022〕2 号），辽宁省人民政府，2022 年 1 月 14 日，http：//www.ln.gov.cn/zwgkx/ghjh/202201/t20220114_4491457.html，2022 年 10 月 11 日登录。

② 同①。

③ 《2022 年省政府工作报告——2022 年 1 月 20 日在辽宁省第十三届人民代表大会第六次会议上》，辽宁省人民政府，2022 年 1 月 25 日，http：//www.ln.gov.cn/zwgkx/zfgzbg/szfgzbg/202201/t20220125_4496225.html，2022 年 10 月 11 日登录。

提出，到2025年，河北省海洋经济综合实力稳步增强，海洋产业结构进一步优化，海洋科技创新能力稳步提升，培育海洋经济发展新引擎，打造“一带三极多点”的海洋经济发展新格局，深度对接京津冀协同发展战略和东北亚沿海地带分工协作。①《2021年河北省政府工作报告》指出，要打造沿海经济崛起带，建设环渤海港口群，深化港产城融合发展，加快唐山“三个努力建成”步伐，发展海洋生物医药、海洋装备等产业。②

天津市是北部海洋经济圈的重要节点城市，相较于其他沿海省市，天津市的海洋经济总量相对较小。2020年天津海洋生产总值为4 766亿元，比上年名义下降9.5%，占全国海洋生产总值的比重为6%，占地区生产总值的33.8%，海洋生产总值和占全市GDP比重持续上升。天津市的单位岸线海洋生产总值超过30亿元，全国领先。天津市提出打造科技创新高地，建设海洋科创中心，引领带动北部海洋经济圈发展。天津市的海洋科技创新基础较好，基本形成了海水淡化及综合利用、海洋工程装备、海洋工程建设、海洋环保、海洋生物医药5个方面的科技创新体系。2022年，天津市颁布《天津市促进海水淡化产业发展若干规定》，这是全国首部促进海水淡化产业发展的地方性法规，提出落实海洋强国建设的具体行动和培育壮大海水淡化产业、推动海洋经济高质量发展的实际需要。海洋装备产业方面，《天津市海洋经济发展“十四五”规划》提出，加快推动海洋高端装备产业示范基地建设，重点打造海洋油气装备、港口航道工程装备、海水淡化和综合利用装备、海洋环境探测装备、海洋风电装备五大产业。③ 2022年8月，天津市科技局编制海洋装备领域科技创新资源图谱，形成《天津市海洋装备领域科技创新发展工作方案》。港口发展方面，2021年，天津港跨境陆桥运量居全国沿海港口首位，海铁联运完成100万标准箱；集装箱吞吐量突破2000万标准箱，3年来复合增长率位居全球十大港口之首。④ 船舶海工租赁产业加速聚集，国际航运船舶和海工平台租赁业务全国领先。

山东省海洋经济总量多年稳居全国第二位。2021年，山东省海洋生产总值达到1.49万亿元，占地区生产总值的18.0%，比上年提高0.2个百分点。山东省将现代海洋产业列入“十强产业”，提出“现代海洋产业2022年行动计划”，推动传统海洋产业

---

① 《河北省海洋经济发展“十四五”规划》，河北省自然资源厅，2022年1月27日，http：//zrzy.hebei.gov.cn/heb/gongk/gkml/zcwj/zcfgk/zck/10690545650660962304.html，2022年10月12日登录。

② 《2021年河北省政府工作报告》，河北省人民政府，2021年2月19日，http：//www.hebei.gov.cn/hebei/14462058/14471802/14471805/15003800/index.html，2022年10月12日登录。

③ 《天津市人民政府办公厅关于印发天津市海洋经济发展“十四五”规划的通知》，天津市人民政府，2021年7月5日，https：//www.tj.gov.cn/zwgk/szfwj/tjsrmzfbgt/202107/t20210705_5496422.html，2022年10月14日登录。

④ 郭斐然：《天津港，志在万里》，载《求是》，2022年第9期。

高端化、绿色化、智能化升级，发展海洋前沿和战略性新兴产业。截至 2022 年 8 月，山东省海上风电基地共建成投产项目 2 个，并网发电 60 万千瓦，实现了山东海上风电“零的突破”。2022 年上半年，海水淡化日产规模达到 55.1 万吨、跃居全国首位；2022 年新增国家级海洋牧场示范区 3 处，总数达到 59 处，占全国的 1/3 以上。全国首个国家深远海绿色养殖试验区落户青岛，“深蓝一号”网箱首次实现三文鱼规模化养成收鱼。2022 年 1 月，全球首艘 10 万吨级智慧渔业大型养殖工船“国信 1 号”在青岛下水出坞。在高端海工装备制造业方面，2021 年，山东全省船舶与海洋工程装备产业实现营业收入同比增长 15.1%，增幅居全国首位。海洋生物医药产业突破式发展，体内植入级海藻酸钠打破国外垄断，实现国产化。涉海金融产品不断创新，2021 年山东省共有 15 家涉海企业上市，全年涉海企业债券融资规模达 387.4 亿元。港口一体化改革成效显著，山东省形成了以青岛港为龙头，日照港、烟台港为两翼，渤海湾港为延展的一体化协同发展格局。① 2021 年，山东省新增航线 35 条，航线数量稳居北方港口第一位；海铁联运量突破 250 万标准箱，稳居全国沿海港口首位。② 在智慧港口建设方面，2021 年全球首个智能空中轨道集疏运系统和全球首个顺岸布局的开放式全自动化码头分别在青岛港和日照港建成并投入使用；全球首创干散货专业化码头控制技术在烟台正式发布。

（二）东部海洋经济圈

东部海洋经济圈是长江三角洲沿岸地区组成的经济区域，也是中国对外开放的门户，包括江苏省、上海市和浙江省。东部海洋经济圈处于“一带一路”与长江经济带的交汇区，拥有较为完善的港口航运体系，近年来积极实施陆海统筹与江海联动发展，打造具有国际竞争力的国际航运中心。

江苏省“蓝色动力”海洋经济强劲。2021 年，江苏省实现海洋生产总值 9 248.3 亿元，比上年增长 12.5%，增速为近三年最高。③ 海洋生产总值占全省地区生产总值的比重为 7.9%，占全国海洋生产总值比重为 10.2%。海洋电力业加速发展，江苏省能源结构进一步调“轻”调“绿”，全省海上风电装机容量、海上风电发电量连续多年位居全国前列，拥有全国第一个符合“双十”标准（指离岸距离不少于 10 千米、海域水深不少于 10 米的海域布局）的海上风电场、全国唯一的海上风电母港。截至 2021 年

---

① 《解读〈2021 年山东省海洋经济发展报告〉》，山东省人民政府，2022 年 9 月 20 日，http：//www.shandong.gov.cn/vipchat1/home/site/82/4045/article.html，2022 年 10 月 13 日登录。

② 同①。

③ 《我省发布 2021 年海洋经济统计公报 全省海洋生产总值达 9 248.3 亿元》，江苏省人民政府，2022 年 5 月 3 日，http：//www.jiangsu.gov.cn/art/2022/5/3/art_60096_10437481.html，2022 年 10 月 13 日登录。

年底，江苏省海上风电总装机容量达 1 180.5 万千瓦，占全部海上风电累计装机容量的 46.5%，标志着全国首个千万千瓦级“海上三峡”建成。如东海上风电场是亚洲首个采用柔性直流输电技术的海上风电项目，累计发电量突破 10 亿千瓦时。三峡大丰 H8-2 风电场是国内离岸最远的海上风电项目，于 2021 年年末实现全容量并网发电。海洋交通运输业发展态势良好，沿海沿江港口生产增长较快，2021 年，规模以上港口完成货物吞吐量 26.1 亿吨，比上年增长 4.4%；集装箱吞吐量 2 099.1 万标准箱，比上年增长 14.4%。随着世界航运市场逐步回暖，全球新船需求显著回升，全省造船完工量、新承接订单量、手持订单量三大造船指标位居全国之首。2021 年，江苏省海运企业营业收入大幅增长，全年实现增加值 1 561.2 亿元，比上年增长 29.5%。江苏省海洋生物医药业“产学研”深度融合不断加强，呈现稳步发展、增势良好态势，2021 年，全年实现增加值 68.5 亿元，比上年增长 11.9%。

上海市是中国唯一一个海洋生产总值过万亿元的城市，正逐渐发展成为全球海洋中心城市。2021 年，上海市海洋生产总值为 10 366.3 亿元，同比名义增长 6.8%，占当年全市生产总值的 24.0%，占当年全国海洋生产总值的 11.5%。[①] 海洋传统产业仍然是上海市海洋经济的支柱产业，滨海旅游业和海洋交通运输业占上海市 2021 年 GOP 的九成以上。其中，海洋交通运输业快速发展，全年增加值 869.9 亿元，同比名义增长 34.2%，占全市主要海洋产业增加值的 33.8%。根据《2021 新华·波罗的海国际航运中心发展指数报告》，上海市位列全球航运中心城市综合实力第三名；海洋船舶工业稳步发展，新承接订单量快速增长，全年实现增加值 137.9 亿元，同比名义增长 6.9%。造船技术与造船实力达到世界一流水平。2022 年 6 月，中国完全自主设计建造的首艘弹射型航空母舰“福建舰”，在中国船舶集团江南造船厂正式下水。2022 年 8 月，中国第五代大型 LNG 在上海沪东中华造船厂正式开工建造，第二艘国产大型邮轮在上海外高桥造船厂正式开工建造，标志着国产大型邮轮进入双轮建造时代。

浙江省历来高度重视海洋经济发展，相继提出了打造浙江海洋经济发展示范区、舟山群岛新区、浙江自贸试验区、浙江省大湾区、世界一流强港、国家经略海洋实践先行区等重大涉海战略举措。2021 年，浙江省实现海洋生产总值 9 962 亿元，同比增长 15.5%；2022 年上半年，浙江省实现海洋生产总值 4 908 亿元，同比增长 6.3%。宁波建设全球海洋中心城市的格局初步确立，海洋经济实力迈入全国第一方阵，2021 年海洋生产总值达到 3 200 亿元。宁波舟山港正加速建设世界一流强港。

① 《2021 年上海市海洋经济统计公报》，上海市海洋局，2022 年 6 月，http：//swj.sh.gov.cn/cmsres/2c/2c61fbeaac634fa0849694daa68ce74e/74d63ea36d264aa20e630d0d6c2d9097.pdf，2022 年 10 月 18 日登录。

据《2021年全球港口发展报告》，2021年舟山港货物吞吐量12.2亿吨，连续13年居世界第一，集装箱吞吐量3 108万标准箱，位居全球第三。2021年，舟山港石油、天然气及制品吞吐量1.33亿吨，首次超越青岛成为全国第一大油气贸易港。2022年5月，浙江省政府对外宣布浙江省大湾区建设战略，打造绿色智慧和谐美丽的世界级现代化大湾，建设全国现代化建设先行区、全球数字经济创新高地、区域高质量发展新引擎。

（三）南部海洋经济圈

南部海洋经济圈是由福建、珠江口及其两翼、北部湾、海南岛沿岸地区所组成的经济区域，主要包括福建省、广东省、广西壮族自治区和海南省的海域与陆域。该区域海域辽阔、资源丰富、战略地位突出，是中国对外开放和参与经济全球化的重要区域，是中国与东盟等国家合作的前沿阵地，也是保护开发南海资源、维护国家海洋权益的重要基地。近年来，南部海洋经济圈通过加快建设粤港澳大湾区城市群，深化与“21世纪海上丝绸之路”沿线国家的交流合作，成为“一带一路”重要支点。

2021年，福建发力做大“海上福建”，海洋生产总值超过1.1万亿元，连续七年保持全国第三位。福建省推动传统海洋经济转型升级。渔业向“深”向“绿”，截至2022年6月底，全省累计改造传统养殖渔排19.35万口，新建深水抗风浪网箱446口。全国第三个国家远洋渔业基地项目落户连江，全国租赁试点首台套大型渔旅融合、渔光互补、绿色低碳深海养殖平台“闽投宏东号”下水投产，福清东瀚海域美源、莆田南日岛海域国家级海洋牧场示范区完成预验收。港口建设方面，福建省以推进海上丝绸之路核心区建设为抓手，不断完善港航基础设施、持续打造载体平台，加快环三都澳、闽江口、湄洲湾、泉州湾、厦门湾、东山湾六大湾区建设，“一带六湾多岛”的区域海洋经济发展格局逐步形成。截至2022年8月底，“丝路海运”命名航线已累计开行9 014艘次，完成集装箱吞吐量1 018.2万标准箱，港口具备停靠世界集装箱船、邮轮和散货船最大主流船型条件。福建省充分发挥海上风能资源优势，发展一流绿色低碳新能源产业，全球首个大功率海上风电样机试验风场在福清兴化湾建成，亚洲地区单机容量最大、叶轮直径最大的13 MW抗台风型海上风电机组在福建三峡海上风电产业园顺利下线。依托海洋科技，打造海工装备和高技术船舶产业。2021年，全省船舶建造销售产值同比增长5.2%，船舶修理营业收入同比增长24.8%。

广东是海洋大省，拥有全国最长的海岸线。2021年，广东省海洋生产总值为19 941亿元，同比增长12.6%，占地区生产总值的16.0%，占全国海洋生产总值的

22.1%；广东省海洋经济总量已连续27年居全国首位。[①] 海上风电、海工装备、海洋生物、绿色石化、滨海旅游等产业加速发展，产业链不断延伸，高水平海洋产业集群建设持续推进。2022年，湛江巴斯夫（广东）一体化基地首套装置正式投产、中科（广东）炼化一体化一期项目稳步达产达效、茂名烷烃资源综合利用项目破土动工、汕尾陆丰核电5号机组工程正式开工建设、汕头大唐南澳勒门I海上风电扩建项目于2023年开工。揭阳GE海上风电机组总装基地成功交付了首批组装生产的Haliade-X13MW机组。截至2021年年底，广东省共有21个海上风电项目实现机组接入并网，累计并网总容量651万千瓦，同比增长545%。珠三角核心区海洋经济发展能级不断提升，形成广州、深圳、珠海和中山等船舶与海工装备制造基地。世界级港口群加速形成，拥有6个亿吨级大港，广州、深圳国际枢纽港功能不断增强，湛江港建成华南第一个可满载靠泊40万吨级船舶的世界级深水港。基础设施互联互通进程加快，粤澳新通道（青茂口岸）开通启用，"轨道上的大湾区"加快形成。首列从广州港始发的"港铁号"海铁联运中欧班列发车，创下中欧班列开行以来货值历史新高；盐田港亚太-泛珠三角-欧洲国际集装箱多式联运等示范工程加快建设；深圳港南山港区妈湾智慧港投入运营。

广西壮族自治区沿海沿江沿边，南临北部湾，是中国唯一与东盟国家同时有陆、海通道的省区。2021年4月，习近平总书记视察广西时强调，大力发展向海经济，把独特区位优势更好转化为开放发展优势。向海经济逐步成为广西对接国家重大战略、促进对外开放、释放独特区位优势的重要区域经济发展引擎。2021年，广西壮族自治区向海经济生产总值首次突破4 000亿元，达到4 090亿元，同比增长约10.5%。2022年上半年，全区海洋生产总值为847.45亿元，同比增长7.8%，高于全区GDP增长水平。向海传统产业持续向好，北部湾国际门户港上升为国际枢纽海港，拥有万吨级以上泊位101个，综合吞吐能力近3亿吨，货物和集装箱吞吐量增速均居国内港口前列。党的二十大报告指出，要加快建设西部陆海新通道。广西作为西部陆海新通道的重要枢纽，着力打造广西北部湾国际门户港，高水平推进西部陆海新通道建设。2022年上半年，西部陆海新通道海铁联运班列累计开行4 132列，同比增长42%；作为西部陆海新通道总体规划中的重大项目，平陆运河于2022年8月正式开工建设，建成通航后南宁市将成为滨海城市，形成南宁-北海-钦州-防城港城市群格局，进一步推动向海经济发展。千亿元级临港产业逐步形成，广西大力打造北海、防城港、钦州三个工业产值千亿元临港产业园区，钦州绿色高端化工新材

① 《广东海洋经济发展报告（2022）》，广东省自然资源厅，2022年7月13日，http://nr.gd.gov.cn/zwgknew/sjfb/tjsj/content/post_3972658.html，2022年10月19日登录。

料产业、防城港金属新材料产业等临港产业集群加快形成。广西大力发展海上风电等清洁能源产业，中船钦州海上风电装备产业园投产，防城港新能源装备制造产业园项目进展顺利，“十四五”期间还将建设北部湾海上风电基地。

海南省加快海洋强省建设步伐，在全岛建设自由贸易试验区，逐步探索、分段推进中国特色自由贸易港。党的二十大报告指出，加快建设海南自由贸易港，实施自由贸易试验区提升战略，扩大面向全球的高标准自由贸易区网络。海洋经济在海南经济发展中的作用日益显著。2021 年，海南省海洋生产总值实现 1 989.6 亿元，同比增长 24.5%，占全省 GDP 的比例首次突破 30%，达到 30.7%。海南省石油、天然气、天然气水合物资源丰富，油气产业是海南省重点产业之一。“十三五”期间，海南省油气产业增加值由 139.6 亿元增长到 210 亿元，年均增速 8.5%[①]，形成集“勘探、开发、加工、仓储、物流、销售”为一体的产业链。在海洋航运方面，2022 年上半年，海南全省完成集装箱吞吐量 187.8 万标准箱、同比增长 16.0%。其中，洋浦港完成集装箱吞吐量 82.3 万标准箱，同比增长 45.7%。航线网络布局日趋完善，截至 2022 年 7 月，全省已开通内外贸航线 52 条，其中内贸航线 34 条、外贸航线 18 条，形成“兼备内外贸、通达近远洋”的航线新格局。在滨海旅游业方面，2021 年，海南省接待国内外游客 8 100 万人次，同比增长 25%，实现旅游总收入 1 384 亿元，同比增长 58.6%。海洋邮轮旅游发展势头逐渐增强，多条邮轮航线开通。“十四五”时期，海南将升级滨海度假产品质量，积极推进近海休闲旅游，探索发展远海观光旅游，大力发展邮轮游艇旅游。海洋渔业方面，海南省坚持往岸上走、往深海走、往休闲渔业走，推动渔业转型升级。2021 年，海南省建设深海网箱突破 12 000 口，全国排名第二位，建成海洋牧场 5 个，在建海洋牧场 2 个。

四、小　结

2022 年，中国海洋经济顶住各种风险挑战，取得恢复性增长，海洋生产总值达到 9.46 万亿元。中国海洋经济发展在取得成绩的同时，也存在着一些问题，如海洋开发利用层次有待进一步提升；部分海洋战略性新兴产业近年来虽发展较快，但规模尚未实现突破，目前中国海洋经济仍以传统产业为主，新兴产业占比不高，在很大程度上存在转化率较低的问题；对深海资源的认知和开发能力有限等。

“十四五”时期，我国海洋经济发展的重点应该包括：建立海洋经济高质量发展

① 《海南省油气产业发展“十四五”规划出台》，海南省自然资源和规划厅，2022 年 10 月 19 日，http：//lr.hainan.gov.cn/ywdt_312/zwdt/202210/t20221019_3288134.html，2022 年 10 月 20 日登录。

指标体系，有效评估我国海洋经济的发展效益，并出台能够提升海洋经济质量效益等方面的政策措施；健全海洋经济统计核算制度，促进海洋经济监测评估能力建设；提高海洋资源的有效供给能力，引导海洋资源高效利用，推动海洋资源供给从生产要素向消费要素转变；加快培育海洋战略性新兴产业，切实提升新兴产业规模；加快海洋产业技术创新平台建设，提升海洋产业自主创新能力，强化海洋科技成果转化；深化涉海金融发展，加大涉海绿色金融产品创新，拓宽海洋领域国际化融资渠道，为海洋经济发展注入新的活力。

第五章 中国海洋产业的发展

2022年是“十四五”承上启下的一年，也是海洋经济各项工作全面展开的一年。海洋经济作为外向型经济，容易受到国内外发展环境的影响，不确定性强。2022年，全球经济活动普遍放缓且比预期更为严重，通胀处于几十年来的最高水平，多数地区的金融环境不断收紧，俄罗斯与乌克兰之间的武装冲突不断发展，全球经济增长率预计将从2021年的6.0%下降至2022年的3.2%、2023年的2.7%。[①] 从国内看，国家统计局数据显示，2022年国内生产总值1 210 207亿元，比上年增长3%。在此背景下，海洋产业发展承压明显，航运、船舶等外向型产业波动加大。

一、传统海洋产业

中国海洋经济在2021年大幅增长后，增速有所放缓。2022年，各地区各部门统筹推进疫情防控和经济发展，出台各种措施稳定海洋产业发展；从表现看，海洋传统产业发挥了“稳定器”的作用，海洋油气产量及价格出现明显上升，海洋渔业相对平稳，较好地支撑了海洋产业的基本面。

（一）海洋渔业[②]

海洋渔业发展平稳。2021年，中国海洋渔业产值6 605.42亿元，其中，海洋捕捞产值2 303.72亿元，海水养殖产值4 301.70亿元；全国海水产品产量同比增长2.20%，达3 387.24万吨，海水产品与淡水产品的产量比例为50.6∶49.4。从产品结构看，海水养殖产量最大的是贝类，达到1 526.07万吨，其次是藻类、甲壳类；海洋捕捞产量最大的是鱼类，达到645.15万吨，其次是甲壳类和头足类（见图5-1和图5-2）。

渔业生产能力基本稳定。2021年，中国水产养殖面积7 00.94万公顷，同比下降0.38%。其中，海水养殖面积202.55万公顷，同比增长1.50%，海水养殖与淡水养殖

---

① 《世界经济展望》，国际货币基金组织，2022年10月，https：//www.imf.org/en/Publications/WEO/Issues/2022/10/11/world-economic-outlook-october-2022，2022年12月1日登录。

② 《2021年全国渔业经济统计公报》，农业农村部，2022年7月21日，http：//www.yyj.moa.gov.cn/gzdt/202207/t20220721_6405222.htm，2022年12月1日登录。

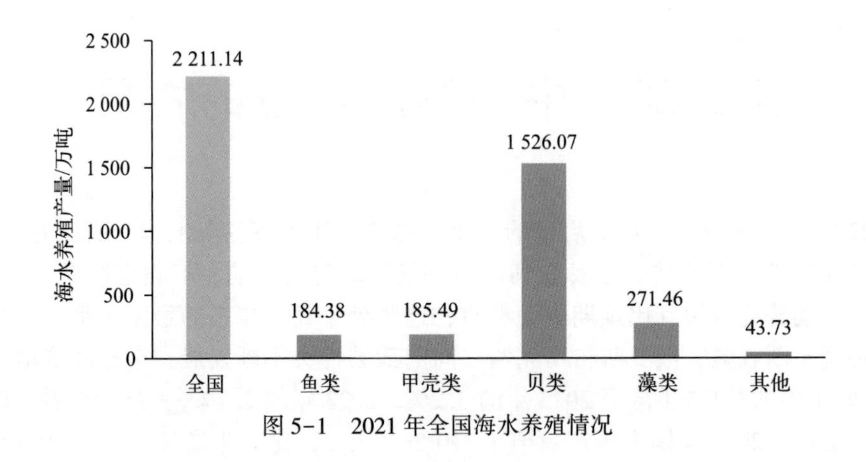

图 5-1　2021 年全国海水养殖情况

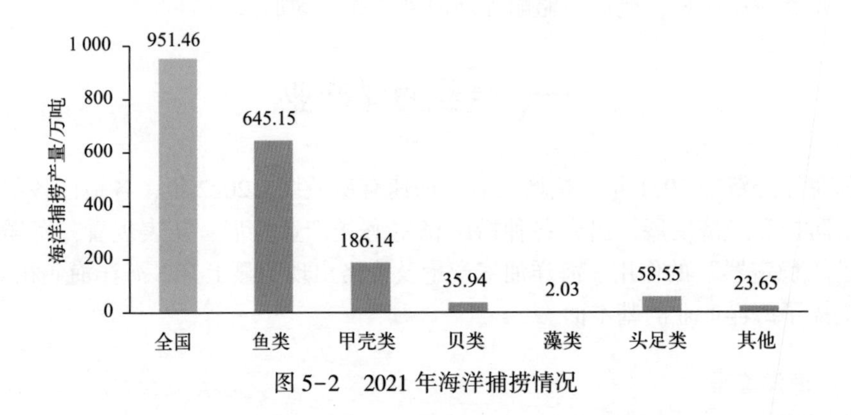

图 5-2　2021 年海洋捕捞情况

的面积比例为 28.9∶71.1。截至 2021 年年底，全国渔船总数为 52.08 万艘、总吨位 1 001.58 万吨。其中，机动渔船 35.70 万艘、总吨位 977.48 万吨、总功率 1 845.20 万千瓦。机动渔船中，生产渔船 34.23 万艘、总吨位 862.47 万吨、总功率 1 606.62 万千瓦。

远洋渔业"稳"字当头。《农业农村部关于促进"十四五"远洋渔业高质量发展的意见》确定"十四五"远洋渔业发展的指导思想、主要原则、发展目标、区域布局和重点任务，对推进远洋渔业高质量发展作出总体安排。到 2025 年，中国远洋渔业总产量稳定在 230 万吨左右，严格控制远洋渔船规模，优化区域与产业布局，推动远洋渔业企业整体素质和生产效益显著提升。

休渔范围扩展至公海。为推动渔业资源可持续利用，中国政府采取海洋伏季休渔、开展增殖放流、建设海洋牧场、严格执法监管等措施，海洋渔业资源得到明显恢复。[①] 作为负责任大国，自 2020 年以来，中国连续两年在西南大西洋、东太平洋等公海重点渔场，实行自主休渔措施。2022 年，中国首次在印度洋北部公海海域试行自主休渔，自此，中国远洋渔业作业海域中，所有目前尚无国际区域性渔业组织管理的公海海域（或鱼种）均已纳入自主休渔范围。[②]

（二）海洋油气业[③]

海洋油气业是 2022 年保持正增长的海洋产业之一。自 2021 年以来，国际油价总体振荡上行，2022 年上半年布伦特油价为 104.9 美元/桶，同比提高 60.9%。在此背景下，以中国海洋石油集团有限公司为代表的海洋油气企业盈利水平大幅提高。中国海洋石油有限公司发布的《2022 年战略展望》显示，上半年该公司获得 9 个油气新发现，成功评价 16 个含油气构造，净利润同比上升 115.7%，海洋油气年产量可达到 600 百万~610 百万桶油当量。回顾过去二十年的发展历程，中国海洋油气业增加值从不足 200 亿元增长到近 2 724 亿元，为中国经济发展做出了巨大贡献（图 5-3）。目前，海洋石油占比已达 40%，海洋天然气占比约 16%，成为保障国家能源安全的重要力量。

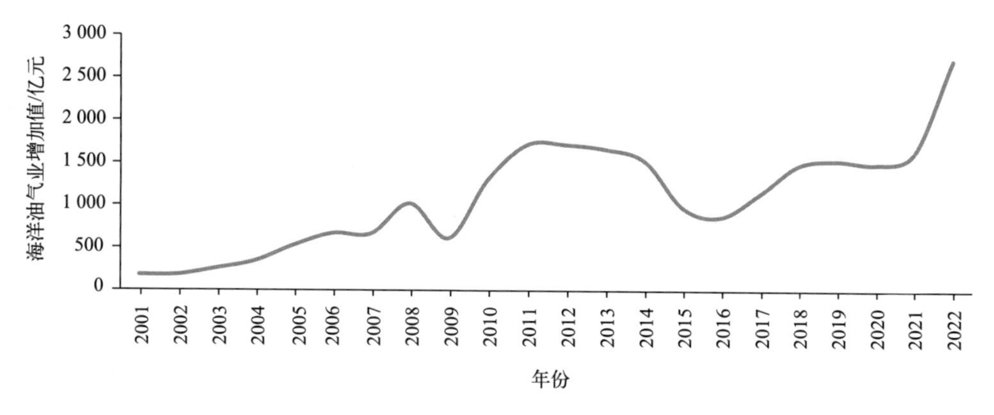

图 5-3　海洋油气业增加值[④]（2001—2022 年）

① 《第四届中韩渔业资源联合增殖放流活动在中国烟台和韩国木浦同步举行》，农业农村部，2022 年 8 月 1 日，http：//www.yyj.moa.gov.cn/gzdt/202208/t20220801_6405957.htm，2022 年 12 月 1 日登录。

② 《我国实施 2022 年公海自主休渔措施 首次在印度洋北部公海海域试行自主休渔》，农业农村部，http：//www.yyj.moa.gov.cn/gzdt/202206/t20220613_6402261.htm，2022 年 12 月 1 日登录。

③ 《2022 年战略展望》，中国海洋石油集团有限公司，2022 年 1 月 11 日，https：//www.cnoocltd.com/attach/0/2201111615047711.pdf，2022 年 12 月 1 日登录。

④ 根据《海洋统计年鉴》及中国海洋石油集团有限公司官方数据整理。

2022 年，海洋油气新项目、新发现有序推进。10 月，宝岛 21-1 气田新增探明储量顺利通过有关部门评审备案，宝岛 21-1 含气构造是南海首个深水深层大型天然气田，实现了松南-宝岛凹陷半个多世纪来的最大突破，将为南海万亿方大气区建设奠定坚实基础。

海洋油气科技与攻关方面，自主研发的首套国产化深水、浅水水下生产系统顺利完成海底安装，亚洲第一深水导管架平台“海基一号”成功安装，世界首个海上大规模超稠油热采开发项目进展顺利。此外，低碳减排步伐加快，中国海洋石油集团有限公司首次在海上油气平台大规模使用“绿电”，预计年消纳 1.86 亿千瓦；启动海上规模化碳捕获与封存（CCS）和碳捕获、利用与封存（CCUS）项目，对海洋油气高质量发展进行有益探索。

（三）海洋船舶工业[①]

船舶工业景气指标包括先行指标，即重点监测造船企业手持船舶订单量、新船价格指数和综合运费指数；同步指标，即重点监测造船企业产能利用率、主营业务收入和营业利用率；滞后指标，即全球船队保有量增速。2022 年中国造船产能利用监测指数（CCI）为 764 点，与 2021 年相比上升 22 点，同比增长 3%。

2022 年，我国造船完工量、新接订单量和手持订单量以载重吨计分别占全球总量的 47.3%、55.2%和 49.0%，各项指标国际市场份额均保持世界第一位。2022 年，我国造船完工量 3 786 万载重吨，同比下降 4.6%，其中，海船为 1 295 万修正总吨；新接订单量 4 552 万载重吨，同比下降 32.1%，其中，海船为 2 133 万修正总吨。截至 12 月底，手持订单量 10 557 万载重吨，同比增长 10.2%，其中，海船为 4 530 万修正总吨，出口船舶占总量的 90.2%（见图 5-4）。[②]

大型液化天然气（LNG）运输船需求旺盛。截至 2022 年 7 月底，气体运输船以 124 艘、913 万修正总吨的成绩超过集装箱船成为到目前为止全球市场份额最多的主力船型，其中大型 LNG 运输船成交 101 艘，继续突破年度成交纪录。在主力船型同比变化中，仅有以大型 LNG 运输船为主的气体运输船实现增长，其他船型均出现不同程度减少。

海上自主水面船舶（MASS）指南将成为重要新制度之一。2022 年 4 月，国际海事组织（IMO）第 105 次安全委员会提出，要进一步讨论细化现有指南草案的技术要求，

① 该部分的产业数据没有区分海洋运输船舶或淡水航运船舶。

② 《2022 年我国造船国际市场份额保持全球领先》，工业和信息化部，2023 年 1 月 19 日，https：//www.miit.gov.cn/jgsj/zbes/cbgy/art/2023/art_ 6ad635d031c843d68d0d18e8e50492a7.html，2023 年 3 月 3 日登录。

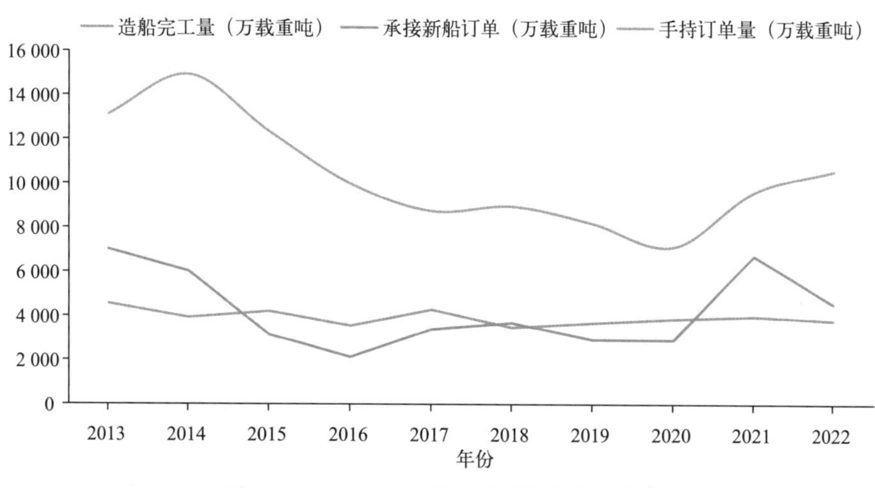

图 5-4　2013—2022 年三大造船指标变化①

包括性能标准和验证方法（如海上试航和模拟操作），且应以国际海事组织成员的共同意见进行全面考虑。中国建议，MASS 指南及相关规则规范，应能为包括政府、行业在内的所有利益相关者提供指导，内容应全面覆盖 MASS 相关的船舶设计、建造、系统、设备的功能要求以及人员（船员和远程操作员）的职责、资格和工作守则等，并能够根据未来 MASS 技术的多样性发展随时补充完善②。2022 年 5 月，在国际标准化组织船舶与海洋技术委员会智能航运工作组（ISOTC8/WG10）第 8 次会议上，上海船舶运输科学研究所、中国船级社、中国船舶工业综合技术经济研究院等单位主导提出了《智能船舶岸基系统数据管理服务要求》《智能船舶系统安全评估技术方法》两项国际标准新项目提案。

船舶控污和海运脱碳推动低碳船舶市场发展。一方面，船舶污染问题引发潜在规制制约。2022 年 4 月，IMO 污染预防和响应分委会第 9 次会议（PPR9）审议了船舶防空气污染相关议题（船舶废气清洁系统排放水、黑碳、使用多工作区间发动机等），海洋生物安全相关议题（防污底系统公约、船舶生物污垢、压载水），船舶海洋塑料垃圾，国际防止船舶造成污染公约（MARPOL）附则Ⅳ及其相关导则修订、化学品安全和污染风险评估，应对有害和有毒物质（HNS）泄漏，北极港口接收设施区域协

① 根据船舶工业协会各年度报告整理。

② 《海上自主水面船舶（MASS）成为 IMO 第 105 次安全委员会的重点议题》，中国船舶工业行业协会，2022 年 4 月 25 日，http：//www. cansi. org. cn/cms/document/17572. html，2022 年 12 月 1 日登录。

议等议题。会议成立了3个工作组和1个起草组，大部分议题在3个工作组中进行审议。[①] 另一方面，国际海事界低碳化立法进程加速，很可能将加速造船市场变革。2022年，IMO海洋环境保护委员会（MEPC）第79次会议和2023年MEPC第80次会议的讨论结果，很可能引发新一波低碳船舶市场热潮。另外，欧盟一直在加强排放方面的立法，推动将航运业纳入监管体系中，对航运零碳解决方案以及船舶绿色技术需求更为紧迫。未来"绿色要素"的一系列变化带给航运、造船行业挑战的同时，也将提供更大的市场机遇。

二、海洋新兴产业

与传统产业相比，海洋新兴产业最大的优势在于技术含量高、资源消耗低、综合效益好、市场前景广阔和易于吸纳高素质劳动力等。国家海洋经济相关规划明确将海洋装备制造业、海洋生物医药业、海水利用业等列为海洋新兴产业重点培育。

（一）海洋装备制造业

过去在海洋经济统计中，海洋装备制造业增加值统计一般计入海洋船舶工业，没有具体的增加值数据。但由于其在海洋经济中的重要地位，政府部门和研究机构都很关注该领域的发展。根据最新的海洋及相关产业分类，"海洋工程装备制造业"单列一大类，具体包括"海洋矿产资源勘探开发装备、海洋油气资源勘探开发装备、海洋风能与可再生能源开发利用装备、海水淡化与综合利用装备、海洋生物资源利用装备、海洋信息装备、海洋工程通用装备等海洋工程装备的制造及修理活动"。

2022年，山东、福建专门制定相关规划和行动方案支持本地区海洋装备产业发展。根据《山东省船舶与海洋工程装备产业发展"十四五"规划》，山东将重点聚焦特色高端船型、海洋能源装备、新型海洋工程装备、海洋智能装备、船舶与海洋工程配套装备等，围绕深远海渔业养殖装备、海上风电装备两个新兴特色产业"建链"，加强甲板机械、通导设备、高强度用钢、钻井系统、动力定位系统、水下设备等领域"卡脖子"技术攻关，培育船用发动机、压载水处理系统、船用曲轴、船用绳索、铅酸动力电池、防腐材料等一批特色配套产品。

《福建省推进船舶和海洋工程装备高质量发展工作方案（2021—2023年）》从推进修造船业可持续发展、推动电动船舶创新发展、壮大海工装备产业等方面明确了相关重

---

① 《IMO污染预防和响应分委会第9次会议（PPR9）要点快报》，中国船舶工业行业协会，2022年4月11日，http://www.cansi.org.cn/cms/document/17514.html，2022年12月1日登录。

点任务和保障措施，旨在打造细分市场优势和全产业链竞争力，加快实现船舶与海工装备产业高质量发展，发展用于海底采矿、水下打捞、海上救援、海道测量、港口航道施工、深水勘察、海工辅助、海底电缆施工等的海洋重大装备。福建省工作方案还明确了“800 亿元、100 亿元、400 亿元”的发展目标，即 2023 年实现高技术船舶与海工装备产业集群产值 800 亿元、海洋重大装备产值 100 亿元、海上风电装备产品产值 400 亿元。

（二）海洋生物医药业

国家对海洋生物医药业的政策支持和研发力度不断加大，产业化进程加快。海洋生物医药业增势良好，2022 年实现增加值 746 亿元，比上年增长 7.1%。

海洋药物和生物制品业以海洋生物资源为研发对象，以海洋生物技术为主导技术，以海洋药物为主导产品，包括海洋创新药物、生物医用材料、功能食品等产业体系。作为海洋新兴产业的重要组成部分，海洋药物和生物制品业发展迅速，已成功开发一批农用海洋生物制品、海洋生物材料、海洋化妆品及海洋功能食品、保健品等。中国海洋药物和生物制品产业发展快速、活跃，产业规模从 2001 年的不足 10 亿元增长到 2022 年的近 750 亿元（图 5-5），生物制品等比重较大。此外，产业集聚效应明显，逐渐形成以青岛、厦门、广州、深圳为代表的海洋药物和生物制品产业集群。由于药物研发周期较长，投资风险较大，多数企业无力承担，还应在产业政策上给予持续扶持。

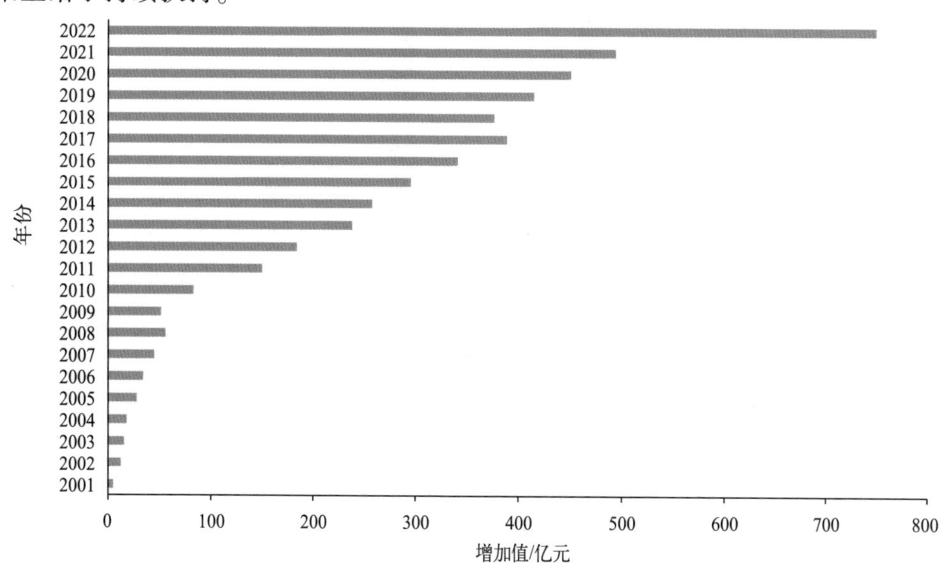

图 5-5　海洋生物医药业增加值变化

数据来源：《中国海洋统计年鉴（2020）》《中国海洋经济统计公报》（2001—2022）

（三）海水利用业[①]

各有关部门积极推进海水利用工作，国家发展改革委、自然资源部联合印发实施《海水淡化利用发展行动计划（2021—2025 年）》，对“十四五”海水淡化利用发展的主要目标和重点任务作出安排。天津市、河北省、山东省、江苏省等沿海省市出台相关规划、计划、政策，鼓励促进当地海水淡化产业发展。2022 年 9 月，自然资源部发布的《2021 年全国海水利用报告》显示，截至 2021 年年底，全国现有海水淡化工程 144 个，工程规模 185. 6 万吨/日，比 2020 年增加了 20 万吨/日。其中，万吨级及以上海水淡化工程 45 个，千吨级以上、万吨级以下海水淡化工程 52 个，千吨级以下海水淡化工程 47 个。海水直接利用方面，2021 年，沿海核电、火电、钢铁、石化等行业的海水冷却用水量稳步增长。据测算，2021 年全国海水冷却用水量 1775 亿吨，比 2020 年增加了 77 亿吨。

截至 2021 年年底，全国海水淡化工程分布在沿海 9 个省（区、市）水资源严重短缺的城市和海岛。海水淡化规模居前两位的是山东和浙江，日淡化海水约 45 万吨；上海和广西居最后两位。海水冷却用水量最高的省份是广东，每年约为 571 亿吨，最少的是天津，不足 10 亿吨（图 5-6）。

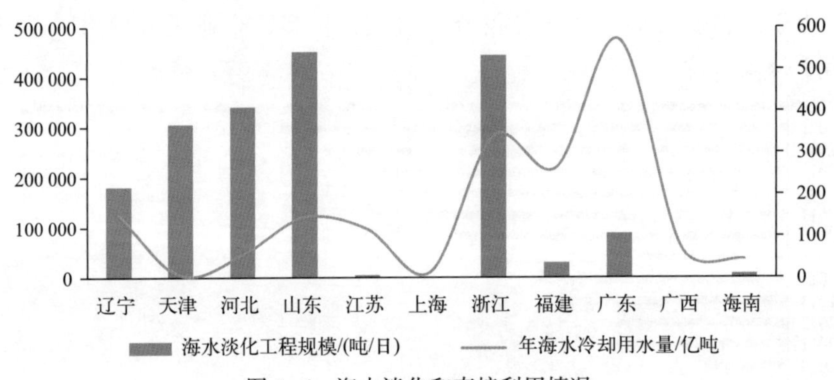

图 5-6　海水淡化和直接利用情况

数据来源：《2021 年全国海水利用报告》

（四）海上风电产业

海上风电产业链条长，溢出效益显著。作为清洁能源供给方，其对重型运输、钢

① 《2021 年全国海水利用报告》，中国政府网，2022 年 9 月 28 日，http：//www. gov. cn/xinwen/2022-09/28/content_5713053. htm，2022 年 12 月 1 日登录。

铁、化工、航运等行业脱碳具有直接影响。此外，利用海上风能生产可再生氢，能为其他产业间接提供能源。此外，海上风电还能带动海洋新材料、海底电缆管道、运维船舶等相关产业发展。

全球风能理事会（GWEC）的报告显示，2021 年全球新增装机容量 21.1 吉瓦，累计装机容量达到 56 吉瓦，较 2020 年全球新增海上风电容量的 6.1 吉瓦大幅提高。截至 2021 年年底，海上风力发电占全球风力装机容量的 7%，比 2020 年增加 2 个百分点。国际能源署认为，未来海上风电在总风电的份额中，将从 5%~7%增长到 20%以上。全球各地风电场装机容量翻倍增长的同时，风机技术也在不断提高。2000 年，全球平均海上风力单机容量仅为 1.5 兆瓦，2005 年达到 2.5 兆瓦，2020 年则达到 6.0 兆瓦。在欧洲，新安装的涡轮机的平均额定值甚至更高，预计 2025 年可能超过 12 兆瓦。

据不完全统计，截至 2021 年年底，国内沿海省市海上风电项目共有 172 个。海上风电项目规划总装机容量 63 518.05 兆瓦，涉海面积 8 269.78 平方千米，如表 5-1 所示。其中，江苏省、广东省海上风电项目数量分别为 56 个、50 个，分列第一和第二位，实际装机容量排名前三位的分别是广东省（30 434.85 兆瓦）、江苏省（14 098.35 兆瓦）和浙江省（5 643.75 兆瓦）。

表 5-1 截至 2021 年年底沿海省市海上风电投资情况①

省（市）	项目数/个	用海面积/平方千米	实际装机容量/兆瓦	项目总投资/亿元
江苏省	56	2 813.29	14 098.35	2 320.21
广东省	50	3 435.82	30 434.85	6 316.74
福建省	20	511.45	5 343.10	1 056.28
浙江省	18	766.81	5 643.75	870.69
辽宁省	7	425.00	1 698.10	296.65
山东省	7	247.56	4 104.80	563.12
河北省	5	48.00	1 300.00	112.60
上海市	5	21.85	622.60	113.70
天津市	4		272.50	21.25
合计	172	8 269.78	63 518.05	11 671.24

注：根据公开数据统计整理。

① 由于部分省市项目缺乏涉海面积及项目总投资数据，故相关数据有缺。

从海上风电并网情况看（表5-2），2021年全国海上风电并网项目67个[①]，新增并网容量18 732.3兆瓦。并网项目数量排名前三位的为江苏省（26个）、广东省（18个）和福建省（11个）；新增并网容量排名前三位的为江苏省（6 720.20兆瓦）、广东省（5 759.65兆瓦）和福建省（3 002.70兆瓦）。截至2021年，全国海上风电累计并网项目101个，累计并网容量26 438.65兆瓦。累计并网数量排名前三位的分别是江苏省（47个）、广东省（21个）、福建省（11个），并网容量排名前三位的分别为江苏省（12 098.35兆瓦）、广东省（6 477.65兆瓦）、福建省（3 002.70兆瓦）。

表5-2　沿海省市海上发电并网情况

省（市）	2021年		累计	
	并网数量/个	新增并网容量/兆瓦	并网数量/个	并网容量/兆瓦
江苏省	26	6 720.20	47	12 098.35
广东省	18	5 759.65	21	6 477.65
福建省	11	3 002.70	11	3 002.7
浙江省	6	1 691.35	9	2 195.35
辽宁省	3	748.80	4	1 048.8
山东省	2	603.20	2	603.2
上海市	1	206.40	5	622.6
河北省	0	0.00	1	300
天津市	0	0.00	1	90
合计	67	18 732.3	101	26 438.65

注：根据公开数据统计整理。

经过多年发展，海上风电产业链条逐渐完善。从风机生产看，主要企业有中国东方电气集团有限公司、新疆金风科技股份有限公司、上海电气集团有限公司、华锐风电科技（集团）股份有限公司、浙江运达风电股份有限公司、广东明阳风电技术有限公司。从叶片生产看，有天津鑫茂科技股份有限公司、广东中材科技有限公司、国电联合动力技术有限公司、新疆金风科技股份有限公司、南方风机股份有限公司等。从控制系统看，有许继电气股份有限公司、新疆金风科技股份有限公司等。在海缆方面，有宝胜电缆股份有限公司、江苏中天科技股份有限公司、宁波东方电缆股份有限公司、山东万达电缆有限公司等。

① 海上风电并网数据统计包含部分并网数据。

三、海洋服务产业

海洋服务产业是中国海洋产业的重要组成部分，对其他海洋产业发展起到支撑带动作用。过去十年，中国海洋服务业所吸纳的就业人口不断增加，产值规模也更加庞大。特别是海洋交通运输业、海洋旅游业、涉海金融服务等对海洋经济的贡献度更加显著。

（一）海洋交通运输业

2022 年，海洋交通运输业整体处于下行态势，进出口集装箱运价指数出现下降，特别是出口集装箱运价指数下降幅度较大。从港口吞吐量看，2022 年 1—8 月，中国主要港口累计完成货物吞吐量 66.8 亿吨，同比增长 0.6%，外贸货物吞吐量 27.3 亿吨，同比下降 2.6%，集装箱吞吐量增长 4%（表 5-3）。[①]

表 5-3　2022 年 1—8 月港口吞吐量增长情况

	货物吞吐量/万吨	货物吞吐量同比增速/(%)	外贸货物吞吐量/万吨	外贸货物吞吐量同比增速/(%)	集装箱吞吐量/万标准箱	集装箱吞吐量同比增速/(%)
全国总计	1 024 554	-0.1	304 854	-3.3	19 440	4.1
沿海合计	668 499	0.6	273 449	-2.6	17 146	4
辽宁	48 129	-7.9	15 648	-15.4	702	-6.7
河北	84 206	3.6	22 090	2.2	314	14.2
山东	125 924	6.1	66 141	-1.3	2 468	7.9
上海	43 451	-6.8	26 459	-3.8	3 102	0.2
江苏	27 579	11.6	9 810	-12	371	5.1
浙江	103 986	4.1	41 361	3.5	2 666	12
福建	46 518	2.1	16 939	-2.1	1 160	0.5
广东	114 942	-5.7	40 894	-7.2	4 213	0.1
广西	23 923	2.1	11 111	-3	436	20.1
海南	12 491	-10.4	2 271	-9.7	259	14.8

① 《2022 年 8 月全国港口货物、集装箱吞吐量》，交通运输部，2022 年 9 月 28 日，https://xxgk.mot.gov.cn/2020/jigou/zhghs/202209/t20220928_3686883.html，2022 年 12 月 1 日登录。

从运力情况看，2021年沿海运输船舶数量、净载重量、载客量、集装箱箱位均实现增长，其中沿海运输船舶数量同比增长5.2%，净载重量同比增长12.1%；远洋运输船舶运力总体出现下滑，其中运输船舶数量同比下降6.5%，净载重量同比下降10.8%，集装箱箱位同比下降1.8%（表5-4）。港口基础设施方面，2021年年末全国沿海港口生产用码头泊位5 419个、同比减少42个，沿海港口万吨级及以上泊位2 207个、同比增加69个。

表5-4 2021年年末全国海洋运输船舶运力

	年末数	增长/（%）
沿海运输船舶：		
运输船舶数量/艘	10 891	5.2
净载重量/万吨	8 885.61	12.1
载客量/万客位	23.91	1.2
集装箱箱位/万标准箱	62.45	2.5
远洋运输船舶：		
运输船舶数量/艘	1 402	-6.5
净载重量/万吨	4 870.09	-10.8
载客量/万客位	2.42	5.4
集装箱箱位/万标准箱	177.62	-1.8

海运脱碳加速已经成为近年来全球海事界关注的焦点，未来对航运零碳解决方案以及船舶绿色技术的需求更为紧迫。马士基航运公司、地中海航运公司、法国达飞海运集团等欧洲航运巨头纷纷表示将在2050年实现自身船队的碳中和，2030年前实现部分航线的“净零”，并得到了相关国家政府与行业组织、货主公司的大力支持。这些预期目标均大幅超过IMO目前设定的目标：IMO的温室气体目标是2050年将排放量较2008年减少50%，但此时间节点看来很可能仅是全球航运业达标的底线而已。

货主、金融、保险等方面形成更大推力。近年来，国际海事论坛相继提出签署“波塞冬原则”（Poseidon Principles）① 和“海运货物宪章”（Sea Cargo Charter）的呼吁，分别从银行和货主的角度对航运减排产生重要影响力。② 其中，签署“波塞冬原

① 2017年全球多家大型金融机构设计的一项评估和披露金融机构的贷款组合是否符合气候变化的准则。

② “海运货物宪章”其自身是一个评估和披露租船活动是否符合航运业碳减排要求的框架。与面向航运金融机构的“波塞冬原则”，以及后来针对海上保险机构的“海上保险波塞冬原则”一致，都采用了类似的评价框架体系。而这些倡议的背后组织和运作者也都是同一家行业组织：全球海事论坛（Global Maritime Forum）。

则”的成员继续扩大，缔约成员增至 28 家，覆盖全球超过 50%的航运贷款总额，并逐步扩展至海上保险行业。2019 年由海事、能源、基础设施、金融等行业重要企业组成的“零排放”联盟（Getting to Zero Coalition）更是承诺“2030 年前实现船舶零排放”，2050 年实现国际航运脱碳。可以看出，不仅航运企业本身，一些航运上游的超级货主也为其全部供应链变革制定了雄心勃勃的减排目标，制造和物流环节是其中的重要组成部分。

（二）海洋旅游业

根据联合国世界旅游组织（UNWTO）的数据预测，在 2023 年之前国际旅游不会恢复到疫情之前的水平。随着助企纾困和刺激消费政策的陆续出台，国内海洋旅游市场逐步回暖，但受疫情多点散发影响，海洋旅游尚未恢复到疫情前水平。2021 年海洋旅游业实现增加值 13 109 亿元（图 5-7）。

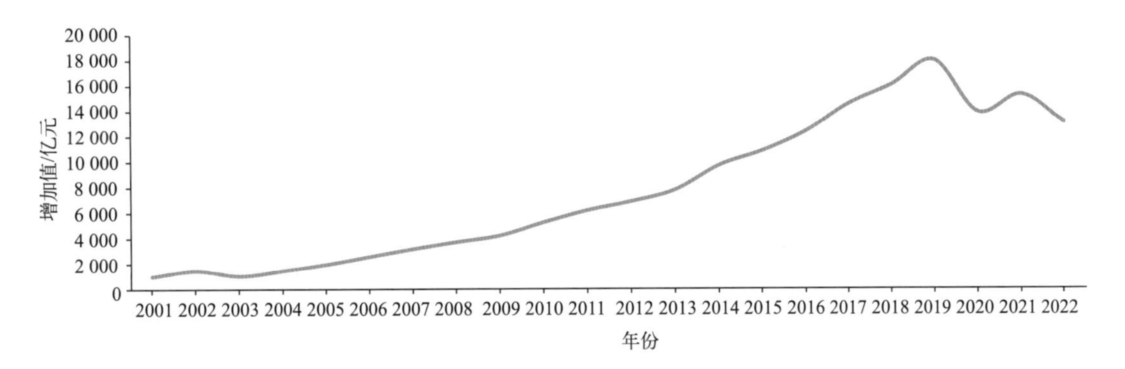

图 5-7　2001—2022 年海洋旅游业增加值变化

海洋旅游业中，邮轮游艇产业是重要的组成部分。2022 年 8 月，工业和信息化部等五部门发布《关于加快邮轮游艇装备及产业发展的实施意见》，该文件提出大力发展邮轮旅游、打造旅游客船精品航线、推动游艇产业创新发展。具体包括推动三亚建设国际邮轮母港，推进上海、天津、深圳、青岛、大连、厦门、福州、广州等地邮轮旅游发展，打造一批国际一流的邮轮旅游特色目的地；重点推进环渤海、粤港澳大湾区、粤闽浙沿海城市群、海南自由贸易港、长江经济带、珠江-西江经济带、大运河文化带等区域水上旅游资源开发；在完善定点定线船舶旅游产品基础上，推出主题航次、定制化服务的升级旅游产品；加快海南游艇产业改革发展创新试验区建设，支持大连、青岛、威海、珠海、厦门、北海等滨海城市创新游艇业发展，建设一批适合大众消费的游艇示范项目，鼓励和引导开展各类游艇赛事活动等。2022 年 7 月，江苏省出台

《关于推进世界级滨海生态旅游廊道建设实施方案》，提出把沿海作为江苏“十四五”文旅高质量发展新的增长极，努力打造最富人文魅力的文化海岸带、具有世界影响的滨海生态旅游景观带。在海洋旅游相关活动方面，2022 年 7 月，亚洲海洋旅游发展大会在宁波举办，旨在建立亚洲海洋旅游合作高端平台，呼吁亚洲各国重视海洋生态文明建设，实现海洋资源有序开发，推动海洋旅游业的发展。2022 年 8 月，由福建省文化和旅游厅、平潭综合实验区管理委员会、莆田市政府共同主办的“福往福来”海上游正式首航。

（三）涉海金融服务

涉海金融不是具体的海洋产业，但对海洋产业发展具有重要影响。涉海金融概指为特定产业——海洋产业服务的所有金融活动。金融服务海洋主要聚焦于海洋生产和生态保护。近年来，国际发布了《可持续蓝色经济金融原则》《可持续蓝色经济金融倡议》及《IFC 蓝色金融指引》等文件，号召各方共同行动，为全球海洋健康提供可持续的融资支持。涉海金融是中国重点发展产业，发挥政策性金融的示范引领作用，鼓励各类金融机构开展促进海洋经济发展的金融业务。

自然资源部已与国家开发银行、中国农业发展银行、中国工商银行、中国进出口银行等金融机构开展战略合作，出台了若干政策措施，为海洋经济高质量发展提供可持续的金融支持。2020 年 1 月，中国银保监会发布有关推动银行业和保险业高质量发展的指导意见，提出要探索蓝色债券。沿海地区根据海洋经济发展的需要，也在不断提高金融支持蓝色经济的力度。2022 年 11 月，深圳银保监局等四部门联合发布《关于印发深圳银行业保险业推动蓝色金融发展的指导意见的通知》，把与海洋经济相关的风险和保险产品系统化，并且分门别类地进行了梳理，为金融助推蓝色经济发展进行了有益的探索。

四、小　结

2022 年，海洋经济继续面临不确定性，海洋传统产业、新兴产业、服务业发展既有亮点但也遇到不少困难。从内外环境及发展规律上看，海洋经济近年在增速上不可能回到过去十年的高增长水平，但在发展质量提升上大有可为，这也是未来海洋经济增长的基本逻辑。海洋产业发展的重点是探索高质量发展道路，探索如何能更好满足人民日益增长的美好生活需要，如何落实、践行新发展理念。涉海部门和涉海行业正在积极探索新时代中国海洋产业的突破口，摸索与之相适应的产业布局、海洋资源配置模式，以期在新旧动能转换、传统产业绿色转型升级、国际竞争力优势产品培育方面有新的作为，推动海洋产业迈向全球价值链中高端。

第六章　中国海洋科技的发展

海洋科技是科学开发海洋资源、壮大海洋经济的根本要素，是推动新时代海洋经济高质量发展的重要引擎，是建设海洋强国的重要支撑力量。面对国内经济社会发展对海洋科技的战略需求，以及应对当前复杂的国际形势和封锁，未来中长期中国海洋科技发展的重点是推动海洋科技向创新引领型转变，着力提升海洋科技自主创新能力，发展海洋高新技术，重点在深水、绿色、安全的海洋高技术领域取得突破，尤其是推进海洋经济转型过程中急需的核心技术和关键共性技术的研究开发。

一、海洋科学发展

海洋科学是研究海洋的自然现象、性质及其变化规律，以及与开发利用海洋有关的知识体系。海洋科学是在物理学、化学、生物学、地理学背景下发展起来的，形成了海洋气象学、物理海洋学、海洋化学、海洋生物学和海洋地质学等学科方向。2022年，中国继续在海洋科学的传统优势领域物理海洋学、海洋生物学和海洋地质学研究方面取得突破性进展。从科技统计角度看，海洋科学研究的主要成果集中在环境科学、地球科学、海洋学和气象学四个学科，中国科学院、中国科学院大学、青岛海洋科学与技术试点国家实验室、自然资源部的成果名列前茅。

（一）海洋科学研究的主要成果

2022年，中国科学家在海洋科学领域共发表SCI论文10 837篇[①]，属于169个学科。环境科学、地球科学、海洋学和气象学四个学科的SCI论文篇数最多，超过1 000篇，一定程度上反映了这四个学科是海洋科学领域的研究热点。

10 837篇SCI论文分属5 924个科研机构。中国科学院、中国科学院大学、青岛海洋科学与技术试点国家实验室、自然资源部发表的SCI论文篇数位列前茅，超过1 000篇，一定程度上反映了这四个机构的海洋科学研究实力较强。

---

① 根据Web of Science数据库（https：//www. webofscience. com/）查询结果得到。

（二）海洋科学领域的突破进展

2022 年，中国海洋科学主要在物理海洋学、海洋生物学以及海洋地质学等领域取得较大进展和突破。

1. 物理海洋学

物理海洋学的概念分为狭义和广义的概念。狭义上是运用物理学的观点和方法研究海洋中的力场、热盐结构以及因之而产生的各种运动的时空变化，海洋中的物质交换、能量交换和转换的学科。广义上是以物理学的理论、方法和技术，研究海洋中的物理现象及其变化规律，并研究海洋水体与大气圈、岩石圈和生物圈的相互作用的学科。① 2022 年，中国的物理海洋学研究主要在海洋气象学、厄尔尼诺-南方涛动（ENSO）、气候变化等领域取得了突破性进展。

在海洋气象学方面，中国科学家利用高分辨率地球系统模式分析了海洋热浪问题，取得创新性成果。结果表明，高分辨模式显著提高了对海洋热浪的模拟能力。高分辨率地球系统模式的发展提高了对海洋热浪和涡旋的模拟能力，为气候变化和中小尺度极端事件的机理揭示和过程再现提供了有力工具。②

在 ENSO 方面，中国科学家的研究结果表明 21 世纪全球增暖下 ENSO 海表温度变率将会显著增强，而且该结论存在多模型模拟的一致性，这与 2021 年联合国政府间气候变化专门委员会（IPCC）第六次评估报告对 ENSO 未来可能的变化评估的结论不符。IPCC 的报告指出 ENSO 降雨变率在 21 世纪下半叶增强的可能性非常大，但是基于海表温度的 ENSO 强度如何变化仍然存在很大的不确定性。③

在气候变化领域，中国科学家海洋亚中尺度涡旋的气候效应研究取得重要进展。中国科学家在国际上首次阐明了亚中尺度涡旋对于大尺度气候模态——ENSO 的重要调控作用，对于丰富 ENSO 理论框架、消除气候模式对 ENSO 振幅的模拟偏差具有重要指导意义。④

---

① 全国科学技术名词审定委员会：《海洋科技名词》，北京：科学出版社，2007 年。

② Guo X W，Gao Y，Zhang S Q，et al. Threat by marine heatwaves to adaptive large marine ecosystems in an eddy-resolving model. Nature Climate Chang，2022，12（2）：179-186.

③ Cai W J，Benjamin N G，Wang G J，et al. Increased ENSO sea surface temperature variability under four IPCC emission scenarios. Nature Climate Change，2022，12（3）：228-231.

④ Wang S P，Zhao J，Wu L X，et al. El Niño/Southern Oscillation inhibited by submesoscale ocean eddies. Nature Geoscience，2022，15：112-117.

2. 海洋生物学

海洋生物学是研究海洋中生命现象、过程及其规律的学科。① 2022 年中国海洋生物学研究主要在海洋生物制药、深海生物、海洋生态学、海洋微生物等研究领域取得了重要进展。

在海洋生物制药研究领域，中国科学家聚焦于“蓝色药库”开发，在国际上首次全面系统地总结了 1972—2021 年报道的 361 个重要抗疟海洋天然产物。该研究选取了其中 60 个最具代表性的候选药物分子，围绕其构效关系、作用靶点、类药性质及开发潜力等方面进行重点介绍和阐释，同时深入调研了 107 个临床证明或潜在的抗疟靶点及其在相关靶蛋白中的亚细胞位置。该成果能够为原创性抗疟药物的研发提供重要指导与借鉴作用。② 在深海生物研究领域，中国科学家通过分析中国沿海近 70 年的鲸类搁浅数据，较为全面地揭示了中国鲸类的物种多样性、相对丰度以及时空分布模式等重要信息，为进一步加强鲸类相关研究、保护和管理提供了重要科学依据。③ 中国科学家破译了国际上首个深海甲壳动物——深海水虱的基因组，并揭示了深海水虱体型巨大化和深海寡营养环境适应的独特分子遗传机制。④ 中国科学家揭示了印度洋中脊 11 个热泉生物多样性，并结合群落结构和广布种群体遗传结构分析，首次提出将印度洋 11 个热液区分为 3 个生物省；研究得出卧蚕和龙旂热液区在各自所属省内具有最高的多样性保护价值，而中印度洋省则有多个热液区同时具有较高保护价值。该成果将为印度洋中脊区域环境管理计划的制订和生物多样性保护提供科学依据。⑤

在海洋生态学研究领域，中国科学家提出一种新遥感分类方法，首次完成了中国国家尺度外来红树植物无瓣海桑遥感提取，并为样本获取难度较大的滨海湿地植物群落识别提供了新思路。⑥

在海洋微生物研究领域，中国科学家在弧菌胶原蛋白酶机制研究方面取得新进展。致病性菌是人类和水生动物的常见病原菌，其分泌的胶原蛋白酶与弧菌的发病机制密

---

① 全国科学技术名词审定委员会：《海洋科技名词》，北京：科学出版社，2007 年。

② Hai Y, Cai Z M, Li P J, et al. Trends of antimalarial marine natural products: progresses, challenges and opportunities. Natural Product Reports, 2022, 39 (5): 969-990.

③ Liu M M, Liu M L, Li S H. Species diversity and spatiotemporal patterns based on cetacean stranding records in China, 1950-2018. Science of the Total Environment, 2022, 822.

④ Yuan J B, Zhang X J, Kou Q, et al. Genome of a giant isopod, Bathynomus jamesi, provides insights into body size evolution and adaptation to deep-sea environment. BMC Biology, 2022, 20 (1): 113.

⑤《印度洋海底热泉生态系统保护有了更科学的依据》，载《科技日报》，2022 年 6 月 7 日第 6 版。

⑥ Zhao C P, Qin C Z, Wang Z M, et al. Decision surface optimization in mapping exotic mangrove species (Sonneratia apetala) across latitudinal coastal areas of China. ISPRS Journal of Photogrammetry and Remote Sensing, 2022: 193.

切相关，已经被确定为重要的致病因子。目前弧菌胶原酶识别和降解胶原蛋白的分子机制尚不完全清楚。中国科学家研究提出了 M9A 亚家族弧菌胶原酶 VhaC 对胶原蛋白的降解机制模型，有助于更好地理解弧菌胶原酶的致病性作用，为以弧菌胶原酶作为药物靶点设计新型抗弧菌感染药物提供了信息。[①]

3. *海洋地质学*

海洋地质学是研究地球被海水覆盖部分的特征及其演变规律的学科，主要研究海岸与海底的地貌、沉积、岩石、构造、地质历史和矿产资源等。[②] 2022 年，中国科学家在深渊黑碳研究方面取得新进展，在全球首次报道了深渊沉积黑碳的来源、分布和埋藏通量。[③]

二、海洋调查和科学考察

海洋调查集中体现一国海洋科技发展的整体水平。随着国家对海洋事业重视程度的提高，我国近年来开展了多项海洋调查活动，主要包括海洋基础地质调查、海洋油气资源调查、极地科学考察和大洋科学考察等。2022 年，中国主要在海洋基础地质调查、极地科学考察和大洋科学考察等方面取得进展。

（一）海洋基础地质调查

中国海洋基础地质调查包括海域海岸带综合地质调查、海洋区域地质调查等。中国的海洋区域地质调查与美国、日本、英国、澳大利亚等国相比起步较晚。美国、日本、英国、澳大利亚等国早在 20 世纪就完成了管辖海域的 1∶100 万和 1∶25 万海洋区域地质调查。中国直到 1999 年才启动了 1∶100 万的海洋区域地质调查工作。到 2020 年，中国已经实现 1∶100 万海洋区域地质调查全覆盖。[④]“十四五”乃至更长时间，中国重点在大比例尺海洋地质调查领域开展工作。

2022 年，中国部分沿海地区正式启动近海海域海底基础调查。广东省近海海底基础数据调查专项（2022—2025 年）正式启动。此次调查主要任务是摸清大湾区近海海

---

① Wang Y, Wang P, Cao H Y, et al. Structure of Vibrio collagenase VhaC provides insight into the mechanism of bacterial collagenolysis. Nature Communications, 2022, 13 (1): 566.

② 全国科学技术名词审定委员会：《海洋科技名词》，北京：科学出版社，2007 年。

③ Zhang X, Xu Y, Xiao W, et al. The hadal zone is an important and heterogeneous sink of black carbon in the ocean. Communications Earth & Environment, 2022, 3: 25.

④ 秦绪文、石显耀、张勇，等：《中国海域 1∶100 万区域地质调查主要成果与认识》，载《中国地质》，2020 年第 5 期。

底管线情况，查明大湾区近海海底沉积类型，为打造广东海洋大数据“一张图”夯实数据基础。① 自然资源部南海局所属南海规划与环境研究院承担的大湾区近海西部海域海底基础调查外业工作圆满结束。该工作利用多波束测深系统开展了近80天的海上作业，测量了4 000余条、总长度达4.6万千米的测线，采集了约3 400平方千米高分辨率地形数据，为打造广东海洋大数据“一张图”夯实数据基础。②

（二）极地科学考察

自1984年以来，中国已成功完成38次南极科学考察，12次北极科学考察。2022年度，中国主要完成了第38次南极科学考察。

2021年11月5日至2022年4月20日，中国开展了第38次南极科学考察，历时174天，总行程3.1万余海里，取得多项成果。一是围绕应对全球气候变化，开展大气成分、水文气象、生态环境等开展了科学调查。二是对南大洋生态系统进行了调查，执行了南大洋微塑料、海漂垃圾等新型污染物的监测任务。三是对南极中山站、长城站进行越冬人员轮换及物资补给，积极开展了考察物资补给的国际合作。③

2022年10月26日和31日，中国第39次南极考察队分两批从上海出发，共同执行第39次南极科学考察任务。此次南极科学考察由破冰船“雪龙”号和“雪龙2”号共同执行，是中国第三次采取“双龙”探极模式开展的南极科考行动。中国第39次南极科学考察于2023年4月完成。④

（三）大洋科学考察

2022年3月10日至6月2日，中科院海洋科考船队的“实验6”科考船执行了东印度洋海域国家自然科学基金2022年东印度洋综合科学考察共享航次。本航次在海上作业85天，是迄今为止最长的印度洋科考航次。整个航次采用走航式调查、到站定点观测和取样等方式，开展了东印度洋海域大面站温盐深仪（CTD）、生物拖网、地质柱状采样、潜/浮标布放等调查研究，获取了东印度洋海区海洋动力过程、地质地貌结构

---

① 《粤港澳大湾区海底基础数据调查启动》，自然资源部，2022年7月11日，https：//www.mnr.gov.cn/dt/hy/202207/t20220711_2741990.html，2022年12月10日登录。

② 《南海局完成大湾区近海海底基础调查》，中国海洋信息网，2022年10月8日，https：//www.nmdis.org.cn/c/2022-10-08/77708.shtml，2022年10月14日登录。

③ 《中国第38次南极科学考察完成“雪龙”“雪龙2”返沪》，中国新闻网，2022年4月26日，http：//www.chinanews.com.cn/gn/2022/04-26/9740072.shtml，2022年11月17日登录。

④ 《中国第39次南极科学考察队出征》，国家海洋局极地考察办公室，2022年10月26日，http：//chinare.mnr.gov.cn/catalog/detail？id=4eb3914bace54975b2e943ce2c124db3&from=zxdtmtdt¤tIndex=2，2022年12月13日登录。

演变和海洋生态过程等信息。研究成果揭示东印度洋动力过程影响生物地球化学循环、生态系统和沉积过程的机制，阐明营养物质来源；同时理清研究区域生物多样性地理格局，阐释生态系统的开放性与封闭性，揭示生物群落对物理过程的响应和指示作用以及认识古气候变化。①

2022年5月9日至6月10日，新型深远海综合科考实习船“东方红3”圆满完成国家自然科学基金共享航次计划“西太平洋复杂地形对能量串级和物质输运的影响及作用机理”重大科学考察航次第二航段科考任务顺利返航。此次科考中，“发现”号遥控潜水器（ROV）首次离开“科学”号母船，开展深海原位探测，围绕“两点一线”（冷泉、热液两个极端环境点和1条跨越深海到陆架的断面）完成了水文观测、地质取样、地球物理和ROV深海探测等作业任务，获得了大批珍贵的原始数据和样品。此次科考的成功实施为定量分析冷泉和热液极端环境下水体-沉积物间的物质交换通量、揭示西太平洋复杂地形对能量串级的影响机制等重大科学问题提供了多要素、精细化的调查样品和第一手数据。②

三、海洋高技术发展

根据国家海洋行业标准③，海洋高技术包括海洋探测技术、海洋开发技术、海洋装备制造技术、海洋新材料技术、海洋高技术服务技术五个领域。

（一）海洋探测技术

海洋探测技术包括海洋资源勘探技术和海底物体探测技术。海洋资源勘探技术包括海洋矿产地质勘查技术和海洋生物资源勘查技术。海洋矿产地质勘查技术包括海洋石油天然气地质勘查、海底天然气水合物地质勘查、海洋固体矿产地质勘查、海洋地热资源勘查、大洋多金属结核和富钴结壳勘查、海底热液硫化物勘查等技术。海洋生物资源勘查技术包括深海生物资源勘查技术和极地生物资源勘查技术。海底物体探测技术主要包括沉船探测等。④ 中国在海洋探测技术领域仍存在诸多短板，如深海传感器落后、通用配套技术缺乏，大尺度和长周期观测能力不足。

① 《“实验6”科考船起航执行东印度洋科学考察共享航次》，光明网，2022年3月11日，https：//m. gmw. cn/baijia/2022-03/11/35579845. html，2022年10月14日登录。

② 《“东方红3”船完成西太平洋科考任务》，中国海洋信息网，2022年6月24日，https：//www. nmdis. org. cn/c/2022-06-24/77103. shtml，2022年10月14日登录。

③ 《海洋高技术产业分类 HY/T 130—2010》，中华人民共和国海洋行业标准。

④ 同③。

2022 年度，中国“探索二号”科考船搭载“深海勇士”号载人潜水器开展多次考察，取得多项成果。一是圆满完成深海原位实验室在南海冷泉区海试任务。深海原位实验室搭载高性能传感探测设备，通过海试验证了系统及设备的水下性能以及长期运行的可靠性，获取冷泉区一批重要流体、沉积物、生物样本，通过对比研究认识不同冷泉区的发育规律并进而系统地认识南海冷泉及水合物的基本发育规律和特征。① 二是完成深海地质原位观测及国产化装备海试任务。通过海试，完成了“深海一号”大气田的水下系泊系统、水下生产系统、典型陆坡区深水井场、“海马”冷泉区等区域的原位观测，取得了重要的工程勘测数据。同时，“深海勇士”号载人潜水器搭载自主研发的深海沉积物保温保压取样器、深海三维感知装备等，分别开展了功能测试。② 三是完成配置兆瓦时（1 000 kWh）级锂电能源系统的大深度原位科学实验站在海底的布设试验。这次试验首次实现了兆瓦时级别的固态锂电池在深海装备上的集成，并在千米级深海进行试验应用，验证了能源及其管理系统的安全性和有效性，实施了海底深海深渊基站-原位实验室-“深海勇士”号载人潜水器的水下联合作业。③

（二）海洋开发技术

海洋开发技术包括海洋生物资源开发技术、海洋矿产资源开采技术、海洋可再生能源利用技术、海水综合利用技术和海洋工程技术。④ 2022 年，中国主要在海洋生物资源开发技术、海洋矿产资源开采技术、海洋可再生能源开发利用技术、海水综合利用技术和海洋工程技术方面取得进展。尽管 2022 年中国在海洋开发技术领域取得诸多突破和进展，但仍存在诸多短板和不足，如海洋可再生能源开发在装机效率、装置可靠性上仍有差距。

1. 海洋生物资源开发技术

海洋生物资源开发技术包括海洋水产品高效增养殖技术、海水种植技术和海洋生物医药技术。⑤ 2022 年，中国主要在海洋水产品高效增养殖技术方面取得进展。

---

① 《探秘南海冷泉“探索二号”科考船搭载“深海勇士”号返航》，央视网，2022 年 5 月 11 日，https：//tv. cctv. com/2022/05/11/VIDEXCTsjI6HFDCX0wHxZvRd220511. shtml，2023 年 3 月 9 日登录。

② 《“探索二号”返航！完成深海地质原位观测及国产化装备海试任务》，央视网，2022 年 9 月 25 日，http：//news. cctv. com/2022/09/25/ARTIFeTmvhTUYDrjFmXhJNSU220925. shtml，2023 年 3 月 9 日登录。

③ 《科考船“探索二号”返航“深海勇士”号完成第 500 次下潜》，央视网，2022 年 10 月 27 日，http：//photo. cctv. com/2022/10/27/PHOA3H0OMyuudwaNd2upwU5v221027. shtml#s4p9sQe36C28221027_1，2023 年 3 月 9 日登录。

④ 《海洋高技术产业分类 HY/T 130—2010》，中华人民共和国海洋行业标准。

⑤ 同④。

2022年3月，中集来福士海洋工程有限公司建造的“经海004号”深海智能网箱成功在山东省烟台市南隍城海域完成交付。这是亚洲最大的海洋牧场项目“百箱计划”交付的第4座深海智能网箱。“经海系列”智能化网箱单体网箱年产渔获600~700吨，还搭载了5G通信、海洋数据监测以及水下监控等多种系统，可以让鱼群在类野生的环境下生长。①

2022年7月，农业农村部发布了2022年审定的26个水产新品种，其中中国科学院海洋研究所参与培育的凡纳滨对虾“渤海1号”榜上有名。凡纳滨对虾“渤海1号”是针对近年来快速发展的盐田虾产业培育的专门化品种，也是国际首个耐高盐的对虾新品种，将从种业源头有力支撑盐田虾产业发展。②

2. *海洋矿产资源开采技术*

海洋矿产资源开采技术包括海洋油气资源开采技术和海洋矿产资源开采技术。③2022年，中国在这两个技术领域都取得了长足进展。

在海洋油气资源开采技术方面，2022年9月，中国自主设计建造的亚洲第一深水导管架——“海基一号”顺利完工，标志着中国在超大型海洋油气平台导管架设计建造技术上取得新突破，开创了中国中深海油气资源开发的新模式。④ 中国自主研发的深水水下生产系统在南海莺歌海的东方1-1气田东南区乐东块开发项目正式投入使用，标志着中国深水油气开发关键技术装备研制取得重大突破。⑤

2022年1月，中国为“深海一号”大气田量身定制的全球首座10万吨级深水半潜式生产储油平台——“深海一号”能源站，顺利完成2022年首船凝析油外输作业。“深海一号”大气田自2021年6月25日正式投产，到2022年2月底已累计生产天然气超10亿立方米，验证了中国自主创建的深水油气资源勘探开发生产运维完整技术体系的先进性与可靠性，也标志着中国进入了深海油气勘探开发先进国家行列。⑥

2022年5月，中国首套国产化深水水下采油树在海南莺歌海海域完成海底安装，该设备是中国海洋石油集团有限公司牵头实施的500米级水下油气生产系统工程化示范项目的重要部分，标志着中国深水油气开发关键技术装备研制迈出关键一步，也标

---

① 《中集来福士建造“百箱计划”首批4座智能网箱全部交付》，国际船舶网，2022年3月15日，http://www.eworldship.com/html/2022/NewShipUnderConstrunction_0315/180304.html，2022年10月12日登录。

② 《凡纳滨对虾“渤海1号”通过国家新品种审定》，载《科技日报》，2022年7月19日第3版。

③ 《海洋高技术产业分类 HY/T 130—2010》，中华人民共和国海洋行业标准。

④ 《“海基一号”建造完工 为亚洲首例300米级深水导管架》，载《科技日报》，2022年3月16日第5版。

⑤ 《我国自主研发深水水下生产系统投用》，载《中国船舶报》，2022年9月23日第8版。

⑥ 《“深海一号”大气田累计产气超10亿立方米》，载《科技日报》，2022年2月28日第6版。

志着中国具备了成套装备的设计建造和应用能力。①

2022年5月，中海油研究总院有限责任公司自主研究设计的全球首个超稠油热采油田——旅大5-2北油田一期顺利投产。渤海油田石油地质探明储量中有一半以上是稠油。旅大5-2北油田一期原油黏度为渤海已探明稠油油田之最。之所以旅大5-2北油田一期能够顺利投产，是因为中国超稠油开发技术的重要突破，这些重要突破包括研发出首套海上双水源锅炉水处理系统，创新了去除原油中的砂粒和水分的工艺，创新采用射流泵注采一体管柱技术等多项技术。②

2022年6月，哈尔滨工程大学与海洋石油工程股份有限公司联合研制的国内首台深海水平式卡箍连接器，在深海高压密封和自主对接技术上取得突破，该技术已通过挪威船级社（DNV）认证。深海水平式卡箍连接器投入南海气田开发使用，用于1 500米深海环境中海底油气田装备的快速连接，各项指标达到国际同等水平，取得中国海洋工程装备国产化技术重要突破，实现了核心技术自主可控。③

2022年7月，中国首个自主研发的浅水水下采油树系统开发项目在渤海海域锦州31-1气田点火成功，深埋于地下2 000多米的天然气气龙通过水下采油树系统稳定输送到平台火炬臂，单井试采气量达31万立方米/天，可供1 500个家庭使用1年。水下采油树是水下生产系统不可或缺的核心设备之一，全球仅有少数几家欧美公司能够设计制造。中国海油攻克了浅水水下生产系统技术难题，国产化率达到88%，实现了浅水海域水下模式“从0到1”的历史性突破。④

3. 海洋可再生能源利用技术

海洋可再生能源利用技术主要包括海洋风能发电利用技术、潮汐能利用技术、波浪能利用技术、潮流能利用技术、盐差能利用技术和温差能利用技术等。

2022年，中国在海洋风能利用技术取得突破。由特变电工衡阳变压器有限公司自主研制的首台国内最大容量10兆瓦海上风电塔筒变压器，在三峡能源福建长乐海上风电项目现场一次投运成功。这是中国首台实现并网运行的国产化10兆瓦海上风电塔筒变压器，实现了塔筒变压器关键技术突破并达到了国际领先水平，其投运成功打破了国外在大功率海上风机市场的垄断，也意味着中国海上风电迈入平价上网时代。⑤

---

① 《我国深水油气开发关键技术装备研制获重要突破》，载《科技日报》，2022年5月13日第3版。

② 《新技术破解“愁油”开采难题》，载《科技日报》，2022年5月17日第6版。

③ 《国内首台深海水平式卡箍连接器研制成功》，载《科技日报》，2022年6月1日第3版。

④ 《我自主研发浅水水下采油树投入使用》，载《科技日报》，2022年7月17日第2版。

⑤ 《首台国内最大容量海上风电塔筒变压器投运成功》，载《科技日报》，2022年1月4日第6版。

4. 海水综合利用技术

海水综合利用技术包括海水淡化技术、海水直接利用技术和海水化学资源提取技术。① 经过多年的科技攻关，中国在海水淡化、海水直接利用等海水利用关键技术方面取得重大突破，在海水化学资源提取技术方面取得积极进展。中国已全面掌握热法海水淡化技术和反渗透淡化技术，成为世界上少数几个掌握海水淡化先进技术的国家之一。目前，海水淡化产业基本形成，海水淡化成本不断下降，海水淡化设计能力不断提高，人才队伍不断扩大。

2022 年，中国在海水淡化技术领域取得重大突破。哈尔滨工业大学与沙特阿拉伯阿卜杜拉国王科技大学（KAUST）联合攻关，在膜法水处理技术研究领域取得重大突破，该研究设计合成了超高通量多孔石墨烯膜，并利用低品质热源实现了高效可持续的海水淡化。该石墨烯膜比迄今为止报道的蒸馏膜通量高一个数量级，脱盐率大于 99. 8%，在海水淡化中显示出巨大的应用潜力和优势。②

5. 海洋工程技术

海洋工程技术包括海上工程建筑技术和海底工程建筑技术。海上工程建筑包括海洋矿产资源开发利用工程建筑、海洋能源开发利用工程建筑、海洋空间资源开发利用工程建筑、海洋工程基础建筑等。海底工程建筑包括海底隧道工程建筑、海底电缆光缆的铺设、海底管道铺设、海底仓库建筑等。

2022 年，中国在海底隧道建设方面有重要进展，世界级跨海工程——甬舟铁路（宁波至舟山）全线开工。铁路正线全长 76. 396 千米，铁路等级为高速铁路，其中，金塘海底隧道将成为中国首条外海盾构隧道，也是世界上地层最复杂、建设难度最大的海底高铁隧道。隧道全长 16. 18 千米，比港珠澳大桥海底隧道长 10 千米，是世界最长海底高铁隧道。③

（三）海洋装备制造技术

海洋装备制造技术包括海洋探测装备制造技术、海洋开发装备制造技术、海洋观测装备制造技术、海洋环境保护装备制造技术。中国海洋装备制造始于 20 世纪 60 年代，重点用于海洋油气资源开发利用。目前，中国在浅水油气装备方面已基本实现自

---

① 《海洋高技术产业分类 HY/T 130—2010》，中华人民共和国海洋行业标准。

② 《海水淡化有了低能耗可持续解决新方案》，载《科技日报》，2022 年 2 月 14 日第 3 版。

③ 《世界级跨海工程全线开工》，自然资源部，2022 年 11 月 11 日，https：//www. mnr. gov. cn/dt/hy/202211/t20221111_2764518. html，2022 年 11 月 16 日登录。

主设计建造，深海装备制造技术也已取得一定突破，部分海工船舶品牌效应明显，装备技术水平持续提高。然而，与国际先进水平相比，中国海工技术水平和研发能力还远不能适应国内国际深海油气开发的需要，核心技术严重依赖国外；海工企业扎堆于浅水和低端深水装备领域，高端、新型装备设计建造领域涉足相当有限。2022 年，中国主要在海洋探测装备制造技术、海洋开发装备制造技术方面取得进展。

1. 海洋探测装备制造技术

海洋探测装备包括海洋石油勘探装备和海洋矿产勘探装备，具体包括潜水器、深海探测成像、通信和定位设备、深海作业及相关配套设备等的制造。2022 年，中国主要在深海作业及相关配套设备制造领域取得进展。

在深海作业及相关配套设备制造领域，江苏科技大学牵头的国家重点研发计划"深海关键技术与装备"重点专项"船载无人潜水器收放系统"项目，在中国东海海域通过了科技部规范化海上试验验收，标志着中国解决了复杂海况下无人潜水器收放的世界性难题。"船载无人潜水器收放系统"相关装备的国产化、系列化，填补了国内相关技术装备空白，打破了国外封锁和垄断。①

2. 海洋开发装备制造技术

海洋开发装备包括海洋油气资源开采设备、海洋矿产资源开采设备、海洋电力装备、海水利用设备、海洋生物制药设备、海洋船舶及设备以及海洋固定及浮动装置。②

2022 年，中国船舶工业已初步掌握大型邮轮设计建造关键核心技术。国产第二艘大型邮轮 H1509 在中国船舶集团有限公司上海外高桥造船有限公司正式开工建造，标志着中国船舶工业已初步掌握大型邮轮设计建造关键核心技术，自此迈入了"双轮"建造时代，国产大型邮轮实现批量化、系列化建造指日可待。大型邮轮与航母、液化天然气（LNG）船一起被誉为"造船工业皇冠上的明珠"，是中国目前唯一没有攻克的高技术、高附加值船舶产品。③

（四）海洋新材料技术

海洋新材料是指专属用于海洋开发的各类特殊材料。海洋新材料主要包括海洋防护防污材料、海工用钢材料、海洋工程复合材料、海洋用有色金属及合金材料等。海

---

① 《逆向补偿海浪运动 无人潜水器收放实现稳、准、快》，载《科技日报》，2022 年 1 月 19 日第 5 版。

② 《海洋高技术产业分类 HY/T 130—2010》，中华人民共和国海洋行业标准。

③ 《第二艘国产大型邮轮在沪开工 批量化建造指日可待》，载《科技日报》，2022 年 8 月 16 日第 3 版。

洋新材料是海工装备制造的基础和支撑，其发展直接关系到中国海洋强国建设和海洋安全。经过多年发展，中国海洋新材料产品国产化程度有了很大提高，部分产品实现了完全国产化，但高端产品和核心技术仍依赖进口，部分种类产品的市场长期被国外大公司垄断。2022 年，中国海洋新材料主要在船舶和海工用钢材料技术和深海浮力材料方面取得进展。

在船舶和海工用钢材料技术领域，用于 LNG 储罐的国产高锰钢研发试制成功。2022 年 10 月，南通中集太平洋海洋工程有限公司研制成功国产高锰钢 LNG 储罐。该成果将应用于即将开工的某型液化气船制造。新研制成功的 LNG 新型低温材料高锰钢，具有良好的低温韧性，高延展高强度性能，相比目前传统 LNG 船罐材料所用的 9Ni 钢，有更加明显的经济效益。①

在深海浮力材料技术领域，6000 米级深海浮力材料顺利通过海试。2022 年 5 月，中国地质调查局青岛海洋地质研究所“海洋地质九号”船顺利完成“问海 1 号”6000 米级 ARV 系统海试及入列应用航次任务。其中，中国昊华化工集团股份有限公司下属海洋化工研究院有限公司研究制造的 6000 米级深海浮力材料作为“问海 1 号”主浮体，顺利通过海试。②

（五）海洋高技术服务技术

海洋高技术服务技术包括海洋信息技术、海洋环境观测预报技术、海洋环境治理与修复技术、海洋专业技术服务。中国海洋环境观测预报技术开展较早，已突破一批海洋环境监测技术，形成了一定的海洋监测关键技术。目前，中国发射的海洋卫星和以海洋为主要用户的卫星已达到 12 颗，包括海洋一号系列卫星、海洋二号系列卫星、高分三号系列卫星以及中法海洋卫星。中国多型海洋卫星运行良好，海洋卫星组网业务化观测格局全面形成。③ 2022 年，中国主要在海洋环境观测预报技术领域取得重要进展。

2022 年 3 月，交通运输部南海航海保障中心广州海岸电台与广东省气象台联合启动南海海上无线电气象传真服务，填补了中国南海海域无线电气象传真业务空白。此次启动的海上无线电气象传真业务可覆盖南海以及周边的水域。④

---

① 《国产高锰钢 LNG 储罐研发试制成功》，载《南通日报》，2022 年 10 月 21 日。

② 《海化院浮力材料成功助力“问海 1 号”海试》，新浪财经，2022 年 5 月 17 日，http：//finance. sina. com. cn/enterprise/central/2022-05-17/doc-imcwiwst7920349. shtml？finpagefr=p_115，2022 年 12 月 4 日登录。

③ 《我国多型海洋卫星运行良好 海洋卫星组网业务化观测格局全面形成》，光明网，2022 年 4 月 8 日，https：//m. gmw. cn/baijia/2022-04/08/35644402. html，2022 年 10 月 12 日登录。

④ 姚妍涵、涂怡波：《 南海首次播发海上无线电气象传真》，载《中国海事》，2022 年第 4 期。

2022 年 4 月，中国成功发射了一颗 1 米 C-SAR 业务卫星。该星是中国第二颗 C 频段多极化合成孔径雷达业务卫星，可与已在轨运行的首颗 1 米 C-SAR 业务卫星及高分三号科学试验卫星实现三星组网运行，卫星重访与覆盖能力显著提升，标志着中国首个海洋监视监测雷达卫星星座正式建成。①

2022 年 8 月，由国家海洋环境预报中心自主研发的“智能海啸信息处理系统”（STIPS）通过了来自海洋和地震领域的多位业内专家的评审。STIPS 初步具备以“自主化、智能化、全球化、精细化”为主要特征的海啸预警业务平台，最大程度实现平台的自主可控性、可移植性、易维护性，可进一步提升中国海啸预警业务自主化水平。同时，也为中国海啸监测预警技术与应用平台的技术输出奠定了基础，进一步提高中国海啸预警事业在国际领域的影响力。②

2022 年 11 月，由自然资源部第二海洋研究所承担的“智能敏捷海洋立体观测仪”项目获国家自然科学基金重大科研仪器研制项目批准立项。该项目提出以智慧母船为支撑载体，通过空、海、潜无人平台跨域协同组网，研制一套“智能敏捷海洋立体观测仪”，实现对复杂海洋任务的智能、快速、同步、立体观测。③

2022 年 11 月，国家卫星海洋应用中心负责研制的海洋卫星海面高度融合产品通过专家评审。自主海洋卫星海面高度融合产品覆盖全球海域，可满足海洋环境预报和现报、中尺度海洋现象识别和跟踪等业务化应用需求。该研究成果使中国成为国际上少数几个掌握多源测高卫星海面高度融合能力的国家，技术水平总体达到国际先进。④

四、海洋科研能力发展

在国家高度重视和支持下，中国海洋科学研究面向国民经济和社会发展的重大需求，取得了令人瞩目的成果，中国海洋科研能力显著提高。

（一）海洋科研基础

海洋科研基础是指支持海洋科研发展的专业科研机构数量、科研人员及结构、科

① 《我国首个海洋监视监测雷达卫星星座正式建成》，新华网，2022 年 4 月 7 日，http：//www. xinhuanet. com/expo/2022-04/07/c_1211633980. htm，2022 年 10 月 14 日登录。

② 《我国自主研发的智能海啸信息处理系统通过评审》，自然资源部，2022 年 9 月 7 日，https：//www. mnr. gov. cn/dt/hy/202209/t20220907_2758535. html，2022 年 10 月 14 日登录。

③ 《智能敏捷海洋立体观测仪项目立项》，自然资源部，2022 年 11 月 8 日，https：//www. mnr. gov. cn/dt/hy/202211/t20221108_2763940. html，2022 年 11 月 16 日登录。

④ 《海洋卫星应用新产品通过评审》，自然资源部，2022 年 11 月 10 日，https：//www. mnr. gov. cn/dt/hy/202211/t20221110_2764176. html，2022 年 11 月 16 日登录。

研基础设施以及科研经费投入与产出等。随着海洋事业的发展，中国海洋科研机构和从业人员数量不断壮大，经费投入规模持续增长，科研基础设施不断完善，取得了丰硕的科研成果。

目前，中国海洋领域共有 1 个国家实验室（青岛海洋科学与技术试点国家实验室）、近 30 个国家重点实验室。

中国海洋科研实力和相关专业人才培育快速发展。截至 2020 年年底，全国拥有海洋科研机构 170 个，从事海洋研究和开发的人员超过 3.3 万人。其中，具有博士学位和硕士学位的人员近 70%。每年海洋科研机构完成海洋研发课题超过 1.7 万项。海洋基础科学研究、海洋工程技术研究两类课题所占比重为 97.72%，每年海洋科研机构发表科技论文近 1.9 万篇，出版海洋科技著作超过 400 种，拥有发明专利总数超过 1.4 万件。[①] 中国海洋领域研究水平与国际先进水平的差距逐渐缩小，海洋科技领域的自主创新能力显著提升。

（二）国家海洋科技专项

中国国家层面的海洋科技专项主要包括国家自然科学基金、国家社会科学基金、国家科技重大专项、国家重点研发计划、技术创新引导计划、基地和人才专项。涉海项目主要分布于国家自然科学基金、国家社会科学基金、国家重点研发计划。

海洋科技专项的实施为中国的海洋科技发展和壮大提供了稳定支持，为推动海洋科技创新、成果转化及产业化发展创造了机遇。国家自然科学基金每年在面上项目、青年科学基金项目、地区科学基金、重点项目、国家杰出青年科学基金、海外及港澳学者合作研究基金、优秀青年科学基金等主要渠道对海洋科学领域都有投入。2022 年，国家社会科学基金涉海项目共计 15 项。“十四五”时期，国家重点研发计划在海洋领域设立“深海和极地关键技术与装备”和“海洋环境安全保障与岛礁可持续发展”两个重点专项。

（三）中国牵头的联合国“海洋十年”国际合作项目

2017 年，第 72 届联合国大会通过决议宣布 2021—2030 年为“海洋十年”，并授权联合国教科文组织政府间海洋学委员会（UNESCO/IOC）牵头制订实施计划。2021 年 1 月，“海洋十年”正式启动。自“海洋十年”正式启动以来，已启动了 200 多个行动计划和项目。

中国已有四项主导或发起的计划获联合国教科文组织政府间海洋学委员会批准成

① 数据来源：《中国海洋统计年鉴 2020》，北京：海洋出版社，2021 年。

为“海洋十年”的行动。这四项计划分别是自然资源部第一海洋研究所牵头发起的“海洋与气候无缝预报系统”（OSF）大科学计划、厦门大学牵头发起的“全球海洋负排放”国际大科学计划、自然资源部第二海洋研究所牵头发起的“多圈层动力过程及其环境响应的北极深部观测”国际合作研究计划以及华东师范大学河口海岸学国家重点实验室牵头发起的“大河三角洲计划”。

五、小　结

2022 年，中国海洋科技实力显著提升，发展总体较好。中国在物理海洋学、海洋生物学、海洋地质学、海洋气象学等领域取得突破性进展。在国家创新驱动战略和科技兴海战略的指引下，中国海洋科技在深水、绿色、安全的海洋高技术领域取得突破，在推动海洋经济转型升级过程中急需的核心技术和关键共性技术方面取得了突破，成为推动新时代海洋经济高质量发展的重要引擎和建设海洋强国的重要支撑力量。目前，中国已完全实现 1：100 万海洋区域地质调查全覆盖，未来将逐步开展大比例尺海洋地质调查。目前部分沿海地区已正式启动近海海域海底基础调查。中国已基本实现浅水油气装备的自主设计建造，多项海工船舶已形成品牌，深海装备制造取得了突破性进展，部分装备已处于国际领先水平。“海基一号”的顺利完工、“深海一号”能源站的投产、首套国产化深水水下采油树完成安装、超稠油开发技术的重要突破、国产大型邮轮 H1509 的正式开工建造等一系列海工装备的重要进展，标志着中国海洋装备技术水平和研发能力持续提高。目前，中国多型海洋卫星运行良好，海洋卫星组网业务化观测格局已全面形成。第 38 次南极科学考察及大洋科学考察成功开展，顺利完成南极大气成分、水文气象、生态环境等方面的科学考察，执行了南大洋微塑料、海漂垃圾等新型污染物的监测任务。尽管 2022 年中国海洋科技取得诸多突破和进展，但同时也存在短板，如海洋无人智能装备技术仍在探索阶段，深海传感器技术仍落后，载人深海潜水器产业化技术不足，无人潜水器自主创新仍不足等。

五、小 结

第三部分

海洋生态文明建设

第七章　中国的海洋保护地[①]

自然保护地是生态建设的核心载体，在维护国家生态安全中居首要地位。党的二十大报告指出，推进以国家公园为主体的自然保护地体系建设。建立以国家公园为主体的自然保护地体系，不仅是贯彻落实习近平生态文明思想的生动实践，国家深化改革的重点任务，更是新时代推进生态保护工作的重大创举。海洋保护地是自然保护地体系的重要组成部分，持续加大保护力度，提供高质量生态产品，努力实现海洋生态环境保护与经济高质量发展的双赢。

一、海洋保护地基本情况概述

海洋保护地可以对重要海洋自然生态系统、自然遗迹、自然景观及其所承载的自然资源、生态功能和文化价值实施长期保护，守住海洋生态安全底线、增进惠民福祉，是实现海洋可持续发展的重要途径。[②] 党的十八大以来，海洋保护地管理体制和建设发展机制逐步完善，海洋生态安全保障和生态产品供给能力不断提高，持续促进人与海洋和谐共生。

（一）海洋保护地的提出和发展

海洋保护地被国际社会普遍认为是促进海洋生物多样性保护和可持续利用的有效管理工具。1962 年，第一届世界国家公园大会上首次提出海洋保护地（marine protected area）概念，将其定义为通过有效法律程序建立的，对部分或全部潮间带、潮下带进行保护的区域。1988 年，在国际自然保护联盟（International Union for Conservation of Nature）第十七届全会决议案中，确定了海洋保护地的目标，即通过创建代表性的海洋保护地系统，并根据世界自然保护战略原则，管理对海洋环境有影响的人类活动，以提供长期的保护、恢复、利用、理解和享受世界海洋遗产。[③] 此后，海洋保护地概念

---

① 赵畅：《我国海洋保护地发展历程与展望》，载《绿色科技》，2022，24（12）：207-211.

② Costa H E , Barbara, Claudet, et al. A regulation-based classification system for marine protected areas (MPAs). Marine Policy, 2016.

③ 17th session of the general assembly of iucn and 17th technical meeting, IUCN, 1988 年 2 月 1 日，https://portals.iucn.org/library/sites/library/files/documents/GA-17th-011.pdf，2022 年 11 月 4 日登录。

不断深入人心，保护面积和保护地数量不断增加。截至2022年10月，全球共建立各类海洋保护地17 787处，总面积2 945万平方千米，占全球海洋面积的8.16%。①

中国海洋保护地建设始于1963年设立的辽宁蛇岛老铁山国家级自然保护区，这是中国第一个海洋自然保护区。1994年国务院颁布《中华人民共和国自然保护区条例》、2010年国家海洋局出台《海洋特别保护区管理办法》之后，中国建立了以海洋自然保护区和海洋特别保护区为主的海洋保护地体系。截至2019年年底，中国共建立各级各类海洋保护地271个，大多分布在近海海域，总面积约12.4万平方千米，占主张管辖海域面积的4.1%。此外，中国积极承担国际责任，推进海洋保护地国际合作。1998年，南麂列岛国家级海洋自然保护区入选联合国教科文组织世界生物圈保护区网络，也是该网络中最早的海洋类型自然保护地之一。

（二）海洋保护地的定义和划设标准

海洋保护地是保护海洋生物多样性，防止海洋生态环境恶化的措施之一。海洋保护地并非只有一个保护目标，而是在管理时根据具体生态特征，因地制宜地采取管理措施，兼顾保护和可持续利用的合理平衡。

1992年《生物多样性公约》（Convention on Biological Diversity）将保护地定义为“为达到特定保护目标而指定或实行管制和管理的地区”。② 世界自然保护联盟在《2020年保护地指南》中，把自然保护地定义为具有明确地理空间，通过法律或其他有效手段予以承认、使用和管理，以实现对自然的长期保护，并提供生态系统服务和文化价值的区域。保护地的建立应坚持八条原则：认识到生物多样性的多重价值；采取严格的识别、评估、管理和监测措施；生态系统管理应考虑到自然变化的实际情况；以空间综合管理的方式建立保护区；保护地建设兼顾脆弱性和风险评估；认识到自然系统变化的必然性；评估全球气候变化对生态系统的影响，并采取行动；认识到生态系统承载力，在其变化范围内加以管理；认识到生物多样性保护与文化遗产之间的关系。③ 世界自然保护联盟将自然保护地划分为六类，包括严格自然保护区（strict nature reserve）（Ⅰa）和原野保护区（wilderness area）（Ⅰb）、国家公园（national park）（Ⅱ）、自然文化遗迹或地貌（natural monument or feature）（Ⅲ）、栖息地/物种管理

① Discover the world's protected areas，Protected Planet，2022年10月1日，https：//www.protected planet.net/en，2022年11月4日登录。

② Text of the convention，convention on biological diversity，2016年5月13日，https：//www.cbd.int/convention/text/，2022年10月10日登录。

③ Crofts R，Gordon J E，Brilha J，et al.，Guidelines for geoconservation in protected and conserved areas. Best Practice Protected Area Guidelines Series No. 31. Gland，Switzerland：IUCN，2020.

区（habitat/species management area）（Ⅳ）、陆地景观/海洋景观保护区（protected landscape or seascape）（Ⅴ）、自然资源可持续利用保护区（protected areas with sustainable use of natural resources）（Ⅵ）。[①]

中国海洋保护地分为海洋自然保护区和海洋特别保护区两类，两者的定义和选划标准有所不同。海洋自然保护区是指以海洋自然环境和资源保护为目的，依法把包括保护对象在内一定面积的海岸、河口、岛屿、湿地或海域划分出来，进行特殊保护和管理的区域。[②] 重点保护典型海洋生态系统所在区域，高度丰富的海洋生物多样性区域或珍稀、濒危海洋生物物种集中分布区域，具有重大科学文化价值的海洋自然遗迹所在区域，以及具有特殊保护价值的海域、海岸、岛屿、湿地等。[③] 海洋自然保护区分为国家级和地方级两类。对国内、国际有重大影响，具有重大科学研究和保护价值的海域，经国务院批准可建立国家级海洋自然保护区。对当地有较大影响，具有重要科学研究价值和一定的保护价值的海域，沿海地区可建立地方级海洋自然保护区。

海洋特别保护区是指具有特殊地理条件、生态系统、生物与非生物资源及海洋开发利用特殊要求，需要采取有效的保护措施和科学的开发方式进行特殊管理的区域。[④] 海洋特别保护区是海洋自然保护区的有益补充，重点保护海洋生态系统敏感脆弱和具有重要生态服务功能的区域，资源密度大或类型复杂、涉海产业多、开发强度高，需要协调管理的区域，领海基点等关涉国家海洋权益的区域，具有特定保护价值的自然、历史、文化遗迹分布区域，海洋资源和生态环境亟待恢复、修复和整治的区域，潜在开发和未来海洋产业发展的预留区域，以及其他需要予以特别保护的区域。根据海洋特别保护区的地理区位、资源环境状况、海洋开发利用现状和社会经济发展的需要，海洋特别保护区分为海洋特殊地理条件保护区、海洋生态保护区、海洋公园、海洋资源保护区四种类型。[⑤]

（三）海洋保护地建设和生态环境状况

海洋自然保护地是以国家公园为主体的自然保护地体系的重要组成部分，也是海洋生态文明建设的必然要求。经过 50 多年的发展，中国已初步建成了以海洋自然保护

---

① Crofts R, Gordon J E, Brilha J, et al. Guidelines for geoconservation in protected and conserved areas. Best Practice Protected Area Guidelines Series No. 31. Gland, Switzerland: IUCN, 2020.

② 《海洋自然保护区管理办法》，生态环境部，1995 年 5 月 29 日，https://www.mee.gov.cn/ywgz/fgbz/gz/200609/t20060913_92771.shtml，2022 年 10 月 10 日登录。

③ 同②。

④ 同②。

⑤ 《海洋特别保护区管理办法》，广东省人民政府，2019 年 6 月 24 日，http://www.gd.gov.cn/zwgk/wjk/zcfgk/content/post_2521583.html，2022 年 10 月 10 日登录。

区、海洋特别保护区（含海洋公园）为代表的海洋保护地网络，在保护海洋生态环境和生物多样性、推动陆海统筹、维护国家海洋权益等方面发挥了重要作用。目前，中国海洋保护地涉及11个沿海省（区、市），保护对象涵盖了珊瑚礁、红树林、滨海湿地、海湾、海岛等典型海洋生态系统以及中华白海豚、斑海豹、海龟等珍稀濒危海洋生物物种。

随着中国海洋保护地建设持续推进，保护能力不断加强，管控手段不断丰富，保护区域内海洋生态环境得到明显改善。《2021年中国海洋生态环境状况公报》显示，2021年开展监测的12处海洋类型国家级自然保护区生态状况总体保持稳定，4处受评价的国家级自然保护区生态状况结果显示，辽宁大连斑海豹国家级自然保护区和广东徐闻珊瑚礁国家级自然保护区生态环境状况等级为Ⅰ级，整体状况优良；山东黄河三角洲国家级自然保护区和江苏盐城湿地珍禽国家级自然保护区生态环境状况等级为Ⅱ级，整体状况一般。[①]

二、海洋保护地的管理体系

20世纪80年代以来，中国海洋保护地管理制度不断健全，法律体系逐步完善，全国海洋自然保护区和海洋特别保护区面积持续增加。为统一全国自然保护地管理，中国提出建设以国家公园为主体的自然保护地体系。海洋保护地管理制度深化改革取得显著成效。

（一）海洋自然保护区和海洋特别保护区的管理制度

《中华人民共和国海洋环境保护法》《中华人民共和国海域使用管理法》《中华人民共和国海岛保护法》《中华人民共和国野生动物保护法》等国家法律法规，为海洋保护地的划设提供了法律依据。海洋保护地按照划设目的不同，分为海洋自然保护区和海洋特别保护区两类。

1. 海洋自然保护区

海洋自然保护区主要是以海洋自然环境和资源保护为目的，依据《中华人民共和国自然保护区条例》和《海洋自然保护区管理办法》建立的，主要分海洋和海岸自然生态系统、海洋生物物种以及海洋自然遗迹和非生物资源三类。由国家林草部门负责

① 《2021年中国海洋生态环境状况公报》，生态环境部，2022年5月22日，https：//www.mee.gov.cn/hjzl/sthjzk/jagb/202205/P020220527579939593049.pdf，2022年10月10日登录。

制定全国海洋自然保护区规划，并负责统筹保护区管理。省级保护地管理部门负责研究制定本行政区域毗邻海域内海洋自然保护区规划，提出国家级海洋自然保护区的选划和布局建议，同时主管本行政区域毗邻海域内海洋自然保护区选划、建设、管理工作。[①] 原国家海洋局发布了《海洋自然保护区管理技术规范》《海洋自然保护区类型与级别划分原则》和《关于进一步规范海洋自然保护区内开发活动管理的若干意见》等，建立了较为完善的海洋自然保护区选划和管理制度。

2. 海洋特别保护区

海洋特别保护区则是以保护和恢复特定海洋区域的生态系统及其功能，科学、合理利用海洋资源，促进海洋经济与社会的持续发展为目标。根据《海洋特别保护区管理办法》的规定，海洋特别保护区包括海洋特殊地理条件保护区、海洋生态保护区、海洋公园、海洋资源保护区等。省级行政主管部门按照国家级海洋特别保护区建设发展规划建立国家级海洋特别保护区。本行政区地方级海洋特别保护区由省级行政主管部门负责建设和管理。[②] 此外，原国家海洋局制定了《海洋特别保护区分类分级标准》《国家级海洋保护区规范化建设与管理指南》和《国家级海洋公园评审标准》等管理指南和技术标准，规范海洋特别保护区建设，提高管理水平。

（二）以国家公园为主体的自然保护地体系

为进一步规范各级各类保护地的建设和规划，解决自然保护地类型众多，保护地重叠设置、多头管理、边界不清、权责不明、保护与发展矛盾突出等问题，中国推进以国家公园为主体的自然保护地体系建设。通过创新保护地管理体制机制，实施保护地统一设置、分级管理、分区管控，把具有国家代表性的重要生态系统纳入国家公园体系严格保护，逐步形成以国家公园为主体、自然保护区为基础、各类自然公园为补充的自然保护地管理体系。

2013 年 11 月，《中共中央关于全面深化改革若干重大问题的决定》提出建设国家公园体制，并于 2015 年颁布《建立国家公园体制试点方案》。以国家公园为主体的自然保护地体系不断完善和发展。2017 年 9 月，《建立国家公园体制总体方案》中提出建立分类科学、保护有力的自然保护地体系。2021 年 3 月，《中华人民共和国国民经济和社会发展第十四个五年规划和 2035 年远景目标纲要》中明确建立“以国家公园为主

---

① 《海洋自然保护区管理办法》，生态环境部，1995 年 5 月 29 日，https：//www. mee. gov. cn/ywgz/fgbz/gz/200609/t20060913_92771. shtml，2022 年 10 月 10 日登录。

② 《海洋特别保护区管理办法》，广东省人民政府，2019 年 6 月 24 日，http：//www. gd. gov. cn/zwgk/wjk/zcfgk/content/post_2521583. html，2022 年 10 月 10 日登录。

体、自然保护区为基础、各类自然公园为补充的自然保护地体系”（表 7-1）。管理机构方面，2018 年，中共中央印发《深化党和国家机构改革方案》，组建国家林业和草原局，并加挂国家公园管理局牌子，包括海洋保护地在内的各类保护地管理职能统一划归国家林业和草原局行使，海洋保护地正式纳入自然保护地体系管理。

表 7-1 以国家公园为主体的自然保护地体系建设的相关政策

时间	文件名称	主要内容
2013 年 11 月	《中共中央关于全面深化改革若干重大问题的决定》①	严格按照主体功能区定位推动发展，建立国家公园体制
2017 年 9 月	《建立国家公园体制总体方案》②	树立正确国家公园理念。坚持生态保护第一。明确国家公园定位；优化完善自然保护地体系
2017 年 10 月	第十九次全国代表大会报告③	构建国土空间开发保护制度，完善主体功能区配套政策，建立以国家公园为主体的自然保护地体系。坚决制止和惩处破坏生态环境行为
2019 年 6 月	《关于建立以国家公园为主体的自然保护地体系的指导意见》④	到 2025 年，健全国家公园体制，完成自然保护地整合归并优化，完善自然保护地体系的法律法规、管理和监督制度，提升自然生态空间承载力，初步建成以国家公园为主体的自然保护地体系。到 2035 年，显著提高自然保护地管理效能和生态产品供给能力，全面建成中国特色自然保护地体系
2020 年 6 月	《全国重要生态系统保护和修复重大工程总体规划（2021—2035 年）》⑤	整合优化各类自然保护地，合理调整自然保护地范围并勘界立标，科学划定自然保护地功能分区；强化主要保护对象及栖息生境的保护恢复，连通生态廊道

① 《中共中央关于全面深化改革若干重大问题的决定》，中国政府网，2013 年 11 月 15 日，http://www.gov.cn/jrzg/2013-11/15/content_2528179.htm，2022 年 10 月 10 日登录。

② 《中共中央办公厅 国务院办公厅印发〈建立国家公园体制总体方案〉》，中国政府网，2017 年 9 月 26 日，http://www.gov.cn/zhengce/2017-09/26/content_5227713.htm，2022 年 10 月 10 日登录。

③ 《习近平：决胜全面建成小康社会 夺取新时代中国特色社会主义伟大胜利——在中国共产党第十九次全国代表大会上的报告》，共产党员网，2017 年 10 月 18 日，https://www.12371.cn/2017/10/27/ARTI1509103656574313.shtml，2022 年 10 月 10 日登录。

④ 《中共中央办公厅 国务院办公厅印发〈关于建立以国家公园为主体的自然保护地体系的指导意见〉》，中国政府网，2019 年 6 月 26 日，http://www.gov.cn/zhengce/2019-06/26/content_5403497.htm，2022 年 10 月 10 日登录。

⑤ 《国家发展改革委 自然资源部关于印发〈全国重要生态系统保护和修复重大工程总体规划（2021—2035 年）〉的通知》，中国政府网，2020 年 6 月 3 日，http://www.gov.cn/zhengce/zhengceku/2020-06/12/content_5518982.htm，2022 年 10 月 10 日登录。

续表

时间	文件名称	主要内容
2021年3月	《中华人民共和国国民经济和社会发展第十四个五年规划和2035年远景目标纲要》①	科学划定自然保护地保护范围及功能分区，加快整合归并优化各类保护地。完善国家公园管理体制和运营机制，整合设立一批国家公园。完善自然保护地、生态保护红线监管制度，开展生态系统保护成效监测评估
2021年8月	“十四五”林业草原保护发展规划纲要②	健全国家公园体制机制，出台“国家公园法”。实行中央政府直接管理、委托省级政府管理两种管理模式。提升国家公园管理水平，建立“天空地”一体化监测体系

为了完善自然保护地管理，保持重要自然生态系统的原真性和完整性，维护生物多样性和生态安全，促进人与自然和谐共生，国家林业和草原局出台了《国家公园管理暂行办法》《国家公园设立指南》，并发布实施《国家公园设立规范》《国家公园总体规划技术规范》《国家公园监测规范》《国家公园考核评价规范》《自然保护地勘界立标规范》等国家标准和一系列行业标准，制定国家公园设立标准，明确国家公园准入条件和管理规范。2022年11月，国家林业和草原局发布《国家公园空间布局方案》，提出健全国家公园运行管理体制机制，强化政策支持和监督管理，科学有序推进国家公园建设各项任务，构建中国特色的以国家公园为主体的自然保护地体系。2021年10月，中国宣布正式设立三江源、大熊猫、东北虎豹、海南热带雨林、武夷山等第一批国家公园。2022年12月，中国遴选出49个国家公园候选区（含正式设立的5个国家公园），包括3个海洋类国家公园。③

（三）海洋保护地建设展望

“十四五”期间，中国将持续完善海洋自然保护地网络，构建以海岸带、海岛链和自然保护地为支撑的“一带一链多点”海洋生态安全格局。④ 加快建立以国家公园为主体、自然保护区为基础、各类自然公园为补充的海洋自然保护地体系，将生态功能重

---

① 《中华人民共和国国民经济和社会发展第十四个五年规划和2035年远景目标纲要》，中国政府网，2021年3月13日，http://www.gov.cn/xinwen/2021-03/13/content_5592681.htm，2022年10月10日登录。

② 《“十四五”林业草原保护发展规划纲要》，中国政府网，2021年8月19日，http://www.gov.cn/xinwen/2021-08/19/content_5632156.htm，2022年10月10日登录。

③ 《我国遴选出49个国家公园候选区》，国家林业和草原局，2022年12月29日，http://www.forestry.gov.cn/main/586/20221229/121503515698802.html，2022年12月30日登录。

④ 《关于印发〈“十四五”海洋生态环境保护规划〉的通知》，生态环境部，2022年1月17日，https://www.mee.gov.cn/xxgk2018/xxgk/xxgk03/202202/t20220222_969631.html，2022年12月26日登录。

要、生态系统脆弱、自然生态保护空缺的区域纳入自然保护地体系。到 2025 年，基本建立以国家公园为主体的自然保护地体系财政保障制度，到 2035 年，完善健全以国家公园为主体的自然保护地体系财政保障制度。[①]

深入实施全国海洋自然保护地现状调查评估，加强海洋自然保护地监测预警。加大海洋自然保护地和生态保护红线监管力度，持续开展“绿盾”自然保护地强化监督，积极推进海洋自然保护地生态环境监测，定期开展国家级海洋自然保护地生态环境保护成效评估。合理布局国家公园，健全国家公园体制机制，出台“国家公园法”。实行中央政府直接管理，委托省级政府管理两种模式，整合组建统一规范高效的国家公园管理机构和执法队伍。[②] 继续提升国家公园管理水平，建立“天-空-地”一体化的监测体系，加大资金投入保障，确保资金统筹到位、引导带动到位、绩效管理到位。[③]

在不断完善保护地和国家公园立法的基础上，考虑到海洋的特殊性，应按照陆海统筹的系统性思维，将海洋生态保护立法纳入保护地立法，建立“基本法+专类保护地法”的法律体系，在国家公园立法和保护地立法中专章规定海洋生态要素管理的政府职责，建立专门的海域利用管控与保护改善、海岛的利用管控与保护改善的制度，以及滨海湿地、海岸带和海洋自然保护地的保护制度。[④]

三、地方海洋保护地建设和管理

中国海洋保护地在各沿海省市的数量和面积分布不均衡，主要集中在辽东半岛、山东半岛、浙闽沿海和雷州半岛等区域，辽宁、山东、浙江、福建和广东等省份的海洋保护地数目较多，其他省份海洋保护地数量少。

（一）地方海洋保护地建设现状

中国沿海省（区、市）国家级海洋保护地的数目和面积差别极大（见图 7-1），保护物种和保护地特色也各有不同。辽宁省已建成的国家级海洋保护地面积最大，共有

---

① 《国务院办公厅转发财政部、国家林草局（国家公园局）关于推进国家公园建设若干财政政策意见的通知》（国办函〔2022〕93 号），中国政府网，2022 年 9 月 29 日，http://www.gov.cn/zhengce/zhengceku/2022-09/29/content_5713707.htm，2022 年 10 月 10 日登录。

② 《“十四五”林业草原保护发展规划纲要》，国家林业和草原局，2021 年 12 月 14 日，http://www.forestry.gov.cn/main/5461/20210819/091113145233764.html，2022 年 12 月 26 日登录。

③ 同①。

④ 《吕忠梅委员：关于加强海洋生态环境保护立法工作的建议》，中国农工民主党，2022 年 3 月 4 日，http://www.ngd.org.cn/jczt/jj2022qglh/2022ldjj/b5df34a2461247d6a01d0192e980e4f5.htm，2022 年 10 月 10 日登录。

辽河口红海滩国家级海洋公园、蛇岛老铁山国家级自然保护区、大连斑海豹国家级自然保护区等 15 处国家级海洋自然保护地，面积约 98.6 万公顷。辽宁省海洋保护地类型十分丰富，保护的生境类型包括河口滨海湿地生态系统、翅碱蓬生境、沙滩、海岛生态系统、岩礁生态系统、海蚀地质地貌、滨海湿地、黑石礁熔岩地貌等多种。[①]

山东省国家级海洋保护地数目最多，有龙口黄水河口海洋生态国家级海洋特别保护区、蓬莱国家级海洋公园、荣成大天鹅国家级自然保护区等 32 处国家级海洋自然保护地，基本覆盖了全省 7 个沿海市，保护地类型丰富，主要保护对象涵盖海湾、滨海湿地、砂质岸线、珍稀物种栖息地、河口生态系统等多种类型。[②]

从保护对象看，不同沿海省（区、市）的保护物种也各具特色。天津平原的贝壳堤、牡蛎礁及古潟湖湿地保护地，这是全国唯一一个不涉及现代海岸线的海洋类型自然保护区。广西山口国家级红树林生态自然保护区是 1990 年经国务院批准建立的首批 5 个海洋类型的国家级自然保护区之一，以保护红树林自然生态系为主，保护区面积为 8 000 公顷。[③]

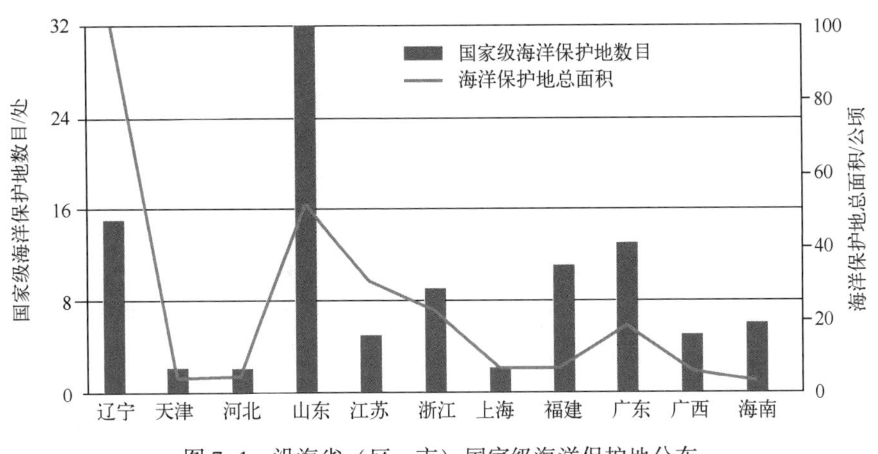

图 7-1　沿海省（区、市）国家级海洋保护地分布

（二）地方海洋保护地建设展望

“十四五”期间，河北、山东、浙江、福建、广东和海南等沿海省将强化对海洋空间的保护，推进海洋保护地建设作为生态环境保护规划的举措之一，建立以国家公园

① 《关注海洋保护地 守护蓝色家园》，载《中国绿色时报》，2019 年 6 月 5 日，http：//www.greentimes.com/greentimepaper/html/2019-06/05/content_3333722.htm，2022 年 10 月 10 日登录。

② 同①。

③ 同①。

为主体的保护地体系，完善保护地建设规划，提高保护地管理和监测能力。

河北省提出构建自然保护地体系，加快整合归并优化各类自然保护地。合理确定自然保护地的功能定位、边界范围和功能分区，构建统一的自然保护地分类分级管理体制，严格管控自然保护地范围内非生态活动，稳妥推进核心区内居民、耕地、矿权有序退出。到2025年，完成自然保护地整合归并优化。①

山东省指出要强化海洋生态保护统一监管，强化海洋自然保护地和生态空间等保护监管。整合优化自然保护地体系，严格管控自然保护地范围内非生态活动，稳妥推进核心保护区内居民、耕地、矿权有序退出。2025年年底前，基本形成以国家公园为主体、自然保护区为基础、各类自然公园为补充，布局合理、功能完备的自然保护地体系。推动出台自然保护地条例，健全“分类设置、分级管理、分区管控”的自然保护地管理体制。定期对自然保护地的保护修复成效进行评估。②

福建省明确将“推进海洋自然保护地建设”作为目标，提出推动构建以海岸带、海岛链和自然保护地为支撑的“一带一链多点”海洋生态安全格局。加快建立以国家公园为主体、自然保护区为基础、各类自然公园为补充的海洋自然保护地体系。将生态功能重要、生态系统脆弱、自然生态保护空缺的区域纳入自然保护地体系。开展海洋自然保护地现状调查评估，加强海洋自然保护地监测预警等一系列举措。③

广东省提出推进建设以国家海洋公园为主体、海洋自然保护区为基础、各类海洋自然公园为补充的保护地体系，科学划定海洋自然保护地，整合优化以中华白海豚、中国鲎、黄唇鱼等珍稀物种，珊瑚群落、红树林、海草床等典型海洋生态系统为保护对象的自然保护区。在生态保护红线内的自然保护地核心保护区原则上禁止人为活动；其他区域严格禁止开发性、生产性建设活动，除国家重大战略项目外，仅允许对生态功能不造成破坏的有限人为活动。定期开展海洋自然保护地的保护成效评估。④

---

① 《河北省生态环境保护“十四五”规划印发》，河北省生态环境厅，2022年1月30日，http：//hbepb.hebei.gov.cn/hbhjt/zwgk/fdzdgknr/zdlyxxgk/dqhjgl/101643247298770.html，2022年10月10日登录。

② 《山东省人民政府关于印发山东省“十四五”生态环境保护规划的通知》，山东省人民政府，2021年9月27日，http：//www.shandong.gov.cn/art/2021/9/27/art_100623_39194.html，2022年10月10日登录。

③ 《福建省生态环境厅等五部门关于印发〈福建省“十四五”海洋生态环境保护规划〉的通知》，福建省生态环境厅，2022年2月23日，http：//sthjt.fujian.gov.cn/ztzl/sswghzl/202205/t20220509_5905826.htm，2022年10月10日登录。

④ 《广东省生态环境厅关于印发广东省海洋生态环境保护“十四五”规划的通知》，广东省生态环境厅，2022年5月6日，http：//gdee.gd.gov.cn/gkmlpt/content/3/3924/post_3924426.html#3182，2022年10月10日登录。

四、小　结

自然保护地在保护生物多样性、保护自然遗产、改善生态环境质量和维护国家生态安全等方面发挥了重要作用。中国保护地管理体制和建设发展机制逐步完善，重要自然生态系统、自然景观、自然遗产和生物多样性逐步得到系统性保护，生态安全保障和生态产品供给能力不断提高。沿海省海洋保护地的建设管理规则不断完善，为在“十四五”期间建立完善自然保护地体系，提升海洋保护地保护成效提出了一系列举措。海洋保护地是以国家公园为主体的自然保护地体系的重要组成部分，将不断完善海洋保护地的建设和管理制度标准，科学划定全国海洋保护地，理顺管理体制、创新运营机制、强化监督管控，以提高海洋保护地的保护效果，实现生态保护、绿色发展和沿海地区民生改善相统一。

第八章　中国海洋环境保护

党的二十大报告提出，保护海洋生态环境。海洋是高质量发展战略要地，保护海洋生态环境是关乎完整准确全面贯彻新发展理念、建设美丽海洋、增强人民群众获得感和幸福感的重要使命和任务。党的十八大以来，中国高度重视海洋生态文明建设，持续推进陆海统筹的近岸海域污染防治，全力遏制海洋生态环境不断恶化趋势，推动海洋生态环境保护在认识高度、改革力度、实践深度上发生深刻变化，海洋生态环境保护取得显著成就。

一、海洋环境质量状况

2021 年，中国海洋环境状况稳中趋好，一类水质海域面积占管辖海域面积的 97.7%，同比上升 0.9%[①]；漂浮垃圾、海滩垃圾及海底垃圾数量同比下降；入海河流水质状况总体为轻度污染，主要污染指标为化学需氧量、高锰酸盐指数、五日生化需氧量、总磷和氨氮。

（一）海水环境质量

2021 年，中国海水环境质量整体持续向好，渤海、黄海、东海未达到一类海水水质标准的海域面积分别为 12 850 平方千米、9 520 平方千米、35 970 平方千米，同比分别减少 640 平方千米、15 840 平方千米、12 030 平方千米；南海未达到一类海水水质标准的海域面积为 11 660 平方千米，同比增加 3 580 平方千米；黄海未达到一类海水水质标准的海域面积最小、同比减少最多，劣四类水质海域面积最小，为 660 平方千米；东海劣四类水质海域面积最大，为 16 310 平方千米；渤海与南海劣四类水质海域面积分别为 1 600 平方千米、2 780 平方千米（见图 8-1）。[②]

（二）海洋垃圾及微塑料污染状况

2021 年，全国 51 个区域海洋垃圾监测结果显示，海上目测漂浮垃圾平均个数为 24

---

① 《2021 年中国海洋生态环境状况公报》，生态环境部，2022 年 5 月 22 日，https://www.mee.gov.cn/hjzl/sthjzk/jagb/202205/P020220527579939593049.pdf，2022 年 10 月 10 日登录。

② 同①。

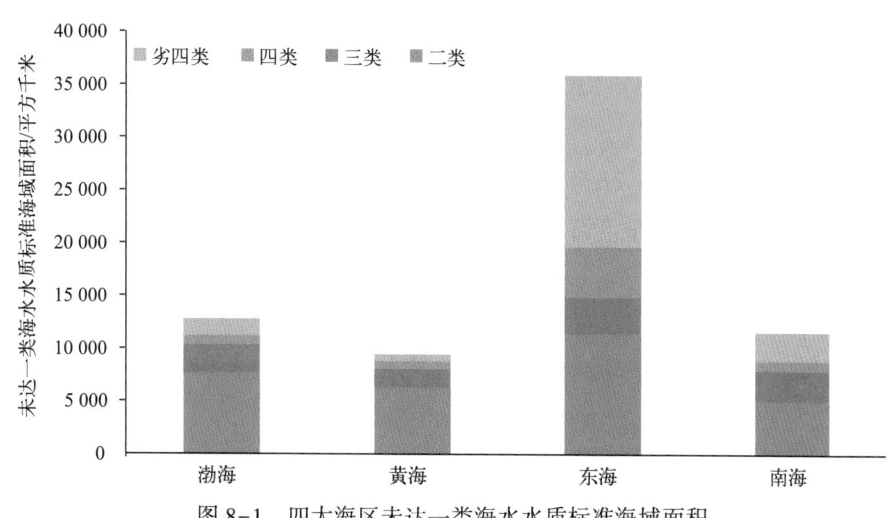

图 8-1　四大海区未达一类海水水质标准海域面积

个/平方千米，表层水体拖网漂浮垃圾平均个数为 4 580 个/平方千米，海滩垃圾平均个数为 154 816 个/平方千米，海底垃圾平均个数为 4 770 个/平方千米（表 8-1）。漂浮垃圾、表层水体拖网垃圾和海滩垃圾中，占比最多的皆为塑料类垃圾，分别为 92.9%、75.9%和 83.3%。2021 年，在渤海、黄海、东海和南海北部海域海面漂浮微塑料平均密度为 0.44 个/立方米，其中渤海海面漂浮微塑料平均密度最高，为 0.74 个/立方米，其次为黄海、南海北部和东海，平均密度分别为 0.54 个/立方米、0.29 个/立方米和 0.22 个/立方米。①

表 8-1　2019—2021 年监测区域海洋垃圾平均个数　　单位：个

年份	海面漂浮垃圾	海滩垃圾	海底垃圾
2019	4 077	280 043	6 633
2020	5 390	216 689	7 348
2021	4 604	154 816	4 770

（三）海水富营养化

2021 年，夏季呈富营养化状态的海域面积为 30 170 平方千米，较 2020 年同期减少

① 《2021 年中国海洋生态环境状况公报》，生态环境部，2022 年 5 月 22 日，https：//www.mee.gov.cn/hjzl/sthjzk/jagb/202205/P020220527579939593049.pdf，2022 年 10 月 10 日登录。

15 160 平方千米，其中轻度富营养化海域面积为 10 630 平方千米，中度、重度富营养化海域面积分别为 6 660 平方千米、12 880 平方千米。黄海富营养化海域面积最小，合计 2 280 平方千米，其中轻度富营养化海域面积 1 260 平方千米，中度富营养化海域面积 730 平方千米，重度富营养化海域面积 290 平方千米。富营养化海域面积最大的是东海，合计 20 780 平方千米，其中轻度富营养化海域面积 6 120 平方千米，中度富营养化海域面积 4 040 平方千米，重度富营养化海域面积 10 620 平方千米（表 8-2）。[①]

表 8-2　2021 年四大海区呈富营养化状态（轻度、中度、重度）海域面积

单位：平方千米

海区	轻度富营养化	中度富营养化	重度富营养化
渤海	2 040	1 010	520
黄海	1 260	730	290
东海	6 120	4 040	10 620
南海	1 210	880	1 450

（四）入海污染状况

2021 年，入海河流水质状况总体为轻度污染，主要污染指标为化学需氧量、高锰酸盐指数、五日生化需氧量、总磷和总氮。在监测的 230 个入海河流国控断面中，Ⅰ～Ⅲ类水质断面占 71.7%，劣Ⅴ类水质断面占 0.4%。其中，渤海水质状况为轻度污染，黄海、东海、南海水质状况皆为良好。

2021 年，国控 458 个日排污水量大于或等于 100 吨的直排海污染源，污水排放总量约为 727 788 万吨。污水排放量最多的为综合排污口，排放污水 401 051 万吨，其次为工业污染源，排放污水 246 135 万吨，排放量最少的为生活污染源，排放污水 80 602 万吨。东海是受纳污水排放量最多的海区，其次为南海和黄海，沿海各省（区、市）中，浙江省污水排放量最大，排放污水 202 221 万吨，其次是福建省、山东省，污水排放量最小的三个地区分别是天津市、辽宁省和江苏省，污水排放量分别为 5 715 万吨、5 814 万吨和 8 556 万吨。[②] 2021 年沿海各省（区、市）直排海污染源污水排放量比例见图 8-2。

---

① 《2021 年中国海洋生态环境状况公报》，生态环境部，2022 年 5 月 22 日，https：//www.mee.gov.cn/hjzl/sthjzk/jagb/202205/P020220527579939593049.pdf，2022 年 10 月 10 日登录。

② 同①。

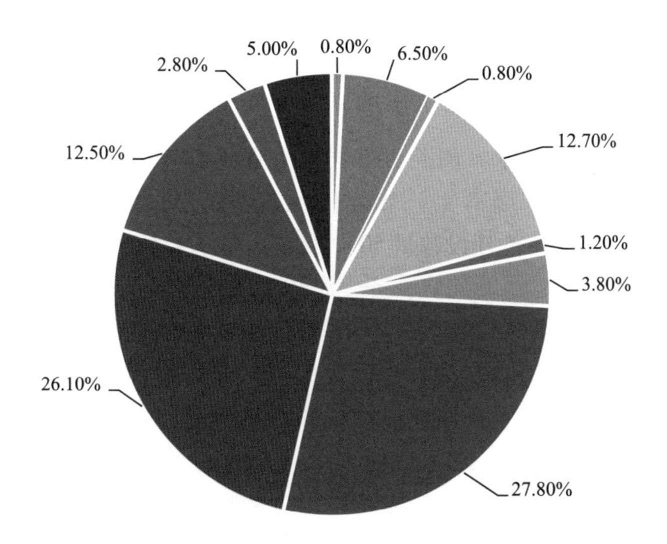

图 8-2　2021 年沿海各省（区、市）直排海污染源污水排放量比例

二、海洋环境保护力度不断加强

"十四五"时期是在全国生态环境总体改善的基础上、奋力建设美丽中国的起步期，要坚持精准治污、科学治污、依法治污，以海洋生态环境突出问题为导向，以海洋生态环境持续改善为核心，加大力度深入打好重点海域综合治理攻坚战，推进海洋生态环境持续改善和建设美丽海湾，建立健全陆海统筹的生态环境治理制度。

（一）深化协调海洋环境保护体系

《"十四五"海洋生态环境保护规划》等政策规划指明了中国下一步推进海洋环境保护的目标和方向，聚焦建设美丽海湾的主线，通过注重整体保护和综合治理、示范引领和长效机制建设、科技创新与治理能力提升，促进海洋领域生态环境治理体系与治理能力进一步提升，谱写美丽中国建设的海洋新篇章。

1. 海洋环境保护规划及目标

为系统谋划和有序落实"十四五"海洋生态环境保护工作，生态环境部、国家发展改革委、自然资源部、住房和城乡建设部、交通运输部、农业农村部和中国海警局联合印发了《“十四五”海洋生态环境保护规划》。到2035年，沿海地区绿色生产生活方式广泛形成，海洋生态环境根本好转，美丽海洋建设目标基本实现。海洋环境质量持续稳定改善，全国近岸海域海水水质优良（一、二类）比例达到79%左右，国控河流入海断面劣Ⅴ类水质比例基本消除；海洋生态保护修复取得实效，自然岸线保有率大于35%，整治修复岸线长度不少于400千米，滨海湿地面积不少于2万公顷；美丽海湾建设稳步推进，美丽海湾建设数量50个左右；海洋生态环境治理能力不断提升，海洋生态环境监管能力的突出短板加快补齐，海洋生态预警监测、海洋突发环境事件应急响应能力显著提升，陆海统筹的生态环境治理制度不断健全，治理效能得到新提升。①

为深入实施陆海统筹的综合治理、系统治理、源头治理，推进美丽海湾建设，生态环境部、国家发展改革委、自然资源部、住房和城乡建设部、交通运输部、农业农村部、中国海警局于2022年1月联合印发了《重点海域综合治理攻坚战行动方案》。到2025年，渤海、长江口-杭州湾、珠江口邻近海域生态环境持续改善，陆海统筹的生态环境综合治理能力明显增强。三大重点海域水质优良（一、二类）比例较2020年提升2个百分点左右。入海排污口排查整治稳步推进，省控及以上河流入海断面基本消除劣Ⅴ类。滨海湿地和岸线得到有效保护，海洋环境风险防范和应急响应能力明显提升，形成一批具有全国示范价值的美丽海湾。②

2. 陆海统筹视角下的海洋环境保护

陆海统筹是海洋污染防治的主要抓手，是在海洋领域实现国家治理体系和治理能力现代化的重要途径。党的十九届五中全会通过的《中共中央关于制定国民经济和社会发展第十四个五年规划和二〇三五年远景目标的建议》中指出，要坚持陆海统筹，发展海洋经济，建设海洋强国。③

提升海洋污染防治能力。近年来，中国海洋生态保护修复标准体系不断发展完善。2021年7月，自然资源部印发《海洋生态修复技术指南（试行）》，提高红树林、盐沼、海草床、海藻场、珊瑚礁、牡蛎礁等典型海洋生态系统以及岸滩、河口、海湾、海岛等综合型生态系统生态修复工作的科学性和规范性。2021年10月，自然资源部会同国家林业和草原局印发《红树林生态修复手册》，指导浙江、福建、广东、广西、海

---

① 《“十四五”海洋生态环境保护规划》，生态环境部，2022年1月11日，https：//www.mee.gov.cn/xxgk2018/xxgk/xxgk03/202202/W020220222382120532016.pdf，2022年11月30日登录。

② 《生态环境部等7部门联合印发〈重点海域综合治理攻坚战行动方案〉》，生态环境部，2022年2月17日，https：//www.mee.gov.cn/ywdt/xwfb/202202/t20220217_969307.shtml，2022年11月30日登录。。

③ 《中共中央关于制定国民经济和社会发展第十四个五年规划和二〇三五年远景目标的建议》，中国政府网，2020年11月3日，http：//www.gov.cn/zhengce/2020-11/03/content_5556991.htm，2022年11月30日登录。

南五省区科学实施《红树林保护修复专项行动计划（2020—2025 年）》，加强红树林保护修复。修订完善海岸带保护修复工程系列技术指南，指导地方通过实施生态保护修复，提升海洋灾害抵御能力。

实施陆源污染与海源污染协同治理。陆源污染是近岸海域污染严重的主要原因，沿海地区加强工业点源、市政点源、农业农村面源等陆源污染控制，实施流域海域一体化整治，着力解决长期存在的近岸海域水体污染、部分海湾河口水质恶劣等突出问题。2022 年 3 月，国务院办公厅印发了《关于加强入河入海排污口监督管理工作的实施意见》，全面加强入海排污口监督管理，促进近岸海域环境质量改善。生态环境部等七部门联合印发《重点海域综合治理攻坚战行动方案》，以重点海域水质提升为目标，推进陆源污染控制和海域污染治理重点行动，实施入海排污口排查整治、入海河流水质改善、沿海城市污染治理、沿海农业农村污染治理等专项行动，从点源、城市面源和农业面源等方面着手全面削减入海污染物排放。推进海水养殖环境整治、船舶港口污染防治、岸滩环境整治等重点行动，切实减少养殖和船舶污染，加强岸滩及海面漂浮垃圾治理。

推进海洋生态修复与海岸带蓝碳增汇协同增效。海洋碳汇生态系统保护修复成为巩固提升碳汇能力，助力实现碳中和的重要行动。2021 年 10 月，中共中央、国务院印发《关于完整准确全面贯彻新发展理念做好碳达峰碳中和工作的意见》提出，整体推进海洋生态系统保护和修复，稳定现有海洋固碳作用，提升红树林、海草床、盐沼等固碳能力，开展海洋碳汇本底调查和碳储量评估，实施生态保护修复碳汇成效监测评估。[①] 同时，国务院还印发了《2030 年前碳达峰行动方案》，要求开展森林、草原、湿地、海洋、土壤、冻土、岩溶等碳汇本底调查、碳储量评估、潜力分析，实施生态保护修复碳汇成效监测评估。[②]

3. 防范海洋环境风险

海洋环境风险防范压力持续存在。相比陆上环境风险，海洋环境风险防范更为复杂艰巨。突发事件造成的污染物随海流扩散速度快，海上应急装备、人员的调集复杂，控制污染范围难度大，海上油气勘探以及应急处置的专业性强，对海洋污染应急处置提出了极高要求。2007 年颁布的《中华人民共和国突发事件应对法》确立了突发事件应对以预防为主、预防与应急相结合的原则，提出国家建立重大突发事件风险评估体

---

① 《中共中央 国务院关于完整准确全面贯彻新发展理念做好碳达峰碳中和工作的意见》，中国政府网，2021 年 10 月 24 日，http：//www. gov. cn/zhengce/2021-10/24/content_5644613. htm，2022 年 11 月 30 日登录。

② 《国务院关于印发 2030 年前碳达峰行动方案的通知》（国发〔2021〕23 号），中国政府网，2021 年 10 月 26 日，http：//www. gov. cn/zhengce/content/2021-10/26/content_5644984. htm，2022 年 11 月 30 日登录。

系，减少重大突发事件的发生，最大程度地减轻重大突发事件的影响。海洋环境风险的重点在源头防范，全面摸排重大海洋环境风险源，以海上溢油为重点，构建分区分类的海洋环境风险防控体系。2022 年，国务院印发《“十四五”国家应急体系规划》，提出了“防范海上溢油、危险化学品泄漏等重大环境风险，提升应对海洋自然灾害和突发环境事件能力”的总体要求，要求推进海上油气事故救援技术与装备等关键技术和设备研发，对海洋环境风险应急体系建设和技术研发做出了重要部署。[①]

建立健全海洋环境突发事件应急体系是进一步加强环境风险防范化解能力，加强环境应急准备能力的重要任务。交通运输部、国家海洋局等部门制定《国家重大海上溢油应急能力建设规划》《国家重大海上溢油应急处置预案》《海洋灾害应急预案》等应急预案，逐步形成全险种、大格局的海洋环境风险应急工作体系，推进建立健全国家—地方—涉海企事业单位的海洋突发环境事件应急响应体系，加强国家、海区、沿海地方应急能力建设和升级改造，优化环渤海、长江口、珠江口等重点区域的海洋环境应急能力布局。督促沿海地方加强沿岸原油码头、危化品运输、重点航线等环境风险隐患排查，强化事前预防和源头监管；建立健全海上溢油监测体系，提升风险早期识别和预报预警能力。

（二）海洋环境保护实践有序推进

近年来，沿海各省（区、市）海洋环境保护工作进展明显，渤海治理攻坚战成效显著，海洋污染与生态破坏突出问题得到了集中整治，典型海洋生态系统得到有效保护，海洋生态预警监测体系逐步健全。

坚持系统治理，推进美丽海湾建设。沿海省（区、市）以“美丽海湾”建设为统领，积极规划海湾生态环境质量改善行动方案，切实提升公众亲海品质。浙江省深入推进杭州湾海域污染防治攻坚，针对区域污染负荷大、水质富营养化等突出问题，坚持陆海统筹、系统治理理念，开展“减排消劣”“湿地恢复修复”等行动，促进海水水质及生态系统健康状况改善，推进美丽海湾保护与建设。[②] 福建省通过强化“水清滩净、鱼鸥翔集、人海和谐”的美丽海湾示范建设和长效监管，梯次推进全省海湾生态环境综合治理；依据“国家—省—市—海湾”的分级治理和管控体系，建立以海湾（湾区）为载体和基础管理单元的海洋生态环境管控体系，强化市、县（区）政府主体责任，将美丽海湾建设纳入海洋生态环境保护中长期规划，发挥规划引领作用，打

---

① 《国务院关于印发“十四五”国家应急体系规划的通知》，中国政府网，2022 年 2 月 14 日，http://www.gov.cn/zhengce/content/2022-02/14/content_5673424.htm，2022 年 11 月 30 日登录。

② 《浙江省海洋生态环境保护“十四五”规划》，浙江省生态环境厅，2021 年 5 月 31 日，http://sthjt.zj.gov.cn/art/2021/6/9/art_1229263041_4662219.html，2022 年 11 月 30 日登录。

造“美丽海湾”建设示范典型，建立健全美丽海湾规划、建设、监管、评估、宣传等管理制度，推动形成“问题发现和报告—任务交办和督促落实—公众参与和社会监督”等多方联动、顺畅高效的海湾（湾区）生态环境综合监管格局。①

强化精准治污，改善海洋环境质量。辽宁全面开展入海排污口排查整治，推进入海河流断面水质持续改善，因地制宜推动拓展总氮等入海污染物排放总量控制范围，强化沿海城镇污水收集和处理设施建设，计划到2025年年底前，基本完成重点海湾近岸海域排污口整治，初步建立较完善的入海排污口长效管理机制，实现国控、省控河流入海断面基本消除劣Ⅴ类。② 福建省持续开展入海河流消劣巩固行动，整治不能稳定消除劣Ⅴ类的入海河流，对未达到水质目标要求的入海河流开展“一河一策”精准综合整治；通过加强沿海城镇污水收集和处理能力，加强农业面源污染治理，进一步削减入海河流污染物排海量。③

协调防控，提升突发海洋环境风险应对能力。加强源头防范，提升应急能力建设是保障海洋生态环境安全的重要手段。河北省在“十四五”期间将开展海洋生态环境风险调查评估，构建风险预警防控与监管体系，提升利用互联网、大数据、无人机等高新技术应用水平，建立海洋环境风险动态管控平台和监视监测系统。④ 广东省加强海洋环境风险源头防控，督促沿海地级以上市加强涉海环境风险源的调查、识别与评估，健全海洋突发环境事件和生态灾害应急响应体系，优化调整、合理布局应急力量和物资储备，统一调配企业应急力量及队伍。⑤

（三）海洋环境保护实践成效显著

加强重点海域污染治理。为全力打好渤海综合治理攻坚战，辽宁、天津、河北、山东四地多措并举，改善近岸海域生态环境。辽宁省实施最严格的围填海管控和生态保护红线制度，全面推进14个渤海综合治理项目，并实施3个“蓝色海湾”整治修复

---

① 《福建省生态环境厅等五部门关于印发〈福建省“十四五”海洋生态环境保护规划〉的通知》，福建省生态环境厅，2022年2月17日，https：//sthjt. fujian. gov. cn/zwgk/zfxxgkzl/zfxxgkml/mlstbh/202203/t20220302_5847537. htm，2022年11月30日登录。

② 《关于印发〈辽宁省“十四五”海洋生态环境保护规划〉的通知》，盘锦市发展和改革委员会，2022年5月18日，https：//fgw. panjin. gov. cn/2022_05/18_10/content-372665. html，2022年11月30日登录。

③ 《福建省“十四五”海洋生态环境保护规划》，福建省生态环境厅，2022年2月23日，http：//sthjt. fujian. gov. cn/ztzl/sswghzl/202205/t20220509_5905826. htm，2022年11月30日登录。

④ 《河北省海洋生态环境保护“十四五”规划》，河北省生态环境厅，2022年2月11日，http：//hbepb. hebei. gov. cn/zycms/ewebeditor/uploadfile/20220211164029424. pdf，2022年11月30日登录。

⑤ 《广东省生态环境厅关于印发广东省海洋生态环境保护“十四五”规划的通知》，广东省生态环境厅，2022年5月6日，http：//gdee. gd. gov. cn/gkmlpt/content/3/3924/post_3924426. html#3182，2022年10月10日登录。

项目；开展27个海域、海岛及海岸带整治修复项目，累计修复岸线约30千米，修复滨海湿地1 000公顷，修复海岛7个；严格管控围填海，制定围填海历史遗留问题处理方案，压缩填海面积1 000余公顷。天津市将全市划分为281个陆域和30个近岸海域管控单元[①]，构建陆海统筹的生态环境分区管控体系，对上千个入海排污口开展“查、测、溯、治、罚”专项整治。河北省实施“一河一策”，逐河明确问题清单、目标清单、任务措施及责任清单，对16个涉氮重点行业落实行业总氮指标排放标准，加强影响海水水质的污染源总氮入河入海控制，确保入海河流总氮年均减少3%左右。[②] 山东省强化陆海污染联防联治，推进渤海湾（山东部分）、莱州湾、丁字湾、胶州湾等重点海湾整治，实施入海排污口分类整治，全面完成入海排污口溯源整治。[③]

建立健全海洋生态预警监测制度。浙江省提出到2025年全面摸清海洋生态系统的分布格局，掌握典型海洋生态系统的现状及变化趋势，实现对主要海洋生态灾害及生态风险的动态跟踪监测。[④] 广东省明确到2025年，基本完成珊瑚礁、海草床、红树林、牡蛎礁、海藻场、盐沼、泥质海岸、砂质海岸、河口、海湾10类海洋典型生态系统的全省性调查。[⑤] 山东省开展了典型海洋生态系统监测与评价，基本掌握了黄河口等重点海域海洋浮游生物、底栖生物以及游泳动物生物多样性本底状况。[⑥]

大力推进海洋生态修复与碳汇保护。广东省加大海岸线修复力度，至2020年，整治修复海岸线累计491.78千米（含岛岸线）。[⑦] 广西壮族自治区计划全面完成红树林、盐沼、海草床三大蓝碳生态系统的碳储量调查及碳汇核算工作，推动蓝碳交易，探索建立蓝碳交易服务平台。[⑧] 海南省多措并举推动蓝碳（海洋碳汇）增汇，到2025年，

---

① 《天津市人民政府关于实施“三线一单”生态环境分区管控的意见》，天津市人民政府，2020年12月31日，https：//www. tj. gov. cn/zwgk/szfwj/tjsrmzf/202012/t20201231_5278562. html，2022年11月30日登录。

② 《决胜渤海综合治理攻坚战，这些地方出手了!》，生态环境部，2020年11月25日，https：//www. mee. gov. cn/ywgz/hysthjbh/hyzhzljdxdbhzhzlgjz/202011/t20201125_ 809794. shtml，2022年11月30日登录。

③ 《推进九大行动，建立政策保障体系！山东省委省政府印发〈海洋强省建设行动计划〉》，山东省地质矿产勘察开发局，2022年3月3日，http：//dkj. shandong. gov. cn/art/2022/3/3/art_110126_10297198. html，2023年3月10日登录。

④ 《浙江省印发2021—2025年海洋生态预警监测实施方案》，中国海洋信息网，2022年3月8日，http：//www. nmdis. org. cn/c/2022-03-08/76510. shtml，2022年10月25日登录。

⑤ 《广东健全海洋生态预警监测体系》，中国海洋信息网，2022年3月31日，http：//www. nmdis. org. cn/c/2022-03-31/76588. shtml，2022年10月25日登录。

⑥ 《山东海洋生物多样性保护成效显著》，自然资源部，2022年6月10日，http：//mnr. gov. cn/dt/hy/202206/t20220610_2738823. html，2022年10月25日登录。

⑦ 《广东筑牢蓝色屏障从海岛海岸带保护修复到生态产品价值实现》，自然资源部，2022年10月20日，https：//www. mnr. gov. cn/dt/hy/202210/t20221020_2762730. html，2022年10月25日登录。

⑧ 《推动海洋低碳绿色发展广西先行蓝碳交易工作》，中国海洋信息网，2022年5月25日，https：//www. nmdis. org. cn/c/2022-05-25/76943. shtml，2022年10月25日登录。

计划新增红树林面积 2.55 万亩[①]修复退化红树林湿地 4.8 万亩。[②]

三、海洋环境保护工作重点领域

中国海洋生态环境质量延续稳中向好态势，但局部海域生态环境问题仍然突出，整体形势不容乐观。“十四五”时期，中国将深入贯彻落实习近平生态文明思想，深入打好重点海域综合治理攻坚战，推进美丽海湾建设，满足人民对优美海洋生态环境的需求。

（一）持续改善近海环境质量

在巩固渤海污染治理攻坚战成果的基础上，继续开展渤海、长江口-杭州湾和珠江口邻近海域三大重点海域污染治理及生态修复。全面推进长江口-杭州湾、珠江口邻近海域入海排污口排查。加强陆海统筹和区域协同，深化海河、辽河、淮河、珠江等重点流域综合治理，完善水污染防治流域协同机制。巩固深化渤海生态保护修复成效，因地制宜实施黄河口、辽河口、滦河口等河口湿地保护修复，不断提升渤海生态系统质量。以生态环境问题突出的海湾及湾区为重要单元，坚持问题导向和精准施策，“一湾一策”梯次推进生态环境综合治理、系统治理和源头治理。实施岸滩和海漂垃圾常态化监管，推进海湾水体和岸滩环境质量改善。以沿海大中城市毗邻海湾海滩为重点，加强亲海环境整治，因地制宜拓展生态化亲海岸滩岸线。重点推进黄渤海、长三角、海峡西岸、粤港澳大湾区、北部湾、海南等区域美丽海湾示范建设，探索美丽海湾建设路径及综合监管机制。

（二）提升海洋环境保护能力

全面开展入海排污口排查整治，建立入海排污口动态信息台账，建立健全“近岸水体-入海排污口-排污管线-污染源”全链条治理体系。加强入海河流水质综合治理，针对劣四类水质分布集中的辽东湾、莱州湾、杭州湾、象山港、汕头湾、湛江港等海湾，强化沿海城镇污水收集和处理设施建设，加强农业面源污染治理，进一步削减入海河流总氮总磷等的排海量。推进海洋塑料垃圾治理，开展海洋塑料垃圾和微塑料监测调查，实施海湾、河口、岸滩等区域塑料垃圾专项清理。

加快推进《中华人民共和国海洋环境保护法》修订以及配套法规制度的立改废，

---

① 亩为非法定计量电位，1 亩≈666.7 平方米。

② 《〈海南省碳达峰实施方案〉出台推动海洋碳汇生态系统建设》，自然资源部，2022 年 9 月 5 日，https://m.mnr.gov.cn/dt/hy/202209/t20220905_2758364.html，2022 年 10 月 25 日登录。

支持沿海地方开展海洋生态环境保护地方性法规制修订工作。建立健全陆海统筹的生态环境治理制度，推进“三线一单”、排污许可、生态保护补偿、环境信用评价等在海洋生态环境治理中的应用。进一步完善沿海地方政府和相关行业部门的海洋生态环境保护目标考核、绩效评估、责任追究等制度机制。

（三）完善海洋环境突发污染事件应急机制

建立健全联合执法和风险防范及应急机制，加强执法、风险防范及应急等信息化水平建设。建立健全生态环境、自然资源、海事、海警等涉海部门共同参与的海洋生态环境联合执法、应急响应和防灾减灾评估机制，制定船舶溢油、化学品泄漏、赤潮等海洋突发事件和环境灾害应急预案，提高环境风险防控和突发事件应急响应能力。① 因保护对象、功能要求等差异性，现行的地表水和海水环境质量标准在监测指标、取样频次、分析方法等方面存在较大差异，难以满足陆海统筹的水污染防治需求。应加强水质基准研究，尽快启动水质标准修订；针对水体富营养化问题，科学设置氮、磷指标；关注健康、安全，强化有毒有害污染物控制；科学划定河口区范围，制定河口区专属水质标准，使水环境质量标准更好地服务于海洋污染防治工作。②

四、小 结

党的二十大报告提出保护海洋生态环境，加快建设海洋强国。近年来，中国大力推动近岸海域综合整治，海洋生态环境质量稳中向好，海洋生态环境治理取得显著成效。“十四五”时期，中国海洋环境保护坚持“绿水青山就是金山银山”的理念，实施陆海统筹、综合治理，以海洋生态环境持续改善为核心，聚焦建设美丽海湾为主线，统筹污染治理、生态保护、应对气候变化，健全陆海统筹的生态环境治理体系，提升海洋生态环境治理能力，协同推进沿海地区经济高质量发展和生态环境高水平保护，不断满足人民日益增长的优美海洋生态环境需要，为实现美丽中国建设目标奠定基础。

---

① 张晓丽、姚瑞华、严冬：《近岸海域海洋环境问题及治理对策》，载《中华环境》，2021 年第 5 期。

② 杨帆、林忠胜、张哲，等：《浅析我国地表水与海水环境质量标准存在的问题》，载《海洋开发与管理》，2018 年第 7 期。

第九章　中国海洋生态保护修复

海洋生态保护修复必须牢固树立和践行“绿水青山就是金山银山”的理念，提升海洋生态系统多样性、稳定性、持续性，改善海洋生态环境质量，助力海洋生态系统恢复和生态功能提升。党的十八大以来，中国在全面加强海洋生态保护的基础上，不断加大海洋生态修复力度，持续推进海洋生态修复重点工程，海洋生态环境总体稳定向好，生态系统服务功能逐步增强，基本构筑国家海洋生态安全屏障骨架，初步形成海洋生态保护修复新格局。

一、科学实施海洋生态保护修复

生态保护修复工程的设计与实施应遵循科学理念，把握自然生态系统的内在演替规律，坚持保护优先、自然恢复为主、人工修复为辅的方针，考虑生态系统的复杂性和整体性，统筹兼顾生态系统各要素，明确生态保护修复原则要求，合理选划生态保护修复区域范围，精细化解决突出的生态环境问题，关注生态保护修复长期效益，因地制宜保护修复生态系统。

（一）海洋生态保护修复目的意义

海洋生态系统是最具价值的自然资源之一，不仅为人类提供赖以生存的物质条件，还通过其自身固有服务功能属性在应对气候变化、保护生物多样性等领域发挥关键作用。健康的典型海洋生态系统，如红树林、珊瑚礁、盐沼、海草床等，蕴藏着丰富的生物多样性，不仅为人类提供所需的自然资源，为海洋生物提供栖息场所，还支持农业、渔业、旅游业的发展，带来丰厚的经济回报。然而，随着人类开发利用海洋的强度不断增大，大规模围填海工程、入海污染物排放、过度捕捞、近海矿产资源开发、密集海上运输等活动损害海洋生态系统健康，造成生境丧失、资源耗竭、富营养化、生物多样性下降等问题，实施海洋生态保护修复成为守住海洋生态安全边界，改善海洋生态系统质量，平衡人类开发利用与海洋资源环境承载力之间关系的重要保障和手段。

近年来，中国社会经济实现了跃迁式发展，伴随着快速发展，资源的过度消耗及环境污染已成为制约中国可持续发展的关键问题之一，加之中国生态本底脆弱，历史遗留和新生生态问题交织叠加，开展生态保护修复势在必行。党的十八大将生态文明建设纳入中国特色社会主义事业“五位一体”总体布局，海洋生态文明是生态文明的重要组成部分，健康、安全、美丽的海洋既是整个生态系统正常运转的必然要求，也是人类文明永续发展的必要条件。实施海洋生态保护修复是推动生态文明建设的一项核心工作，关乎国家生态安全，对推进绿色发展、实现人海和谐共生具有十分重要的意义。

（二）海洋生态保护修复内涵

生态保护修复是守住自然生态安全边界、促进自然生态系统质量整体改善的重要保障。习近平总书记指出，要统筹山水林田湖草沙系统治理，实施好生态保护修复工程，加大生态系统保护力度，提升生态系统稳定性和可持续性。

在海洋生态建设与修复中，应充分发挥海洋的自我修复能力，避免人类对海洋生态系统的过多干预。根据各海域的环境条件及面临的具体问题，在充分了解区域性差异和各地特殊要求的基础上，统筹自然、技术、资金等因素，分类施策，合理布局生态保护修复工程。

着眼于提升国家海洋生态安全屏障体系质量，聚焦国家重点海洋生态功能区、海洋生态保护红线、海洋自然保护地等重点区域，突出问题导向、目标导向，坚持陆海统筹，妥善处理保护和发展、整体和重点、当前和长远的关系，提高海洋生态系统稳定性，修复受损和退化的海洋生态系统，推进形成海洋生态保护和修复新格局。

遵循海洋生态系统内在机理，以海洋生态本底和自然禀赋为基础，关注海洋生态质量提升和海洋生态风险应对，强化科技支撑作用，因地制宜、实事求是，科学实施保护和修复、自然和人工、生物和工程等措施，分步骤、分阶段地进行生态保护修复工作，推进一体化生态保护和修复。同时，考虑到生态修复的复杂性和环境因素的突变性，开展全过程监督、生态环境跟踪监测和适应性管理。

（三）海洋生态保护修复理念

树立生命共同体理念。海洋生态系统作为一个有机整体，并非各生态要素及生态空间的机械组合和简单叠加，有其自身的运行规律和固有属性，彼此相对独立的各个子生态系统通过能量及物质交换又彼此相互依存。在海洋生态保护修复过程中要牢固树立生命共同体理念，避免仅仅关注局部而忽视整体，单因素生态保护修复往往难以取得预期生态保护修复效果，反而容易顾此失彼，造成资金与资源的浪费，并最终损害生态系统。

实施系统保护修复。生态是统一的自然系统，是相互依存、紧密联系的有机链条，海洋作为优良生态环境的空间载体，系统保护修复理念从海洋生态系统整体视角出发，注重海洋地理格局完整性，保护修复措施的关联性、耦合性，不同海域之间系统协同性。综合运用科学、法律、政策、经济、公众参与等手段，进行整体保护、系统修复，形成横向协同、纵向统一、条块结合的海洋生态保护修复工作格局，需努力提高海洋生态保护修复的系统性、科学性和实效性，增强海洋生态系统循环能力，维护海洋生态平衡。

坚持保护优先、自然恢复为主。保护优先，自然恢复为主的方针，更加突出海洋生态保护的作用，注重由末端治理向源头防控转变，从根本上遏制海洋生态环境问题，遵循海洋生态系统演替规律，充分发挥海洋生态系统自我修复能力，为海洋生态系统预留自我调节空间，避免人类对海洋的过多干预，有利于拓展海洋环境容量，提升环境承载力，在降低海洋环境保护成本的同时起到事半功倍的效果。

二、构建海洋生态保护修复新格局

中国持续推进生态文明建设，以建设美丽海洋为目标，以持续改善海洋生态环境质量为重点，通过国家政策引领，地方积极落实，着力提升海洋生态保护修复能力，海洋业务体系不断健全，监督管理体系不断完善，海洋生态保护修复工作取得显著进展。

（一）国家政策引领

建立陆海统筹生态保护修复制度。党的十八届三中全会首次提出“建立陆海统筹的生态系统保护修复和污染防治区域联动机制”。2015 年，《中共中央 国务院关于加快推进生态文明建设的意见》明确指出“建立陆海统筹、区域联动的海洋生态环境保护修复机制”。2018 年，组建自然资源部，统一行使全民所有自然资源资产所有者职责，统一行使所有国土空间用途管制和生态保护修复职责，形成陆海自然资源统筹管理和陆海协调的生态保护修复工作新格局。2020 年 10 月，党的十九届五中全会通过《中共中央关于制定国民经济和社会发展第十四个五年规划和二〇三五年远景目标的建议》，明确提出“坚持陆海统筹，发展海洋经济”，“建设海洋强国”，“建立地上地下、陆海统筹的生态环境治理制度”。[①]

严守海洋生态安全边界。2016 年，国家海洋局提出严守安全底线、兼顾发展、分

① 《中共中央关于制定国民经济和社会发展第十四个五年规划和二〇三五年远景目标的建议》，中国政府网，2020 年 11 月 3 日，http：//www. gov. cn/zhengce/2020-11/03/content_5556991. htm，2022 年 11 月 30 日登录。

区划定、分类管理、从严管控的原则，划定海洋生态保护红线比例不低于30%并制定管控措施。[①] 2017年，中国将生态保护红线制度确定为海洋环境保护的基本制度之一，明确在重点海洋生态功能区、生态环境敏感区和脆弱区等海域划定生态保护红线，实行严格保护，在开发利用海洋资源时，应当根据海洋功能区划合理布局，严格遵守生态保护红线。[②] 为加大生态保护红线监管力度，实现红线精准落地，中国推进海洋生态保护红线勘界定标，加快制定海洋生态保护红线监管制度，鼓励地方配套出台细化的生态保护红线管控措施，依托现有平台设施的基础完善全国生态保护红线监管平台，加大对海洋生态保护红线的常态化监管。[③]

强化海洋生态系统保护修复。2020年，国家发展改革委、自然资源部联合印发了《全国重要生态系统保护和修复重大工程总体规划（2021—2035年）》，重点推动入海河口、海湾、滨海湿地与红树林、珊瑚礁、海草床等多种典型海洋生态系统保护和修复，提升海岸带生态系统结构完整性和功能稳定性，推进河海联动治理及“蓝色海湾”整治，加强互花米草等外来入侵物种灾害防治，促进近岸局部海域海洋水动力条件恢复，维护海岸带重要生态廊道，恢复北部湾等典型滨海湿地生态系统结构和功能。[④] 2022年，中国提出要从根本上遏制海洋生态退化趋势，全面保护修复受损、退化的重要海洋生态系统，有效保护海洋生物多样性，增强海洋生态安全屏障和适应气候变化韧性，稳步提升海洋生态系统质量和稳定性，确保自然岸线保有率不低于35%，整治修复岸线长度不少于400千米，滨海湿地面积不少于2万公顷。[⑤]

（二）地方积极落实

明确海洋生态保护修复目标。到2035年，山东省近岸海域优良（一、二类）水质面积比例不低于92%，主要入海河流国控断面实现消劣，海洋生态系统质量和稳定性稳步提升，大陆自然岸线保有率不低于35%。整治修复亲海岸滩长度不断增加，积极

---

① 《国家海洋局全面建立实施海洋生态红线制度 牢牢守住海洋生态安全根本底线》，中国政府网，2016年6月16日，http：//www.gov.cn/xinwen/2016-06/16/content_5082772.htm，2022年11月16日登录。

② 《中华人民共和国海洋环境保护法》，生态环境部，2018年5月17日，https：//www.mee.gov.cn/ywgz/fgbz/fl/201805/t20180517_440477.shtml，2022年11月16日登录。

③ 《“十四五”海洋生态环境保护规划》，生态环境部，https：//www.mee.gov.cn/xxgk2018/xxgk/xxgk03/202202/W020220222382120532016.pdf，2022年11月16日登录。

④ 《全国重要生态系统保护和修复重大工程总体规划（2021—2035年）》，中国政府网，http：//www.gov.cn/zhengce/zhengceku/2020-06/12/5518982/files/ba61c7b9c2b3444a9765a248b0bc334f.pdf，2022年11月16日登录。

⑤ 同③。

申报建设国家“美丽海湾”优秀案例不少于5个。[①]“十四五”时期，江苏省大陆自然岸线保有率保持在35%以上，新增整治修复岸线长度不少于40千米，新增整治修复滨海湿地面积不少于1 400公顷，提升公众临海亲海获得感、幸福感，推进美丽海湾建设数量不少于5个。[②]广东省大陆自然岸线保有率和大陆岸线生态修复长度达到国家要求，营造修复红树林8 000公顷，重点推进15个美丽海湾建设，明显改善亲海环境质量。[③]

构建海洋生态保护修复格局。山东省通过构建以自然保护地为核心，海洋生态保护红线为底线，串联近岸滩涂湿地、砂质岸线、沿海防护林带与滨海自然景观的生态屏障，加强海洋生态空间保护；强化省内典型生态系统养护和修复，加强滨海湿地保护修复，制定省级重点保护滨海湿地名录，确保原生滩涂湿地零减少；采取退养还滩、人工设施拆除、海岸防侵防蚀、植被固沙等措施，实施岸线岸滩治理和修复。[④]江苏省坚守自然岸线底线，严格限制改变海岸自然属性的开发利用活动，实施受损岸线整治修复工程，逐步恢复海洋岸线自然生态功能；开展浅滩湿地生态系统修复、入海河口生态湿地建设，通过“退养还滩”“退围还湿”等方式恢复重要湿地生境；严守生态红线，确保饮用水源地、重要湿地等自然生态资源“生态功能不降低、面积不减少、性质不改变”。[⑤]广东省推进沿海防护林、生态海堤等海岸防护体系建设，构筑蓝色海洋生态屏障；实施海洋“两空间内部一红线”，探索建立海岸建筑退缩线制度，严格落实生态保护红线管控，生态保护红线内严格禁止开发性、生产性建设活动，定期开展海洋生态保护红线的保护成效评估。[⑥]

加强海洋生物多样性保护。“十四五”时期，山东省提出开展海洋生物多样性调查、监测和评估，摸清省内海洋生物多样性本底；加强候鸟迁徙路线和栖息地保护，逐步恢复适宜海洋生物迁徙、物种流通的生态廊道，加大“三场一通道”（产卵场、索饵场、越冬场和洄游通道）保护与恢复力度，从入海水系上游开始，开展河道、沿岸

---

① 《山东省生态环境委员会办公室关于印发山东省“十四五”海洋生态环境保护规划的通知》，山东省生态环境厅，2021年10月9日，http：//xxgk. sdein. gov. cn/xxgkml/zhxgh/202212/t20221214_4191417. html，2022年11月16日登录。

② 《关于印发〈江苏省“十四五”海洋生态环境保护规划〉的通知》，江苏省生态环境厅，2022年2月28日，http：//sthjt. jiangsu. gov. cn/art/2022/2/28/art_83554_10365808. html，2022年11月16日登录。

③ 《广东省生态环境厅关于印发广东省海洋生态环境保护“十四五”规划的通知》，广东省生态环境厅，2022年5月6日，http：//gdee. gd. gov. cn/gkmlpt/content/3/3924/post_3924426. html#3182，2022年10月10日登录。

④ 同①。

⑤ 同②。

⑥ 同③。

植被、河口湿地生态系统保护，维护重要河口的渔业生物种质资源；对互花米草入侵严重的区域实施严格管控和综合治理，遏制局部海域互花米草快速入侵趋势，逐步恢复海岸带生态系统健康。[①] 江苏省将在沿海滩涂地区建设地面生态观测站、观测区和样线样方，逐步构建省-市-县多层级的生物多样性观测网络，推进重点海域生物多样性的长期监测监控，严格管控和治理互花米草入侵严重区域，计划到 2025 年全面完成全省海洋生物多样性本底调查，建立省级海洋生物多样性监测网络和数据库。[②] 广东省组织开展省内重点海域生态环境及生物多样性调查与评估，加强省内作为全球候鸟迁徙路线重要节点的湿地保护与修复，加大珠江口产卵场、索饵场和洄游通道的保护力度，到 2025 年年底前，整体推进湛江雷州半岛海域、阳江-茂名-南鹏列岛海域、珠江口海域、惠州-汕尾海域和潮汕-南澎列岛海域五大海洋生物多样性保护优先区建设。[③]

（三）海洋生态保护修复成效显著

中国持续实施渤海综合治理攻坚战。至 2020 年，环渤海三省一市整治修复滨海湿地 9 212 公顷、岸线 132 千米，渤海近岸海域水质优良面积比例达到 82.3%，超过 73%的设定目标，高质量完成了渤海入海排污口排查、入海河流断面消劣等任务。2020 年 8 月，自然资源部、国家林业和草原局印发《红树林保护修复专项行动计划（2020—2025 年）》，要求将现有、经科学评估确定的红树林适宜恢复区域划入生态保护红线，明确不得减少红树林保护面积，并推进新建一批红树林自然保护地，到 2025 年，计划营造和恢复红树林面积 1.88 万公顷。[④] 随着对红树林保护修复投入的不断加大，目前已有超过 55%的红树林被纳入自然保护地范围，中国成为世界上少数红树林面积增加的国家之一。

沿海各地区通过实施“蓝色海湾”整治行动，推进“南红北柳”“生态岛礁”等重大海洋保护修复工程。海洋生态保护修复取得了积极进展，调查数据显示，15 处国际重要湿地生态状况总体稳定，24 个近岸海域典型海洋生态系统均处于健康或“亚健

---

① 《山东省生态环境委员会办公室关于印发山东省“十四五”海洋生态环境保护规划的通知》，山东省生态环境厅，2021 年 10 月 9 日，http：//xxgk. sdein. gov. cn/xxgkml/zhxgh/202212/t20221214_4191417. html，2022 年 11 月 16 日登录。

② 《关于印发〈江苏省“十四五”海洋生态环境保护规划〉的通知》，江苏省生态环境厅，2022 年 2 月 28 日，http：//sthjt. jiangsu. gov. cn/art/2022/2/28/art_83554_10365808. html，2022 年 11 月 16 日登录。

③ 《广东省生态环境厅关于印发广东省海洋生态环境保护“十四五”规划的通知》，广东省生态环境厅，2022 年 5 月 6 日，http：//gdee. gd. gov. cn/gkmlpt/content/3/3924/post_3924426. html#3182，2022 年 10 月 10 日登录。

④ 《自然资源部 国家林业和草原局印发〈红树林保护修复专项行动计划（2020—2025 年）〉》，国家林业和草原局，2020 年 8 月 28 日，http：//www. forestry. gov. cn/main/586/20200828/143227685406582. html，2022 年 11 月 17 日登录。

康”状态。[①] 已有近30%的近岸海域和37%的大陆岸线被纳入中国生态保护红线管控范围，严格落实除国家重大项目外全面禁止围填海要求。全国设立海洋自然保护地145个，面积达到791万公顷，累计实施“蓝色海湾”、海岸带保护修复等各类工程项目143个，整治修复岸线1 500千米、滨海湿地3万公顷、海堤生态化建设72千米。[②]

三、海洋生态保护修复展望

中国不断深化海洋生态保护修复战略部署，优化海洋开发与保护格局，强化海洋空间管控及用途管制，实施全面禁止围填海、“蓝色港湾”整治行动、海岸带保护修复等重大工程，中国海洋生态保护修复事业取得显著成效，为保障国家海洋生态安全、推进海洋强国建设提供了重要基础支撑。展望未来海洋生态保护修复工作，在巩固现有海洋生态保护修复成果的基础上，加快退化海洋生态系统功能恢复，创新海洋生态保护修复体系，提升海洋生态保护修复监管及评估能力。

（一）加速海洋生态系统功能恢复

《2021年中国海洋生态环境状况公报》显示，在开展健康状况监测的24个典型海洋生态系统中，仍有18个呈现亚健康状态[③]，持续加大海洋生态保护修复力度，全方位、全海域、全过程开展海洋生态保护修复工程仍将成为未来海洋领域工作重点之一。坚持保护与修复并举，强化陆海同步规划、协调联动，进一步打破行业、区划、部门之间壁垒，建立配合协作的综合管理办法及配套标准，推动形成以陆促海，以海带陆的生态保护修复体系。深入开展海洋生物多样性及典型海洋生态系统调查，科学评估海洋生态系统健康状况，针对性实施海洋生态修复措施，持续推进围填海管控，严守海洋生态保护红线，继续加强红树林、盐沼、珊瑚礁、海草床、砂质海岸等典型生态系统修复，推动受损岸线、海湾、河口、海岛等生态系统恢复。

（二）创新海洋生态保护修复体系

坚持生态优先战略定位，建立健全海洋生态环境损害赔偿及保护补偿制度，加强

---

① 《2021年中国海洋生态环境状况公报》，生态环境部，2022年5月22日，https://www.mee.gov.cn/hjzl/sthjzk/jagb/202205/P020220527579939593049.pdf，2022年10月10日登录。

② 《坚守“三条控制线”服务高质量发展——“中国这十年”系列主题新闻发布会 聚焦新时代自然资源事业的发展与成就》，中国政府网，2022年9月20日，http://www.gov.cn/xinwen/2022-09/20/content_5710681.html，2022年11月17日登录。

③ 同①。

海洋生态环境损害的监督和执行，完善海洋突发环境事件损害的鉴定评估及实施机制，开展海洋生态系统价值核算，明确海洋生态产品价值，发挥政府主导作用，制定海洋生态保护补偿实施方案，推进市场化、多元化补偿实践，协调激励与约束措施，积极引导社会各方参与生态保护补偿。探索建立海洋生态修复资金保障制度，完善市场化投融资机制，建立“政府主导、企业社会参与”的多元化筹措资金渠道，吸引社会资本参与海洋生态保护修复，强化保护修复资金统筹，明确各地区、部门财政支出责任，合理安排资金支出规模和结构。强化海洋生态保护责任落实，明确横向部门间职责及监督管理机构的管理范围，厘清各管理层级间关系，逐级压实主体责任，加强跨部门联动机制，统筹协调污染减排、生态修复及环境监管。

（三）提升海洋生态保护修复监管及评价能力

加强海洋生态保护修复监管力度，建立生态保护修复事后成效评估制度及标准规范，完善海洋生态修复项目量化指标，出台统一的海洋修复工程验收办法，精准评估海洋生态保护修复效果，优化海洋生态保护修复工程资金投入。完善生态保护修复监管平台及生态保护修复大数据管理，利用卫星遥感、无人机、大数据及智能化等新兴技术手段，提升海洋生态环境智能化监管水平，加大对海洋生态保护红线、海洋生态健康状况、海上违法违规行为及修复项目监测监管，构建立体、动态的海陆一体监测网络，及时跟踪掌握生态格局，实现连续、快速监测，实时监督海洋生态修复项目的进程，并根据监测结果进行动态调整，优化海洋生态保护修复方案。加强针对海域生态灾害及环境污染事件应急能力建设，开展海洋环境风险源头调查、监测，完善应急响应预案，建立能够快速响应的应急力量，推动由单一应急监测向“应急+预警”相结合的模式转变。

四、小　结

美丽海洋是生态文明建设和美丽中国建设的重要组成部分。党的十八大以来，中国持续加大海洋生态保护修复力度，优化海洋生态保护修复工作，形成了陆海统筹治理的新格局，海洋环境监管体系进一步完善，海洋生态环境质量稳步提升。与此同时，中国海洋生态系统退化趋势尚未得到根本遏制，应持续着力提升生态系统多样性、稳定性，全面开展生态系统健康状况调查，提升生态保护修复精细化程度，完善生态保护修复治理体系，坚持陆海统筹、系统设计，压实主体责任，落实生态赔偿制度，强化生态保护修复监管，健全保护修复效果评价制度，强化海洋突发环境灾害应急能力，努力开创海洋生态保护修复新局面。

第十章　中国蓝碳的探索与实践[①]

实现碳达峰碳中和目标，既是中国立足新发展阶段，贯彻“绿水青山就是金山银山”发展理念，推进中国社会经济全面向绿色转型发展所做出的重大战略决策，也是中国在全球应对气候变化行动中所做的郑重承诺。中国是海洋大国，红树林、盐沼和海草床等蓝碳生态系统丰富，发展蓝碳的空间广阔。蓝碳是助力实现碳达峰碳中和目标的重要手段，对解决气候变化问题具有指示性意义。

一、蓝碳的定义与机理

蓝碳全称“蓝色碳汇”，即海洋碳汇（Ocean Blue Carbon，OBC），是利用海洋活动及海洋生物吸收大气中的二氧化碳，并将其固定、储存在海洋中的过程、活动和机制。与之相关的蓝碳生态系统，主要包括由红树林、滨海沼泽和海草床组成的海洋生态系统。

（一）蓝碳概念的形成和发展

1. 国际文件中的蓝碳

2009 年，联合国环境规划署、联合国粮食及农业组织、联合国教科文组织政府间海洋学委员会联合发布了题为《蓝碳：健康海洋对碳的固定作用——快速反应评估》（Blue Carbon：the role of healthy oceans in binding carbon-A rapid response assessment）[②] 的报告，首次提出蓝碳概念，指海洋生物捕获碳，引起各国政府、科学家和公众的广泛重视。2011 年，《联合国气候变化框架公约》附属科学技术咨询机构第 34 次会议指出，蓝碳研究虽不成熟，但可在“减少发展中国家毁林和森林退化所产生的温室气体排放”中予以解决。2013 年，联合国政府间气候变化专门委员会（IPCC）发布《2006 年 IPCC 国家温室气体清单指南的 2013 年增补：湿地》，把“滨海湿地”类型单列；2019 年，该委员会发布《气候变化中的海洋与冰冻圈特别报告》，将蓝碳定义为

① 本章合作撰写者姚霖：中国自然资源经济研究院副研究员。

② Nellemann C，Corcoran E，Duarte C，et al. Blue Carbon：the role of healthy oceans in binding carbon-A rapid response assessment. United Nations Environment Programme，GRID-Arendal，2009.

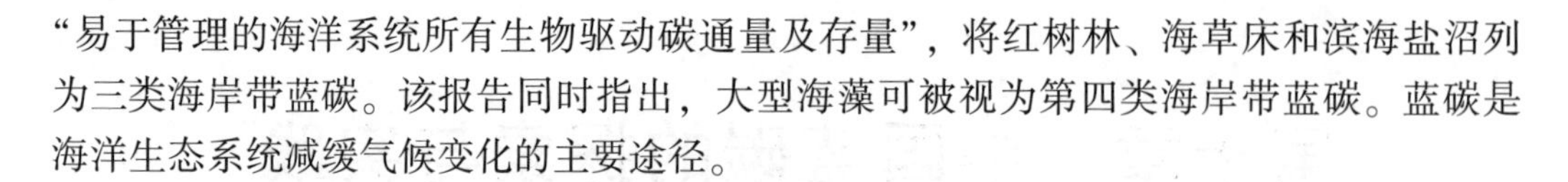

"易于管理的海洋系统所有生物驱动碳通量及存量"，将红树林、海草床和滨海盐沼列为三类海岸带蓝碳。该报告同时指出，大型海藻可被视为第四类海岸带蓝碳。蓝碳是海洋生态系统减缓气候变化的主要途径。

2. 国际气候治理基本框架下的蓝碳

《联合国气候变化框架公约》《京都议定书》《巴黎协定》作为国际气候治理的基本法律框架，在国际气候治理体系建立之初就已将海洋生态系统纳入其中。

《联合国气候变化框架公约》在序言中确认"意识到陆地和海洋生态系统中温室气体汇和库的作用和重要性"，强调"维护和加强包括生物质、森林和海洋以及其他陆地、沿海和海洋生态系统在内的所有温室气体的汇和库"。蓝碳作为沿海和海洋生态系统的一部分，属于《联合国气候变化框架公约》所述的"温室气体的汇和库"。与《京都议定书》未提及海洋相比，《巴黎协定》在序言中重申《联合国气候变化框架公约》所述的"温室气体的汇和库"，强调确保包括海洋在内的所有生态系统的完整性，并将"温室气体的汇和库"范畴界定重新调整回"维护和加强《联合国气候变化框架公约》所述的温室气体的汇和库，包括森林"。自此之后，除森林之外，蓝碳也属于温室气体的汇和库。《2006 年 IPCC 国家温室气体清单指南的 2013 年增补：湿地》规定了海草床、红树林、滨海沼泽三大蓝碳生态系统清单编制方法，各缔约国可按照核算标准，将蓝碳纳入本国温室气体清单。

美国、澳大利亚等在本国温室气体清单中报告了蓝碳。2015 年，首次按照《巴黎协定》报告国家自主贡献时，已有 74 个国家把滨海湿地纳入国家报告，巴林、菲律宾、沙特阿拉伯、塞舌尔、阿联酋等 5 个国家明确提到蓝碳。包括海洋在内的基于自然的解决方案在卡托维兹气候变化大会上被列为应对气候变化六大措施，格拉斯哥气候变化大会首次把气候变化和海洋议题纳入大会决议报告。

（二）蓝碳的形成机理

蓝碳主要包括溶解度泵（solubility pump）、碳酸盐泵（carbonate pump）、生物泵（biological pump）和微型生物碳泵（microbial carbon pump）四个机制。其中，溶解度泵是二氧化碳在海水中的化学平衡及物理输运，尤其是低温和高盐造成的高密度海水在重力作用下携带通过海气交换所吸收的二氧化碳输入到深海，进入千年尺度的碳循环，构成海洋储碳。

碳酸盐泵是海洋生物通过固定海水中的碳酸盐，生成碳酸钙质地的保护外壳，并最终将碳酸钙颗粒物沉降埋藏于海底的过程。海洋生物利用碳酸氢盐生成碳酸钙的过程，会析出二氧化碳，该过程也被称为碳酸盐反向泵。值得注意的是，碳酸盐析出会放出等当量的二氧化碳，只有碳酸盐沉积才构成储碳。

生物泵是海洋中有机物生产、消费、传递等一系列生物学过程及由此导致的颗粒有机碳，由海洋表层向深海乃至海底的转移过程。由浮游植物光合作用开始，沿食物链从初级生产者逐级向高营养级传递有机碳，并产生颗粒有机碳沉降，进一步将部分碳长期封存到海洋中。生物泵对于海洋固碳至关重要，若无生物泵，大气二氧化碳含量将比现在高出 200 ppmv。[1]

微型生物碳泵指利用海洋中的微生物和浮游植物等，将活性有机碳转化为惰性有机碳，使有机碳长期储存下来。基于微型生物碳泵原理，针对近海富营养海区，通过降低陆地营养盐输入，可望实现增加近海储碳。

（三）蓝碳的碳中和机制[2]

固碳是实现碳中和目标的重要途径。以红树林、滨海沼泽、海草床为代表的三大海岸带蓝碳生态系统，通过光合作用固定二氧化碳，同时也通过减缓水流促进颗粒碳沉降，具有固碳量大、固碳效率高、碳存储周期长等特点。虽然海洋植物的总量只有陆生植物的 0.05%，但它们的碳储量却与陆生植物相当。海洋生物生长的地区还不到全球海底面积的 0.5%，却有超过一半或高达 70%的碳被海洋植物捕集转化为海洋沉积物，形成植物的蓝色碳捕集和移出通道。土壤捕获和储存的碳可保存几十年或几百年，而海洋中的生物碳可储存上千年。

海洋储存了全球二氧化碳总量的 93%，大约为 40 万亿吨。每年通过海洋循环的二氧化碳量约为 900 亿吨。海洋将大气中 30%的碳捕获并移出。红树林、盐沼和海藻等海岸带生态系统每年捕获的二氧化碳量为 870 万～1 650 万吨，相当于全球运输业碳年排放量（3 700 万吨）的一半，保护和提升蓝碳的碳汇能力意义重大。

二、国家政策与实践

发展蓝碳是中国推动海洋生态文明建设的重要抓手，助力实现碳达峰碳中和战略目标的有力支撑。党的十八大以来，中国以提升海洋生态系统碳汇能力为目的，制定蓝碳保护、开发与利用政策，强化蓝碳规划、调查、评估、保护和修复的协同机制，出台系列鼓励社会化市场化参与蓝碳保护开发的激励制度，切实巩固和提升海洋生态系统碳汇，增强海洋碳汇生态系统质量，推动海洋自然资源生态价值实现，创新海洋

---

① ppmv 表示百万分体积比，1 ppmv = 1 μL/L。

② 邓洁琳、周美恩：《聚焦海岸带蓝碳生态系统保护，助力我国蓝碳发展》，中央财经大学绿色金融国际研究院，2021 年 11 月 5 日，https：//iigf. cufe. edu. cn/info/1012/4247. htm，2022 年 11 月 17 日登录。

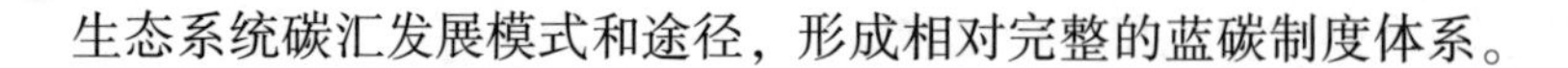

生态系统碳汇发展模式和途径，形成相对完整的蓝碳制度体系。

（一）推进蓝碳制度建设

蓝碳未与国家应对气候变化方面的顶层设计挂钩之前，主要关注海洋观测预警、环境监测能力和生态修复等具体工作部署。党的十八大后，蓝碳被正式纳入国家战略，先后出台《中共中央　国务院关于加快推进生态文明建设的意见》《生态文明体制改革总体方案》《“十三五”控制温室气体排放工作方案》《关于完善主体功能区战略和制度的若干意见》《国家生态文明试验区（海南）实施方案》等政策，对建立海洋碳汇机制、开展海洋生态系统碳汇试点、建立海洋碳汇标准体系和交易机制提出要求。中国相继开展蓝碳基础科研、本底调查、生态修复、标准体系、市场交易、试点探索等工作。

2020年后，为进一步推进“双碳”工作，党中央国务院陆续颁布了《关于完整准确全面贯彻新发展理念做好碳达峰碳中和工作的意见》《2030年前碳达峰行动方案》《关于统筹和加强应对气候变化与生态环境保护相关工作的指导意见》《关于建立健全海洋生态预警监测体系的通知》，有针对性地部署了海洋生态系统碳汇调查监测、核算清查、市场交易、保护修复、污染防治、技术研发等方案，形成了相对完整的蓝碳制度框架。①

（二）组织蓝碳调查监测

近年来，自然资源部组织制定了蓝碳生态系统碳储量调查与评估技术规程，选取代表性区域实施红树林、盐沼、海草床碳储量调查评估试点，获取试点区域碳储量数据，验证完善了技术标准，奠定了全国蓝碳生态系统调查监测工作基础。为进一步推进蓝碳调查监测，生态环境部印发《“十四五”海洋生态环境质量监测网络布设方案》《碳监测评估试点工作方案》，在盘锦、南通、深圳和湛江4个城市开展盐沼、红树林、海草床和海藻养殖海洋碳汇监测。同时，国家林业和草原局组织开展全国尺度的林草生态综合监测，查清包括红树林地、沿海滩涂等在内的各类湿地种类、数量、质量、结构、分布等。为全面推进调查监测工作，掌握红树林湿地年度动态变化情况，自然资源部、国家林业和草原局在试点经验的基础上印发《关于开展2022年全国森林、草原、湿地调查监测工作的通知》，对红树林、湿地等调查监测工作作出部署。

---

① 毛竹、陈虹、孙瑞钧，等：《我国海洋碳汇建设现状、问题及建议》，载《环境保护》，2022年第7期。

（三）加强蓝碳保护修复

“十三五”以来，财政部、自然资源部支持沿海地区实施一系列海洋生态保护修复项目，以加强对红树林、盐沼、海草床等滨海湿地生态系统的保护修复。“十四五”以来，国家发展改革委投资湿地保护修复专项经费10.89亿元，支持包括滨海湿地在内的国际重要湿地、国家重要湿地、湿地类型的国家级自然保护区湿地保护修复、保护管理设施等项目建设。截至2022年6月，中国累计实施了58个“蓝色海湾”整治项目、24个海岸带保护修复工程、61个渤海综合治理攻坚战生态修复项目等系列重大项目，初步遏制了局部海域红树林、盐沼、海草床等典型生态系统退化趋势，区域海洋生态环境明显改善。近30%的近岸海域和37%的大陆岸线纳入生态保护红线管控范围，1.8万千米的大陆海岸线和1.4万千米的海岛海岸线上，每年繁育、迁徙和越冬的水鸟已经达到240多种。[①] 中国成为红树林面积净增加的少数国家之一，珊瑚礁、红树林等典型海洋生态系统得到有效保护，蓝碳固碳能力显著提高。

（四）建设蓝碳交易市场

中国在海南开展海洋生态系统碳汇试点、蓝碳标准体系及交易机制研究，探索设立蓝碳交易平台，蓝碳市场建设由此步入新轨道。[②] 为推进全国碳排放权交易市场建设，在应对气候变化和促进绿色低碳发展中充分发挥市场机制作用，生态环境部于2020年发布《碳排放权交易管理办法（试行）》（以下简称《管理办法》），鼓励重点排放单位、机构和个人，出于减少温室气体排放等公益目的自愿注销其所持有的碳排放配额。《管理办法》规定，重点排放单位每年可以使用国家核证自愿减排量抵销碳排放配额的清缴，抵销比例不得超过应清缴碳排放配额的5%。[③] 为进一步规范碳汇核算及其核证，《管理办法》将国家核证自愿减排量规定为“对中国境内可再生能源、林业碳汇、甲烷利用等项目的温室气体减排效果进行量化核证，并在国家温室气体自愿减排交易注册登记系统中登记的温室气体减排量”。[④] 在前期蓝碳和红树林修复研究及实践基础上，自然资源部在广东湛江开展蓝碳试点交易工作，并顺利通过核证碳减排标准和气候、社区和生物多样性标准认证，成为中国第一个蓝碳项目。2022年，《碳排

---

① 《挺进深蓝，建设海洋强国》，载《中国自然资源报》，2022年9月23日。

② 《中共中央办公厅国务院办公厅印发〈国家生态文明试验区（海南）实施方案〉》，中国政府网，2019年5月12日，http：//www.gov.cn/zhengce/2019-05/12/content_5390904.htm，2022年11月30日登录。

③ 《碳排放权交易管理办法（试行）》，中国政府网，2020年12月31日，http：//www.gov.cn/zhengce/zhengceku/2021-01/06/content_5577360.htm，2022年11月30日登录。

④ 同③。

放权交易管理暂行条例》正式列入国务院立法工作计划，建立健全蓝碳市场制度体系获得新历史机遇。

（五）完善蓝碳标准体系

新一轮国务院机构改革后，海洋碳汇监测调查评估和标准化体系建设日渐获得完善。在蓝碳的调查、评估、计量、增汇技术等系列标准建设上，自然资源部已发布实施、正在研制以及待制定标准共计 50 余项①，已形成了包括基础通用、调查监测、评价评估、保护管理、生态修复以及合理利用六大湿地领域标准体系。

2021 年以来，中国相继发布了《养殖大型藻类和双壳贝类碳汇计量方法碳储量变化法》（HY/T 0305—2021）、《海洋碳汇核算方法》（HY/T 0349—2022）等创新性标准，规定了海洋碳汇核算工作的流程、内容、方法及技术等要求，确保海洋碳汇核算工作有标可依，填补了该领域行业标准的空白。2022 年 4 月发布的《海洋生态修复技术指南》（GB/T 41339. 1—2022），提供了海洋生态修复各工作环节的技术指导和建议，为中国实施海洋生态修复研究和实践提供了科学指导和技术支撑。

（六）蓝碳发展方向展望

党的十八大以来，党中央国务院对蓝碳事业的高度重视，有力实施了蓝碳保护修复举措，系统推进了有关战略、规划、标准的制定，积极开展了市场化、金融支持的实践探索，初步形成了具有中国海洋特点的蓝碳理论和技术方法，加强了蓝碳国际合作。同时，有关蓝碳的形成机制、作用机理和功能潜力等关键理论和方法正值攻坚期，蓝碳的调查监测、标准建设、保护修复、市场机制、金融创新等增汇提效新路径也正处于探索建设阶段。为迎接新挑战、新机遇，中国应积极推动蓝碳与国际气候变化政策的衔接，推进将蓝碳纳入中国国家温室气体清单和国家自主贡献，夯实本底调查与动态监测，支持研发提效增汇理论及技术方法，激励市场化社会化参与海洋生态保护、修复，培育多元蓝碳市场主体，有序推进蓝碳金融，在平衡海洋资源保护与开发中提升蓝碳潜力。

三、地方制度建设与行动

沿海地区积极贯彻落实“双碳”目标，围绕巩固提升蓝碳固碳能力，从战略布局、

---

① 《对十三届全国人大五次会议第 4013 号建议的答复》，自然资源部，2022 年 6 月 30 日，http：//gi. mnr. gov. cn/202207/t20220706_2741641. html，2022 年 11 月 17 日登录。

规划引领、技术创新和标准研制等方面，提出海洋在巩固与提升碳汇能力的近远期目标，建立蓝碳调查监测、污染防控、开发利用和整体修复的机制及制度，明确各项试点工作，布置有关蓝碳本底调查、生态修复、碳汇交易、社会资本参与等试点行动，压实各级政府落实蓝碳稳汇增汇的主体责任。

（一）积极建设蓝碳制度

各地高度重视蓝碳的建章立制工作，将蓝碳生态系统保护及其碳汇能力提升作为关键内容，明确工作机制，制定时间表，确定行动方案，提出蓝碳战略、规划、技术、标准等建设细则，加速开展蓝碳研究和实践。

1. 严格保护要求

（1）目标导向，陆海联控

河北省提出将有效控制各类入海污染源排放，主要入海河流入海断面水质100%达标，重要河口湿地、浅海滩涂等典型海洋生态系统功能基本恢复，海洋生态系统质量和稳定性明显提升；同时要求，到2025年，海洋类型自然保护地面积达到4.84万公顷，近岸海域优良水质比例达到98%。[①] 辽宁省强化沿海陆源污染物监测与控制、实施沿海“散乱污”企业清理整治、开展沿海城乡污染综合治理，严格船舶污染与海域垃圾控制。[②]

（2）衔接规划，部署行动

江苏省提出巩固生态系统碳汇能力，强化国土空间规划和用途管控，严守生态保护红线，稳定森林、湿地、海洋、土壤等固碳作用，实施滨海湿地等固碳能力保护和修复行动计划。[③] 为推进海洋生态保护与修复，推进海洋经济转型升级，培育海洋经济新动能，天津市强化海域空间资源集约节约利用，编制《天津市海域海岛保护利用规划》《天津市滨海新区海岸带保护与利用规划》，切实做好规划以保障蓝碳固碳能力提升，优化调整海洋生态红线区，将永定新河入海口滨海湿地、汉沽八卦滩湿地、大神

---

① 《河北省自然资源厅河北省发展和改革委员会关于印发河北省海洋经济发展“十四五”规划的通知》，河北省自然资源厅，2022年1月30日，http://zrzy.hebei.gov.cn/heb/gongk/gkml/ghjh/qita/haiyang/10690540119611305984.html，2022年12月12日登录。

② 《关于印发《辽宁省国土空间生态修复规划（2021—2035年）》的通知》，辽宁省自然资源厅，2022年8月15日，http://zrzy.ln.gov.cn/zwgk/ttzgg/202208/t20220823_4658223.html，2022年12月12日登录。

③ 《江苏印发〈关于推动高质量发展做好碳达峰碳中和工作实施意见〉》，中共江苏省委新闻网，2022年1月30日，http://www.zgjssw.gov.cn/fabuting/shengweiwenjian/202202/t20220208_7412170.shtml，2022年11月30日登录。

堂近岸海域等生态敏感和脆弱地区补划入海洋生态红线。[①②③]

2. 推进修复实施

（1）统筹布局，系统修复

为落实海洋生态保护修复责任，提高海洋生态空间品质，上海市加快编制出台海洋生态保护修复行动方案，要求持续推进退养还滩、退围还海，重点实施“蓝色海湾”、海岸带保护修复等重大工程和整治行动，开展“蓝色海湾”及海岸带生态保护修复工程，落实市区两级海洋生态保护修复责任，探索建立海洋生态保护修复项目储备和资金投入机制，建立完善海洋生态修复评估制度，部署了佘山岛领海基点、临港滨海、金山滨海湿地、奉贤华电灰坝岸段、金山三岛潮间带的修复项目。[④⑤]

（2）重点推进，有序实施

福建省着力增强海洋系统固碳能力，以海岸带生态系统结构恢复和服务功能提升为导向，建立养殖碳汇监测技术体系及规程，实施海水养殖增汇、滨海湿地和红树林增汇、海洋微生物增汇等试点工程，重点推进三都湾、闽江口、兴化湾、泉州湾、厦门湾、东山湾等整治修复，以实现海洋生态系统固碳增汇。[⑥⑦]

3. 加强调查监测

（1）调查本底，常态实施

广东省为持续巩固生态系统碳汇能力、提升生态系统碳汇增量，提出建立覆盖陆

---

① 《天津市人民政府办公厅关于印发天津市海洋经济发展“十四五”规划的通知》，天津市人民政府，2021 年 7 月 5 日，https：//www. tj. gov. cn/zwgk/szfwj/tjsrmzfbgt/202107/t20210705_5496422. html，2022 年 11 月 30 日登录。

② 《天津市碳达峰碳中和促进条例》，天津人大，2021 年 9 月 27 日，https：//www. tjrd. gov. cn/xwzx/system/2021/09/27/030022517. shtml，2022 年 12 月 12 日登录。

③ 《天津市碳达峰实施方案的通知》，天津市人民政府，2022 年 9 月 14 日，https：//www. tj. gov. cn/zwgk/szfwj/tjsrmzf/202209/t20220914_5987984. html，2022 年 12 月 1 日登录。

④ 《上海市海洋“十四五”规划》，上海市水务局（上海市海洋局），2021 年 12 月 8 日，http：//swj. sh. gov. cn/shshyhjjcybzx-zcfg/20220105/fcbb787716d0435faacbfee367a481bc. html，2022 年 12 月 1 日登录。

⑤ 《上海市人民政府关于印发〈上海市碳达峰实施方案〉的通知》，国家发展改革委，2022 年 8 月 8 日，https：//www. ndrc. gov. cn/fggz/hjyzy/tdftzh/202208/t20220808_1332758_ext. html，2022 年 12 月 1 日登录。

⑥ 《福建省人民政府办公厅关于印发福建省“十四五”海洋强省建设专项规划的通知》，福建省人民政府，2021 年 11 月 24 日，http：//www. fujian. gov. cn/zwgk/zxwj/szfbgtwj/202111/t20211124_5780320. htm，2022 年 12 月 1 日登录。

⑦ 《中共福建省委、福建省人民政府印发〈关于完整准确全面贯彻新发展理念做好碳达峰碳中和工作的实施意见〉》，福建省人民政府，2022 年 8 月 21 日，http：//fj. gov. cn/zwgk/zxwj/szfwj/202208/t20220821_5979133. htm，2022 年 12 月 1 日登录。

地和海洋生态系统的碳汇监测核算体系，开展海洋生态系统碳汇本底调查、碳储量评估和潜力分析，实施生态保护修复碳汇成效监测评估。①上海市针对发展海洋碳汇，提出构建海洋碳汇调查监测评估业务化体系，明确定期开展海洋碳汇本底调查和储量评估。②

（2）有序推进，基础研究

广西壮族自治区为推进沿海生态系统整治和修复，促进海洋生态产品的价值实现，持续筑牢南方重要生态屏障，要求应有步骤、有计划地全面完成蓝碳生态系统的碳储量调查及碳汇核算工作，有序实施海洋等碳汇本底调查、碳储量评估、潜力分析，实施生态保护修复碳汇成效监测评估。③④浙江省为保障生态系统碳汇计量、监测和评估的实施，明确要做好推进森林、海洋碳汇计量和监测方法学研究，探索湿地碳汇计量监测研究。⑤

4. 培育市场体系

（1）完善制度，建立平台

山东省积极推进渔业碳汇、海草床碳汇等蓝碳资源参与国家自主减排交易，促进蓝碳资源资产、资本转变，探索市场化、可持续的生态产品价值实现路径，同时大力支持威海市探索建设蓝碳交易平台。⑥⑦为完善统计监测体系，浙江省提出，要推进对发展碳排放权交易下的海洋碳汇核算方法学的研究，建立碳汇补偿和交易机制，探索

---

① 《中共广东省委 广东省人民政府关于完整准确全面贯彻新发展理念推进碳达峰碳中和工作的实施意见》，汕尾市城区发展和改革局，2022 年 8 月 12 日，http：//www. swchengqu. gov. cn/swcqfgj/gkmlpt/content/0/844/post_844058. html#642，2022 年 12 月 1 日登录。

② 《上海市海洋“十四五”规划》，上海市水务局（上海市海洋局），2021 年 12 月 8 日，http：//swj. sh. gov. cn/shshyhjjcybzx-zcfg/20220105/fcbb787716d0435faacbfee367a481bc. html，2022 年 12 月 1 日登录。

③ 《广西壮族自治区人民政府关于印发广西壮族自治区碳达峰实施方案的通知》，广西壮族自治区人民政府，2023 年 1 月 30 日，http：//www. gxzf. gov. cn/zfwj/zzqrmzfwj_34845/t15690666. shtml，2023 年 3 月 6 日登录。

④ 《推动海洋低碳绿色发展 蓝碳交易工作 广西先行先试》，广西壮族自治区人民政府，2022 年 5 月 20 日，http：//www. gxzf. gov. cn/gxyw/t11912537. shtml，2023 年 3 月 6 日登录。

⑤ 《浙江省委省政府关于完整准确全面贯彻新发展理念做好碳达峰碳中和工作的实施意见》，兰溪市人民政府，2022 年 3 月 1 日，http：//www. lanxi. gov. cn/art/2022/3/1/art_1229288165_59251456. html，2023 年 3 月 6 日登录。

⑥ 《山东省人民政府办公厅关于印发山东省“十四五”海洋经济发展规划的通知》，山东省人民政府，2021 年 12 月 22 日，http：//www. shandong. gov. cn/art/2021/12/22/art_100623_39602. html？from=singlemessage，2022 年 12 月 1 日登录。

⑦ 《山东出台“十四五”应对气候变化规划》，山东省人民政府，2022 年 4 月 8 日，http：//www. shandong. gov. cn/art/2022/4/8/art_97904_531553. html，2022 年 12 月 1 日登录。

将碳汇纳入生态保护补偿范畴，同时提出要加快丽水市生态产品价值实现创新平台建设。[①②]

（2）多元并举，促成交易

海南省为全面推进海南海洋生态系统碳汇试点工作，明确到2024年，基本摸清全省重要红树林、海草床、海藻场等海洋生态系统碳汇本底，开发碳汇试点项目5个，探索新型碳汇项目2项；同时明确要探索建立科学的生态系统生产总值核算制度，完善海洋生态补偿机制，通过试点工作形成可推广可复制的碳汇产品价值实现新模式。[③④⑤] 为构建具有国际竞争力的现代海洋产业体系，广东省提出，要逐步建立海洋生态产品价值核算体系，推进海洋生态产品价值实现机制试点，支持在广州、深圳、珠海、江门、惠州和湛江等开展海洋碳中和试点和示范应用，探索海洋碳汇交易，推动形成粤港澳大湾区碳排放权交易市场。[⑥]

5. 强化科技支撑

（1）基础科研，科技保障

为推进应对气候变化的科技创新，提升应对气候变化能力，山东省开展滨海湿地、海洋微生物、海水养殖等典型生态系统碳汇储量监测评估和固碳潜力分析，探索建立蓝碳数据库；加强海洋碳汇院士工作站、海洋负排放研究中心、黄渤海蓝碳监测和评估研究中心等创新平台建设，开展海洋碳汇技术研究，积极探索开发海洋碳汇方法学。上海市为加强生态系统碳汇基础支撑，提升碳汇能力，强调要加强陆地和海洋生态系统碳汇基础理论、基础方法、前沿颠覆性技术研究。[⑦]

---

① 《浙江省人民政府关于印发浙江省海洋经济发展“十四五”规划的通知》，浙江省人民政府，2021年6月4日，https：//www. zj. gov. cn/art/2021/6/4/art_1229505857_2301550. html？ivk_sa=1024320u，2022年12月1日登录。

② 《浙江省委省政府关于完整准确全面贯彻新发展理念做好碳达峰碳中和工作的实施意见》，兰溪市人民政府，2022年3月1日，http：//www. lanxi. gov. cn/art/2022/3/1/art_1229288165_59251456. html，2023年3月6日登录。

③ 《海南省海洋经济发展“十四五”规划（2021—2025年）》，海南省人民政府，2021年6月8日，https：//www. hainan. gov. cn/hainan/tjgw/202106/f4123d47a64a4befad8815bf1b98ea4e. shtml，2022年12月1日登录。

④ 《海南省人民政府关于印发海南省碳达峰实施方案的通知》，海南省人民政府，2022年8月22日，https：//www. hainan. gov. cn/hainan/szfwj/202208/911b7a2656f148c08e5c9079227103a7. shtml，2022年12月31日登录。

⑤ 《我省出台海洋生态系统碳汇试点工作方案》，海南省人民政府，2022年7月30日，https：//www. hainan. gov. cn/hainan/tingju/202207/ac105d5e864a47219000022c40c8c9e4. shtml，2022年12月12日登录。

⑥ 《〈广东省海洋经济发展“十四五”规划〉解读》，广东省人民政府，2021年12月15日，http：//www. gd. gov. cn/zwgk/zcjd/bmjd/content/post_3719769. html，2022年12月12日登录。

⑦ 《上海市人民政府关于印发〈上海市碳达峰实施方案〉的通知》，国家发展改革委，2022年8月8日，https：//www. ndrc. gov. cn/fggz/hjyzy/tdftzh/202208/t20220808_1332758_ext. html，2022年12月1日登录。

（2）技术创新，研制标准

福建省大力发掘海洋生态碳汇，提出要加强海洋碳汇基础研究，研发海洋负排放技术，重点支持与海洋碳汇相关的基础科学中心建设，实现海洋碳汇领域科学前沿突破，产出一批原创性成果，深化海洋人工增汇、海洋负排放相关规则和技术标准研究，建立养殖碳汇监测技术体系及规程。[①] 广东省为优化海洋资源配置，形成海洋经济创新体系和发展模式，明确提出开展蓝碳标准体系、海洋碳汇核算技术方法及标准等研究。[②]

（二）大力推进蓝碳行动

沿海地区在国家和地方相继出台的政策指导下，积极开展蓝碳行动，推动蓝碳保护与修复工作进度，取得显著成效。在碳交易的地方先行先试中，大胆探索蓝碳项目开发及市场化应用，取得积极进展。

1. 开展蓝碳本底调查

2022年以来，天津市和山东省依托《碳监测评估试点工作方案》《关于建立健全海洋生态预警监测体系的通知》《关于开展2022年全国森林、草原、湿地调查监测工作的通知》等文件，积极开展海草床、红树林、盐沼等生态系统的调查，进展显著。

天津市滨海新区政府印发了《滨海新区“双碳”工作关键目标指标和重点措施清单（第一批）》，提出推进大港盐沼生态系统生态预警监测工作，初步摸清天津市滨海盐沼的面积、分布及生态状况。[③] 此外，天津市生态环境局将“双碳”工作与打好污染防治攻坚战紧密结合，积极推进蓝碳调查研究，采用高光谱遥感影像，解译了滨海湿地、滩涂和近岸海域等热点碳汇区域，初步查明了植被覆盖和碳汇潜力。

山东省在长岛正式启动海草床生态系统碳储量调查工作，在2021年蓝碳调查评估试点的基础上，全面启动全省海草床典型蓝碳生态系统碳储量调查和评估、碳汇监测，初步完成海草床蓝碳储量调查与评估、海草床碳汇项目核算方法等多项海洋碳汇技术

---

① 《福建省人民政府关于印发福建省“十四五”生态省建设专项规划的通知》，福建省人民政府，2022年4月21日，http://www.fj.gov.cn/zwgk/zxwj/szfwj/202204/t20220427_5900528.htm，2022年12月1日登录。

② 《广东省人民政府办公厅关于印发广东省海洋经济发展“十四五”规划的通知》，广东省人民政府，2021年12月14日，http://www.gd.gov.cn/zwgk/wjk/qbwj/yfb/content/post_3718595.html，2023年3月6日登录。

③ 《对市政协第十四届五次会议 第0332号提案的办理答复》，天津市规划和自然资源局，2022年9月2日，https://ghhzrzy.tj.gov.cn/zwgk_143/jyta/zxtabljggk/202209/t20220902_5976747.html，2022年11月17日登录。

方法研究。[①]

2. 实施蓝碳保护与修复

在国家发展改革委、财政部、自然资源部、生态环境部等部门的支持下，广东、海南等地积极开展了蓝碳保护与修复工作。

广东省积极落实各项既定部署，计划于2025年年底前，完成营造和修复红树林8 000公顷，其中营造红树林5 500公顷、修复红树林2 500公顷，重点推进15个美丽海湾建设。着力提升广东沿海湿地作为东亚-澳大利亚水鸟迁徙路线上重要停歇点和越冬地的作用，加强汕头韩江口、榕江口，汕尾海丰等全球候鸟迁徙路线重要节点的湿地保护与修复。在珠江口探索实施更严格的禁休渔制度，加大珠江口产卵场、索饵场和洄游通道的保护力度。依托海洋牧场开展大规模增殖放流，投入各类资金逾3亿元，放流苗种40.5亿单位。[②]

海南省大力推进生态系统碳汇试点工作，在2021年12月获财政部支持用于琼海市海洋生态保护修复项目资金2.5亿元、东方市海洋生态保护修复项目资金2.5亿元[③]的激励引导下，积极探索“人工上升流”修复技术，成立了9个以红树林为主要保护对象的自然保护区、3个红树林湿地公园，海南红树林湿地保护面积达到98 242亩[④]，湿地生物多样性日益丰富。

3. 探索蓝碳项目的开发和市场化

海洋碳汇交易地方先行先试。2021年6月，自然资源部第三海洋研究所、广东湛江红树林国家级自然保护区管理局和北京市企业家环保基金会三方联合签署了“广东湛江红树林造林项目”碳减排量转让协议，交易二氧化碳减排量达5 880吨[⑤]，标志着中国首个“蓝碳”项目交易正式完成。2022年9月，厦门设立全国首个海洋

---

① 按《山东省“十四五”应对气候变化规划》工作要求，山东省于2022年5月正式启动海草床生态系统碳储量调查工作。

② 以上各项任务目标来自《广东省海洋经济发展“十四五”规划》《中共广东省委广东省人民政府关于完整准确全面贯彻新发展理念推进碳达峰碳中和工作的实施意见》《广东省海域使用金征收标准》。

③ 《海南获得国家海洋生态保护修复资金5亿元》，海南省财政厅，2021年12月3日，http://mof.hainan.gov.cn/sczt/zwdt/202112/bc50d05c150a477da4de3a5e9f5828fa.shtml，2022年12月1日登录。

④ 《文昌铺前红树林保护区内40个养殖池被拆除》，南海网，2022年8月7日，http://www.hinews.cn/news/system/2022/08/07/032809076.shtml，2022年12月1日登录。

⑤ 《聚焦高质量发展丨红树林“点绿成金”探寻高质量发展新门道》，“新华网”百度百家号，2022年5月30日，https://baijiahao.baidu.com/s?id=1734219295794292261&wfr=spider&for=pc，2022年12月1日登录。

碳汇交易平台，厦门产权交易中心完成南日镇云万村、岩下村海洋碳汇交易 85 829.4 吨[①]，开启了海洋碳汇和农业碳汇“陆海联动增汇交易、双轮助力乡村振兴”新机制。2022 年 5 月，福建莆田秀屿区依托福建海峡资源环境交易中心有限公司，林蚝（福建）水产有限公司、福建华峰新材料有限公司作为买卖双方签订了交易合同，完成全国首例双壳贝类海洋渔业碳汇交易，福建在探索“海洋碳汇”交易实践方面也取得阶段性成果。2022 年 5 月 31 日，海南首个蓝碳生态产品交易完成签约，在海南东寨港国家级自然保护区管理局组织实施下，三江农场与紫金国际控股有限公司交易碳汇量 3 000 余吨。

四、小 结

2022 年是实施“十四五”规划、开启全面建设社会主义现代化国家新征程的重要一年，是落实碳达峰碳中和目标的关键一年。巩固与提升蓝碳能力作为海洋领域碳中和的重要举措，已从科研向实践不断推进，已从建章立制向行动部署不断落实，已从侧重海洋资源要素保障社会经济发展向海洋经济高质量发展不断迈进。新时代下，蓝碳必能书写高质量发展新篇章，为全球碳中和贡献力量。

---

① 《率先全国！厦门开启碳汇交易新机制》，“新华社客户端”百度百家号，2022 年 10 月 1 日，https：//baijiahao. baidu. com/s？id=1745470828047086589&wfr=spider&for=pc，2022 年 12 月 1 日登录。

第四部分

海洋法治建设与权益维护

第十一章　中国的海洋法治建设

2022年，在习近平法治思想指导下，在党中央“发展海洋经济，保护海洋生态环境，加快建设海洋强国”的高质量发展思路引领下，中国海洋法治建设稳步提升。涉海法律体系和框架基本稳定，海洋法律制度不断完善，海洋行政管理和执法体制不断革新，海事司法作用不断加强，为维护国家海洋权益、建设海洋生态文明、加强海洋综合管理、发展海洋经济提供了有力的法治支撑。

一、海洋法治建设基本情况

海洋法治是全面依法治国在海洋领域的具体呈现，其目标是运用法律规范和法律机制的规范和调节作用，提升海洋领域的治理能力和治理工作成效，维护国家海洋权益、保护海洋生态环境和实现海洋经济高质量发展。

（一）2022年海洋法治工作的成效和特点

2022年，中国海洋法治建设不断推进，海洋立法不断完善，海洋执法体系和执法能力建设进一步提高，海洋法治实施体系进一步高效权威，立法机关和检察机关法律监督更加严密。中国海洋法治建设具有以下主要特点：

一是促进海洋高质量发展是海洋立法的主题。全国人大常委会提出立法工作要“全面贯彻新发展理念”，国务院提出“以高质量立法保障高质量发展”，为海洋立法工作奠定基调。山东、天津等地方立法机关发挥地方立法的创造性作用，为推动海洋新兴产业发展、促进海洋经济高质量发展提供制度保障。

二是海上执法效能进一步提升，海洋法治政府建设不断加强。海警、海事、渔政等机构执法协作配合有效加强，海警机构与地方涉海部门、检法机关协作机制建设不断深化，促进海洋法律法规得到有效实施。

三是海事审判体系和机制建设不断完善，海事司法服务功能不断加强。海事法院间司法协作机制显著深化，海事法院与行政执法机构的协作加强，海事审判体系“三审合一”改革稳步推进，海事司法执法整体效能进一步提升。

四是海洋领域法律监督手段不断丰富。海洋公益诉讼的拓展和完善，为全面推进海洋生态文明建设、强化对行政部门的监督，落实海洋法律法规的具体规定提供了法治保障。

（二）党的二十大报告对未来海洋法治建设的要求

2022年10月，习近平总书记在中国共产党第二十次全国代表大会上做重要报告①，提出了未来中国法治建设和海洋发展的总体要求和重点任务，为中国未来海洋法治建设提供了指导思想和行动指南。

党的二十大报告对法治建设进行专门部署，充分表明全面推进国家各方面工作法治化，是党治国理政的重要方式。党的二十大报告提出的海洋领域的发展任务主要集中在推动高质量发展和维护国家安全稳定方面。一是促进区域协调发展，发展海洋经济，保护海洋生态环境，加快建设海洋强国；二是推进高水平对外开放，推动共建"一带一路"高质量发展……加快建设西部陆海新通道，加快建设海南自由贸易港；三是健全国家安全体系，强化……生物、资源、核、太空、海洋等安全保障体系建设；四是增强维护国家安全能力，维护海洋权益，坚定捍卫国家主权、安全、发展利益。②

海洋法治是推动法治国家、法治政府、法治社会一体建设中的重要一环。在习近平法治思想和党的二十大精神引领下，未来海洋法治建设将不断深化，向着海洋立法更加科学完备、海洋执法和海事司法更加公正高效、海洋政府权力运行得到有效监督、海洋法治信仰普遍确立的目标不断推进。

一是推进科学民主海洋立法，保障海洋治理效能。建设中国特色社会主义法治体系，必须坚持立法先行，发挥立法的引领和推动作用。③ 坚持以习近平法治思想为指导，贯彻落实全面依法治国在海洋领域的要求，加强海洋重点领域和涉外领域立法，包括海洋基本法、海洋生态环境立法、南极立法等；统筹立改废释纂，加强对现有海洋法律法规的修订，增强海洋立法的系统性和协同性；提升地方海洋立法作用，强化对国家立法的补充性和探索性功能。

二是严格规范海洋执法，推动法治政府建设。"法治政府建设是全面依法治国的重点任务和主体工程。"应全面推进海洋管理部门依法行政，完善海洋行政执法程序，提

① 《习近平：高举中国特色社会主义伟大旗帜　为全面建设社会主义现代化国家而团结奋斗——在中国共产党第二十次全国代表大会上的报告》，共产党员网，2022年10月25日，https://www.12371.cn/2022/10/25/ARTI1666705047474465.shtml，2022年10月28日登录。

② 同①。

③ 《中央政法委负责人介绍解读党的二十大报告》，共产党员网，2022年10月28日，https://www.12371.cn/2022/10/28/ARTI1666931496974840_all.shtml，2022年11月28日登录。

高执法效能；应深化海洋执法体制改革，加强海上执法机构间执法互助和工作协调，加强海洋执法与检察、司法环节的移送衔接机制建设；建立健全常态化的行政执法责任追究机制，提高法治政府建设水平。

三是强化公正海事司法审判，发挥海事审判的司法保障作用。海事司法是实现法治海洋的重要环节。应完善海事法院建设，确保海事法院依法行使司法管辖权，为服务海洋强国建设提供司法保障；强化对司法活动的制约监督，加强检察机关法律监督工作，完善海洋公益诉讼法律制度和办案机制。

四是增强海洋法治观念，筑牢海洋法治建设基础。全面依法治国需要全社会共同参与。应当深入开展海洋普法宣传教育，增强海洋法治观念，营造良好的海洋法治环境；推动社会公众参与海洋治理，在立法征求意见、重大规划和海洋项目决策环节加大公众参与力度；建立完善的海事诉讼与仲裁、调解有机衔接的多元化纠纷解决机制，方便中外当事人高效、便捷地享受法律服务。

五是统筹推进国内法治和涉外法治。统筹推进国内法治和涉外法治是实现中华民族伟大复兴中国梦的必要保障①。应进一步完善涉外法律和规则体系，在涉海法律修订和配套制度制定中有效保证法律规范域外适用的投送能力；提升涉外执法司法效能，提升司法机关涉外法律适用水平；继续全面参与海洋领域国际规则制定，推动涉海交流合作，有效应对外国国家和组织针对中国的法律措施，积极参与全球海洋治理。

二、涉海立法的发展完善

中国现行立法体制是在党中央集中统一领导下适度分权的中央和地方两级立法体制。2022 年全国各级立法机关以习近平法治思想为引领，加强立法工作的计划性和前瞻性，深入推进科学立法和民主立法，提高立法质量，稳步推进涉及海洋生态文明建设、海洋资源利用、海洋秩序管理等法律法规的研究论证、制定、修改、清理和解释工作。

（一）国家涉海立法进展

1. 加强涉海立法工作的计划性

立法机关将立法工作计划作为制定和审理法律法规的重要依据，切实推进涉海立

① 《习近平法治思想概论》编写组：《习近平法治思想概论》，北京：高等教育出版社，2021 年，第 209-210 页。

法的完善。2022年5月，《全国人大常委会2022年度立法工作计划》发布[①]，提出深入学习贯彻习近平法治思想，全面贯彻新发展理念，加快完善中国特色社会主义法律体系，涉及海洋领域的立法项目包括《中华人民共和国矿产资源法》的初次审议和《中华人民共和国海洋环境保护法》的修改论证。2022年7月，国务院办公厅印发《国务院2022年度立法工作计划》（国办发〔2022〕24号）[②]，提出以高质量立法保障高质量发展，涉海立法项目包括提请全国人大常委会审议《中华人民共和国矿产资源法》修订草案，修订《中华人民共和国水下文物保护管理条例》。2022年7月，自然资源部发布《自然资源部2022年立法工作计划》[③]，将建立健全以国家公园为主体的自然保护地法律体系、推进自然资源节约集约利用等作为立法重点，研究起草《国家公园法》《自然保护地法》，做好《中华人民共和国海域使用管理法》修改的前期研究工作，配合立法机关推进《中华人民共和国矿产资源法》修改、《国土空间规划法》《中华人民共和国南极活动与环境保护法》等重点立法。

2. 强化涉海法律法规的制定修改和实施

（1）制定实施《中华人民共和国湿地保护法》

2022年6月1日，《中华人民共和国湿地保护法》正式实施。[④] 这是中国首部专门保护湿地的法律，从湿地资源管理、湿地保护与利用、湿地修复、监督检查和法律责任等方面作出了具体规定[⑤]，明确了湿地分级管理和湿地名录制度，对湿地调查评价、规划和重要湿地资源动态监测与预警作出系统规定，为滨海湿地的保护和修复提供了法治保障。湿地保护管理部门在对滨海湿地管理工作中，应严格管控围填滨海湿地，减轻对滨海湿地生态功能的不利影响。该法对红树林湿地的保护和修复作出具体规定，并对破坏红树林湿地的违法行为设置了严厉的处罚标准，最高可达一百万元。[⑥]

---

① 《全国人大常委会2022年度立法工作计划》，中国人大网，2022年5月6日，http：//www.npc.gov.cn/npc/c30834/202205/40310d18f30042d98e004c7a1916c16f.shtml，2022年8月16日登录。

② 《国务院办公厅关于印发国务院2022年度立法工作计划的通知》，中国政府网，2022年7月14日，http：//www.gov.cn/zhengce/content/2022-07/14/content_5700974.htm，2022年8月16日登录。

③ 《自然资源部办公厅关于印发〈自然资源部2022年立法工作计划〉的通知》，中国政府网，2022年7月14日，http：//www.gov.cn/zhengce/zhengceku/2022-07/07/content_5699696.htm，2022年8月16日登录。

④ 《中华人民共和国湿地保护法》，中国人大网，2021年12月24日，http：//www.npc.gov.cn/npc/c30834/202112/7093999aa28241b38ddffa53161269a0.shtml，2022年11月28日登录。

⑤ 《法治护航 湿地保护开启新纪元》，中国人大网，2022年6月1日，http：//www.npc.gov.cn/npc/c30834/202206/483f9efbc4bd4fb4bb49e56c5b35acc7.shtml，2022年11月28日登录。

⑥ 参见《中华人民共和国湿地保护法》第2条、第32条、第40条、第56条。

（2）修订《中华人民共和国水下文物保护管理条例》

2022年4月1日，国务院修订的《中华人民共和国水下文物保护管理条例》正式实施①，对水下文物管理部门的职责权限和执法机制、水下文物的发现报告、水下考古调查和发掘的行政许可等内容进行了完善和细化。具体修改内容包括：一是细化水下文物保护区制度，明确水下文物保护区的划定公布程序、保护措施和禁止行为；二是明确国内机构和国外组织在中国管辖水域进行考古调查和发掘的要求和许可程序；三是明确海上执法机关在水下文物保护工作中的执法职责，赋予其行政执法、治安管理和打击犯罪等权限②；四是借鉴联合国教科文组织《保护水下文化遗产公约》反对商业性打捞的精神，明确水下考古工作必须由有具有资质的专业机构申请实施。③

此外，《中华人民共和国矿产资源法》的修订和审议工作，《中华人民共和国海洋环境保护法》的修改论证工作，《铺设海底电缆管道管理规定》的研究修改，以及《中华人民共和国海域使用管理法》修改的前期研究工作也在稳步推进。自然资源部已形成了《中华人民共和国矿产资源法（修订草案）》（送审稿），报国务院提请审议。全国人大环资委正在积极推动矿产资源法修改进程。④《中华人民共和国海洋环境保护法》的修订草案也由全国人大环境与资源保护委员会牵头组织起草，正在进行草案的准备和研究论证工作。⑤

3. 积极批准涉海国际条约

中国积极参与地区和全球海洋事务，缔结或参加海洋领域的双边和多边条约，为中国进一步健全涉外法律法规体系、深度参与全球海洋治理提供了制度保障。多边涉海条约方面，2021年中国核准了《区域全面经济伙伴关系协定》和《预防中北冰洋不

---

① 《中华人民共和国水下文物保护管理条例》，中国政府网，2022年2月28日，http：//www.gov.cn/zhengce/content/2022-02/28/content_5676054.htm，2022年8月16日登录。

② 《司法部、文化和旅游部、国家文物局有关同志就〈中华人民共和国水下文物保护管理条例〉修订答记者问》，司法部，2022年2月28日，http：//www.moj.gov.cn/pub/sfbgw/flfggz/flfggzfgjd/202202/t20220228_449022.html，2022年11月29日登录。

③ 《修订后的〈水下文物保护管理条例〉述评》，司法部，2022年6月24日，http：//www.moj.gov.cn/pub/sfbgw/fzgz/fzgzxzlf/fzgzlfgz/202206/t20220624_458375.html，2022年11月29日登录。

④ 《修改矿产资源法 送审稿已报国务院》，中国人大网，2022年2月22日，http：//www.npc.gov.cn/npc/c30834/202202/7ceef989d37b42eeac4139e48ea5ceab.shtml，2022年11月29日登录。

⑤ 《生态环境部：〈海洋环境保护法〉修订纳入今年全国人大立法计划，目前正起草修订草案》，“红星新闻”百度百家号，2022年6月23日，https：//baijiahao.baidu.com/s？id=1736409510805615738&wfr=spider&for=pc，2023年2月27日登录。

管制公海渔业协定》。[①]《区域全面经济伙伴关系协定》于 2022 年 1 月 1 日起对中国生效。[②] 这一协定为以太平洋为海洋纽带的各成员国的海洋经济合作带来新契机，促进贸易规则的统一，夯实海洋经济合作基础。[③]《预防中北冰洋不管制公海渔业协定》于 2021 年 6 月 25 日对中国生效。该协定填补了北极渔业治理的空白，是北极国际治理和规则制定的重要进展。[④] 中国深度参与了协定谈判全过程，展现了中国作为北极事务重要利益攸关方对北极生态环境保护和开展负责任渔业活动的高度重视。

4. 及时发布涉海法律的司法解释

为统一规范海洋环境公益诉讼案件的裁判尺度，2022 年 5 月，最高人民法院、最高人民检察院联合发布《最高人民法院、最高人民检察院关于办理海洋自然资源与生态环境公益诉讼案件若干问题的规定》，明确《中华人民共和国海洋环境保护法》第八十九条规定的三种公益诉讼提起诉讼的主体和管辖法院，为不同主体提起公益诉讼的衔接作出制度安排。[⑤] 主要内容包括：一是有权提起民事公益诉讼的主体是行使海洋环境监督管理权的部门和人民检察院，明确了人民检察院督促、协同和兜底的职能作用，确定了海事法院是海洋环境民事公益诉讼的专门管辖法院；二是在行使海洋环境监督管理权的部门没有对涉嫌犯罪的行为另行提起诉讼的情况下，人民检察院可以在提起刑事公诉时一并提起刑事附带民事公益诉讼，也可以单独提起民事公益诉讼，节约司法资源；三是人民检察院有权通过提起行政公益诉讼方式，督促海洋环境监督管理部门依法履职。[⑥]

（二）地方涉海立法实践

1. 海洋空间资源利用管理立法

针对海岸线和近岸海域开发强度不断加大、海岸景观和生态功能遭到破坏的问

① 《2021 年中国对外缔结条约情况》，外交部，2022 年 6 月 15 日，http：//switzerlandemb. fmprc. gov. cn/web/ziliao_674904/tytj_674911/tyfg_674913/202206/t20220615_10703630. shtml，2022 年 11 月 30 日登录。

② 《RCEP 签署：多边主义和自由贸易的胜利》，中国网，2020 年 11 月 16 日，http：//www. china. com. cn/opinion2020/2020-11/16/content_76913994. shtml？f=pad&a=true，2022 年 11 月 30 日登录。

③ 程炜杰：《RCEP 框架下区域海洋经济合作机遇、挑战与路径》，载《对外经贸实务》，2021 年第 6 期。

④ 《2021 年 5 月 19 日外交部发言人赵立坚主持例行记者会》，外交部，2021 年 5 月 19 日，https：//www. mfa. gov. cn/web/fyrbt_673021/jzhsl_673025/202105/t20210519_9171268. shtml，2022 年 10 月 28 日登录。

⑤ 《“两高”相关部门负责人就〈最高人民法院、最高人民检察院关于办理海洋自然资源与生态环境公益诉讼案件若干问题的规定〉答记者问》，正义网，2022 年 5 月 11 日，http：//news. jcrb. com/jsxw/2022/202205/t20220511_2398572. html，2022 年 10 月 18 日登录。

⑥ 《最高人民法院 最高人民检察院关于办理海洋自然资源与生态环境公益诉讼案件若干问题的规定》，最高人民法院，2022 年 5 月 11 日，https：//www. court. gov. cn/fabu-xiangqing-358411. html，2022 年 10 月 28 日登录。

题，秦皇岛市人大常委会 2021 年 8 月通过了《秦皇岛市海岸线保护条例》，针对海岸线保护范围、监管和执法部门的职责权限、破坏岸线的法律责任等作出明确规定，确立了建筑退缩线制度、岸线的分类保护制度、整治修复投入机制，通过立法的规范和引导，为海岸线的管理、保护、修复和海岸线污染防治工作提供制度支撑和保障。①

2021 年 9 月，广东省人大常委会对《广东省海域使用管理条例》进行了部分修改和调整②，根据国家不动产登记有关法律法规的要求，将受理海域使用权变更、发放海域使用权证书的机构修改为“不动产登记机构”。

2. 海南自由贸易港立法配套制度

为了有效行使《中华人民共和国海南自由贸易港法》赋予的立法权限，打造海南自由贸易港良好的营商环境，海南省人大常委会及时出台多部配套法规，为海南高质量建设中国特色自由贸易港夯实法治根基。2021 年 11 月至 2022 年 7 月，《海南自由贸易港优化营商环境条例》《海南自由贸易港公平竞争条例》《海南自由贸易港游艇产业促进条例》等法规相继生效实施。③《海南自由贸易港优化营商环境条例》对建立海南自由贸易港营商环境评价指标体系，设立营商环境问题投诉处理机制，规范政府采购和招投标活动，强化政府主动服务市场主体意识，营造公正透明的法治环境等内容作出规范。④《海南自由贸易港公平竞争条例》主要从细化公平竞争政策实施措施，强化公平竞争审查制度，为进一步建立健全各项公平竞争制度机制奠定法治基础。⑤《海南自由贸易港游艇产业促进条例》以促进游艇产业发展为主要出发点，从金融、科技、人才等多角度提出支持游艇产业发展的措施，创新游艇相关标准和登记制度，规范游艇租赁经营，创造良好游艇营商环境。⑥

---

① 《以法护海　科学利用岸线资源》，自然资源部，2021 年 11 月 26 日，https：//www. mnr. gov. cn/dt/hy/202111/t20211126_2708028. html，2022 年 11 月 30 日登录。

② 《广东省人民代表大会常务委员会关于修改〈广东省城镇房屋租赁条例〉等九项地方性法规的决定》，国家法律法规数据库，https：//flk. npc. gov. cn/，2022 年 11 月 25 日登录。

③ 《海南自由贸易港优化营商环境条例》《海南自由贸易港公平竞争条例》《海南自由贸易港游艇产业促进条例》，国家法律法规数据库，https：//flk. npc. gov. cn/，2022 年 11 月 25 日登录。

④ 《〈海南自由贸易港优化营商环境条例〉施行以来，海南推动营商环境持续优化》，中国政府网，2022 年 6 月 8 日，http：//www. gov. cn/xinwen/2022-06/08/content_5694561. htm，2022 年 11 月 25 日登录。

⑤ 《〈海南自由贸易港公平竞争条例〉解读》，海南省人民政府，2021 年 10 月 8 日，https：//www. hainan. gov. cn/hainan/zmgzcjd/202110/8f4d717d8c67402ca3ebf2b4a949a5d7. shtml，2022 年 11 月 25 日登录。

⑥ 《〈海南自由贸易港游艇产业促进条例〉解读》，海南省人民政府，2022 年 3 月 26 日，https：//www. hainan. gov. cn/hainan/zmgzcjd/202203/2ca3d5eacaad4b1b9e9080d5b4c9a0e3. shtml，2022 年 11 月 25 日登录。

3. 海洋经济产业发展保障立法

为了保障新兴业态的海洋牧场健康有序发展，推动海洋经济高质量发展，山东省采取胶东五市协同立法方式共同制定海洋牧场管理法规，促进了区域内法律制度和执法尺度的协调统一。2022 年 1 月 21 日，山东省人大常委会批准《青岛市海洋牧场管理条例》《烟台市海洋牧场管理条例》《潍坊市海洋牧场管理条例》《威海市海洋牧场管理条例》《日照市海洋牧场管理条例》，分别由各市人民代表大会常务委员会公布施行。各市立法设置相同条款，即编制海洋牧场规划时相互衔接；建立海洋牧场管理信息沟通和重大时间通报制度，实现海洋牧场管理信息共享；建立执法联动响应和协作机制等方式实现制度的统一①，共同强调对安全生产经营和生态保护的要求，明确防止海洋环境污染和生态破坏、防止外来物种入侵的义务。

为了发挥天津市在海水淡化技术研发应用方面的优势，推动海水淡化规模化利用，天津市人大常委会于 2022 年 1 月通过了《天津市促进海水淡化产业发展若干规定》，明确了政府部门促进海水淡化产业发展的责任，提出海水淡化产业链完善、科技创新、供水应用和服务保障的制度措施，通过地方立法为推动海水淡化产业高质量发展、助推天津打造现代海洋城市提供法治保障。②

4. 海洋生态环境保护立法

各地立法机关加大力度开展海洋生态保护和环境污染防治的法规制定和完善工作，为海洋生态文明建设提供立法保障。2022 年 10 月，《河北省港口污染防治条例》正式施行。该条例针对港口污染防治工作进行规范，明确了港口属地政府的污染防治责任和港口经营人的主体责任；细化了港口建设和运营等不同环节的污染防治措施；明确了联合执法等港口污染防治监管制度。③ 2022 年 5 月，海南省人大常委会对《海南省生态保护红线管理规定》进行修改，明确了生态保护红线的内涵和划入范围，划定程序和调整情形以及准入和分区管控要求。其中，未划入自然保护地的红树林湿地应当划入生态保护红线，自然保护地外的重要入海河口、珊瑚礁和海草床集中分布区等经

---

① 《海洋牧场地方立法！胶东五市〈海洋牧场管理条例〉获批！携手规范海洋牧场管理》，网易网，2022 年 1 月 23 日，https：//www. 163. com/dy/article/GUC6SD8I0511KMS0. html，2022 年 10 月 28 日登录。

② 《天津出台法规促进海水淡化产业发展》，自然资源部，2022 年 1 月 19 日，https：//www. mnr. gov. cn/dt/hy/202201/t20220119_2717742. html，2022 年 11 月 30 日登录。

③ 《五个方面带您全面了解〈河北省港口污染防治条例〉》，“潇湘晨报”百度百家号，2022 年 8 月 31 日，https：//baijiahao. baidu. com/s? id=1742677814198075346&wfr=spider&for=pc，2022 年 12 月 1 日登录。

评估后具有保护价值的区域，应划入生态保护红线。[①] 2022 年 2 月，舟山市人大常委会对《舟山市国家级海洋特别保护区管理条例》进行了修改：一是细化了渔业、自然资源与规划、生态环境等部门的职责；二是加强保护区数字化、智能化监管体系；三是明确贝藻类捕捞禁止性工具；四是明确保护区内的生活、工业污水达标排放；五是加强对个人海钓和海钓服务活动的管理。[②]

三、海洋法治实施与监督体系建设

法律的权威也在于实施。[③] 法治实施体系是一个涉及严格执法、公正司法、全民守法等环节的系统，是全面开展法治建设、创造良好法治环境的核心环节。法治监督体系是国家机关的法律监督和社会力量法律监督所组成的有机整体。严格的法律实施的监督体系，是从组织制度上给予法律实施以最有力的保证。[④]

2022 年，中国海洋法治政府建设、海事司法保障作用不断加强，海洋法治实施体系朝着高效权威方向不断发展，海洋法律监督体系有效运转，确保各项涉海法律法规得到有效实施，确保行政权、监察权、审判权、检察权依法正确行使。

（一）海上执法

各级政府和政府相关部门在海洋法律实施中的重要地位及特殊作用体现在两个方面。一是依法颁发许可证、做出行政处罚、颁布涉海规划和计划管理海洋事务，这通常被视为海洋管理工作。二是通过制定相关法律的配套法规或规章来落实、执行相关涉海法律，这项工作一般被视为立法活动而不是执法。[⑤] 中国海洋法律法规的执行，更多的是指中国海警、中国海事等海上执法部门开展的执行法律的活动，即通常所说的海洋执法或海上执法。[⑥]

---

① 《海南省人民代表大会常务委员会关于修改〈海南省生态保护红线管理规定〉的决定》，海南省人大常委会，2022 年 5 月 31 日，https：//www. hainanpc. net/hainanpc/xwzx/szyw/2022053117495014886/index. html，2023 年 2 月 27 日登录。

② 《舟山市人民代表大会常务委员会关于修改〈舟山市国家级海洋特别保护区管理条例〉的决定》，国家法律法规数据库，https：//flk. npc. gov. cn/detail2. html？ZmY4MDgxODE4MThlYTFhNTAxODFjM2JkYWI2NTE1OTE%3D，2022 年 12 月 1 日登录。

③ 《中共中央关于全面推进依法治国若干重大问题的决定》，中国人大网，2014 年 10 月 28 日，http：//www. npc. gov. cn/zgrdw/npc/zt/qt/sbjszqh/2014-10/29/content_1883449. htm，2020 年 11 月 28 日登录。

④ 邹瑜、顾明：《法学大辞典》，北京：中国政法大学出版社，1991 年。

⑤ 相关内容见本报告第二章《中国的海洋管理》。

⑥ 本章以下重点介绍 2021 年度和 2022 年度中国海警、中国海事等的海上执法工作进展。

2022年，中国海警局、中国海事局等海上执法机构不断加强执法能力建设，加大海上执法力度，实施了各种专项执法行为，为维护海洋资源开发秩序、保护海洋生态环境、维护海洋安全和秩序提供了重要保障。

1. 海上执法监管能力建设

中国海警局围绕完善海上执法体系建设和深化执法协作机制加大工作力度，有效提升海上维权执法效能。一是不断完善制度体系。2021年11月，中国海警局印发《海警机构海上行政执法事项指导目录（2021年版）》，为海警机构采取行政处罚和行政强制措施提供明确指导。[①] 2021年12月，农业农村部与中国海警局联合印发《海洋渔业行政处罚自由裁量基准（试行）》，明确了86个涉渔违法行为的处罚依据、违法情节分类、认定标准等事项，对海洋渔业行政执法的裁量条件、标准、幅度作出了统一规定。[②] 2022年，中国海警局先后向社会公开征求关于《海警机构行政执法程序规定（征求意见稿）》和《海警机构办理刑事复议复核案件程序规定（征求意见稿）》的意见，强化对海警机构正确履职的制度保障。[③] 二是深化执法协作机制。2020年，中国海警局与地方涉海部门、检法机关建立协作配合机制，签订各类协作办法623个。[④] 2022年8月，农业农村部与中国海警局共同举办渔政海警执法协作机制推进活动，从执法联动、案件协办、信息共享等方面加强海上渔业执法协作配合[⑤]，推动形成信息共享、海陆联动的执法局面。

2. 海洋资源与生态环境执法行动

中国海警局联合工业和信息化部、生态环境部、国家林业和草原局开展"碧海2022"专项执法行动，建立专项协作机制，增强管控合力，重点围绕海域海岛使用、通信海缆保护、海洋石油勘探开发、海砂开采运输、废弃物倾倒、海洋自然保护地

---

① 《关于印发〈海警机构海上行政执法事项指导目录（2021年版）〉的通知》，中国海警局，2021年11月3日，http：//www. ccg. gov. cn/2021/xxgk_1103/910. html，2022年5月25日登录。

② 《答记者问丨〈海洋渔业行政处罚自由裁量基准（试行）〉》，中国海警局，2022年1月31日，http：//www. ccg. gov. cn//2022/xwfbh_0131/1051. html，2022年12月1日登录。

③ 《中国海警局关于〈海警机构行政执法程序规定（征求意见稿）〉公开征求意见的公告》，中国海警局，2022年3月18日，http：//www. ccg. gov. cn//2022/xxgk_0318/1449. html；《海警机构办理刑事复议复核案件程序公开征求意见》，中国海警局，2022年9月1日，https：//www. ccg. gov. cn//2022/xxgk_0901/2061. html，2022年12月1日登录。

④ 《中国海警局举行海上执法专题访谈》，中国海警局，2020年12月30日，http：//www. ccg. gov. cn/2020/xwfbh_1230/264. html，2022年8月25日登录。

⑤ 《渔政海警执法协作机制推进活动在浙江舟山举行》，中国海警局，2022年9月1日，https：//www. ccg. gov. cn//2022/hjyw_0901/2060. html，2022年12月1日登录。

等方面进行执法监管，严肃查处盗采海砂、无证倾倒、猎捕红珊瑚、非法用海用岛、未经环评擅自施工、破坏海缆、海上溢油等威胁海洋生态安全的突出违法犯罪活动。① 通过综合运用陆岸巡查、海上巡航和空中巡视等手段，近年来中国海警局检查海洋工程、石油平台、海岛、倾倒区等 1.9 万余个（次），查处非法围填海、非法倾废、破坏海岛等案件 360 余起。累计查处各类涉砂案件 1 700 余起，查扣海砂 1 250 万吨。②

3. 海洋渔业执法行动

中国海警局与农业农村部、公安部联合开展 2022 年海洋伏季休渔专项执法行动，各级海警机构共出动舰艇 19 798 艘次、飞机 77 架次，登临检查渔船 2 443 艘次，查获各类违法违规渔船 964 艘，行政罚款 1 010.9 万元，立涉渔刑事案件 177 起，抓获犯罪嫌疑人 532 人，有效维护伏季休渔秩序，遏制了海上违法违规作业活动的发生。③ 2022 年 8 月，中国海警完成北太平洋公海渔业执法巡航任务，共观察记录各国渔船 180 艘，喊话问询 20 艘，登临检查 5 艘，有效履行了《北太平洋公海渔业资源养护和管理公约》赋予的公海执法职责，维护了北太平洋渔业生产秩序。④

4. 海上缉私与治安执法行动

中国海警局不断加大对海上走私活动的打击力度，2021 年先后组织开展“国门利剑”“守卫”“国门守护”、打击治理珠江口水域走私等专项执法行动，全年共查获各类走私案件 830 起，案值约 27.7 亿元⑤；加强海上综合治理，常态开展涉海扫黑除恶专项斗争，严打海上抢劫、危害公共安全、危害海洋珍贵濒危野生动物等犯罪行为，全年查处侦破各类治安刑事案件 2 600 余起，有力维护了海上良好治安秩序。⑥

---

① 《中国海警局联合三部门部署开展“碧海 2022”专项执法行动》，中国海警局，2022 年 11 月 2 日，https：//www.ccg.gov.cn//2022/hjyw_1102/2152.html，2022 年 11 月 25 日登录。

② 《中国海警海洋生态环境保护执法能力不断提升》，中国海警局，2022 年 6 月 24 日，https：//www.ccg.gov.cn//2022/xwfbh_0624/1837.html，2022 年 11 月 25 日登录。

③ 《中国海警圆满完成海洋伏季休渔专项执法行动》，中国海警局，2022 年 9 月 26 日，https：//www.ccg.gov.cn//2022/hjyw_0926/2123.html，2022 年 11 月 25 日登录。

④ 《中国海警圆满完成 2022 年北太平洋公海渔业执法巡航任务》，中国海警局，2022 年 9 月 1 日，https：//www.ccg.gov.cn//2022/hjyw_0901/2032.html，2022 年 11 月 25 日登录。

⑤ 《2021 年度海上缉私领域执法典型案例》，中国海警局，2022 年 2 月 6 日，http：//www.ccg.gov.cn//2022/wqzf_0206/1043.html，2022 年 5 月 25 日登录。

⑥ 《2021 年度海上治安刑事领域执法典型案例》，中国海警局，2022 年 2 月 6 日，http：//www.ccg.gov.cn//2022/wqzf_0206/1042.html，2022 年 5 月 25 日登录。

5. 海上交通安全执法行动

交通运输部与农业农村部启动“商渔共治 2022”专项行动，督促指导交通运输部直属海事系统与有关农业农村、渔业渔政部门深化合作，联合实施商渔船防碰撞专项整治。有关执法机构加强联合执法，开展靠泊船舶安全检查、在航船舶安全巡查、在航渔船无线电设备执法检查、“三无”船舶整治等联合执法任务，有效降低商渔船碰撞事故的发生，加强了水上运输和渔业船舶安全风险防控。①

（二）海事司法审判

海事司法是实现法治海洋建设的重要环节，承担着服务海洋强国建设、促进海洋经济发展、保护海洋资源环境和维护当事人合法权益的重要保障任务。中国建立了“三级法院二审终审制”的海事审判机构体系，海事法院管辖第一审海事海商案件，海事法院所在地的高级人民法院管辖上诉案件。截至 2021 年，中国形成了包括 11 家海事法院、42 个派出法庭在内的全国海事审判组织体系，涵盖范围北起黑龙江，南至南海诸岛，辐射中国管辖的全部港口和水域，进一步增强了海事审判的服务保障能力。②

2021 年，全国各级法院积极行使海事司法管辖权，完善海事审判体系和机制建设，通过审判活动进一步推动海洋法治发展完善，保障社会经济稳定发展，共审结一审涉外民商事案件 2.1 万件、海事案件 1.4 万件。③

1. 构建司法协作机制，统一海事审判尺度

一是海事法院间加强合作，积极构建跨区域司法协作机制。2021 年，大连海事法院与天津海事法院和青岛海事法院共同签署《渤海生态环境保护司法协作框架协议》，确立了跨区域审执互助、疑难共商等 14 项工作措施，服务渤海地区更高质量一体化发展。④ 宁波海事法院与上海、南京、厦门海事法院共同签署“1+3”环东海环资审判司

① 《交通运输部 农业农村部关于印发〈“商渔共治 2022”专项行动实施方案〉的通知》（交海函〔2022〕138 号），中国政府网，http://www.gov.cn/zhengce/zhengceku/2022-06/12/content_5695328.htm，2022 年 12 月 1 日登录。

② 《最高法民四庭：党的十八大以来人民法院海事审判工作综述》，“海口海事法院”微信公众号，2022 年 10 月 21 日，https://mp.weixin.qq.com/s?__biz=MzIwMzQ1NzA5Mg==&mid=2247517130&idx=3&sn=60c1157b491d8cc073c21e3614c7f62c&chksm=96cdd4e1a1ba5df78a68ff84b4841378f4f1838f8ad73013cc2dcfea5655e1a5076ddcb4330c&scene=27，2022 年 12 月 1 日登录。

③ 《第十三届全国人民代表大会第五次会议关于最高人民法院工作报告的决议》，最高人民法院，2022 年 3 月 11 日，http://gongbao.court.gov.cn/Details/2c16327a4bc6cc0a26a9caa5450d2a.html，2022 年 8 月 30 日登录。

④ 《大连海事法院工作报告（2021）》，大连海事法院，2022 年 3 月 1 日，https://www.dlhsfy.gov.cn/court/html/2022/gzbg_0301/2969.html，2022 年 12 月 1 日登录。

法协作机制文件，深化法院间司法协作，互通裁判标准。[①] 二是海事法院与行政执法机构加强协作，提升海事司法执法整体效能。2021 年，南京海事法院在已建立的江苏海事司法与行政执法战略协作机制基础上，将机制成员扩展至江苏省自然资源厅、江苏省农业农村厅等 11 家单位，建立有江苏特色的协作模式。[②] 厦门海事法院与福建省自然资源厅、福建海事局、福建海警局等涉海行政单位签署《福建涉海司法与行政多元协作工作机制框架协议》，整合海洋治理资源。[③]

2. 发布司法文件，服务国家涉海战略

2021 年 7 月，厦门海事法院发布《厦门海事法院关于服务保障“丝路海运”建设的实施意见》，发挥海事审判职能，助力厦门市构建“丝路海运”高质量服务标准体系。[④] 广州海事法院制定《广州海事法院关于为深圳建设中国特色社会主义先行示范区提供海事司法服务与保障的意见》《广州海事法院关于服务保障横琴粤澳深度合作区建设 全面深化前海深港现代服务业合作区改革开放的意见》，为“双区”建设和横琴、前海两个合作区建设提供保障举措。[⑤] 2022 年 3 月，南京海事法院发布《关于服务保障〈区域全面经济伙伴关系协定〉（RCEP）高质量实施的司法措施》，提出 16 项具体司法举措[⑥]，维护公平公正的国际贸易投资秩序，营造市场化法治化国际化营商环境。

3. 促进海事行政争议化解，助力法治政府建设

2021 年，厦门海事法院加强海事行政司法指引，聚焦加快海洋建设背景下出现的

---

① 《关于海洋生态环境司法保护情况的调研》，宁波海事法院，2022 年 3 月 1 日，http：//zjjcmspublic.oss-cn-hangzhou-zwynet-d01-a. internet. cloud. zj. gov. cn/jcms_files/jcms1/web3782/site/attach/0/c294e2773f774173920cfaf9210de359. pdf，2022 年 12 月 1 日登录。

② 《我局参加深化江苏海事司法与行政执法战略协作推进会》，“连云港海事”微信公众号，2022 年 7 月 12 日，https：//mp. weixin. qq. com/s? __biz = MzA4ODAyNzMzNA = = &mid = 2650297279&idx = 1&sn = 2fb021576a59ce239d379921828f31b8&chksm = 883c8a16bf4b0300ef85764341e2ecdffdb82f9ae25f7494d34d572a3cd2f590588372438869&scene=27，2022 年 12 月 1 日登录。

③ 《厦门海事法院 2021 年工作报告》，厦门海事法院，2022 年 4 月 22 日，http：//www. xmhsfy. gov. cn/sjbg/ndgzbg/202204/t20220422_245548. htm，2022 年 12 月 1 日登录。

④ 《厦门海事法院关于服务保障“丝路海运”建设的实施意见》，厦门海事法院，2021 年 7 月 8 日。http：//www. xmhsfy. gov. cn/swxx/gfxwj/202107/t20210708_231980. htm，2022 年 12 月 1 日登录。

⑤ 《广州海事法院 2021 年工作报告》，广州海事法院，2021 年 12 月 31 日，https：//www. gzhsfy. gov. cn/web/content? gid=93677，2022 年 12 月 1 日登录。

⑥ 《16 条司法措施出台 护航 RCEP 高质量实施》，南京海事法院，2022 年 4 月 1 日，http：//www. njhsfy. gov. cn/zh/news/detail/id/5055. html，2022 年 12 月 1 日登录。

涉海行政机关强拆违法捕捞养殖设施等现象，通过个案裁判规范行政行为，有力支持法治政府建设。[①] 上海海事法院依法审结涉中央国家机关海洋自然资源围填海现状调查的政府信息公开案件并发送司法建议，进一步规范海事行政机关依法行政。[②] 广州海事法院审慎审理中国海监广东省总队坡头大队对湛江市坡头区碧海合作社未经批准围填海域处以近4.8亿元罚款的海事行政处罚纠纷案，实质性化解行政争议。[③] 2022年，江苏省高级人民法院确定江苏海事行政案件受案范围，促进海事行政审判规范化、体系化。[④]

4. 创新审判思路，着力保障海洋生态文明

2021年，青岛海事法院在处置利比里亚籍“交响乐”轮碰撞溢油重大事故中，积极参与船舶清污前期工作，积极稳妥审理海上养殖、海洋环境资源、清污费用等相关损失索赔诉讼案件，依法设立海事赔偿责任限制基金并扣押“交响乐”轮，发挥海事审判的保障作用。[⑤] 厦门海事法院审理了首例海警机构代表国家的公益诉讼案件，促使被告主动承担厦门市白海豚保护区污染的生态修复赔偿费用，探索案涉保护区专项基金制度，延伸海事司法的保护环节，为保护海洋生物多样性提供法律支持。[⑥] 2022年，海南省高院出台《关于审理海洋生态环境自然资源纠纷案件的裁判指引（试行）》，对相关案件的审理予以规范。[⑦]

5. 推动“三审合一”，改革完善海事审判体系

2020年，海口海事法院加入“三审合一”试点行列，为进一步科学确定海事法院

① 《厦门海事法院2021年工作报告》，厦门海事法院，2022年4月22日，http：//www.xmhsfy.gov.cn/sjbg/ndgzbg/202204/t20220422_245548.htm，2022年12月1日登录。

② 《上海海事法院2021年工作总结》，上海海事法院，2022年2月23日，https：//shhsfy.gov.cn/hsfyytwx/hsfyytwx/fyjj1538/gzbg1419/2022/02/23/09b080ba7e1e1131017f2463a82574a5.html？tm=1647938645557，2022年12月1日登录。

③ 《广州海事法院2021年工作报告》，广州海事法院，2021年12月31日，https：//www.gzhsfy.gov.cn/web/content?gid=93677，2022年12月1日登录。

④ 《最新！江苏海事行政案件受案范围明确》，新华报业，2022年11月24日，http：//news.xhby.net/js/yaowen/202211/t20221124_7763652.shtml，2022年12月1日登录。

⑤ 《青岛海事法院2021年工作报告（文字版）》，青岛海事法院，2022年5月12日，http：//qdhsfy.sdcourt.gov.cn/qdhsfy/sjgk/gzbg67/8440820/index.html，2022年12月1日登录。

⑥ 《全国海警首起海洋生态公益诉讼案始末》，载《人民法院报》，2022年3月29日第8版。

⑦ 《海南法院大事记：海事审判篇》，海口海事法院，2022年10月24日，http：//hsfy.hicourt.gov.cn/preview/article？articleId=e2b0f413-690e-4cfe-8181-955b9756e65f&&colArticleId=1e8e4e42-c95f-4506-8416-8a34ef7c8777&&siteId=9234dd90-5c67-4a30-b212-cb6262d80a9c，2022年12月1日登录。

管辖范围、建立更加符合海事审判规律的工作机制积累经验。[①] 2021 年 11 月，海口海事法院率先设立海事刑事庭，搭建海事审判“三合一”体系架构。[②] 2021 年，宁波海事法院稳步推进海事刑事审判试点，积极探索构建海事刑事审判体系，从个案试点过渡到类案集中管辖，受理刑事案件 42 件，审结 32 件。[③]

（三）立法机关的法律监督

法治监督体系的有效运行，需要充分发挥党内监督、人大监督、国家监察和人民监督等各种监督方式的合力，通过制度化、规范化方式实现党、政、群联合监督的有机统一。立法机关的执法检查和监督工作的目的是推动各有关方面认真贯彻落实党中央决策部署，认真执行法律规定，保证法律得到全面有效的实施。

2022 年，人大常委会根据《中华人民共和国各级人民代表大会常务委员会监督法》赋予的监督职权，有计划地对《中华人民共和国环境保护法》实施情况进行执法检查，听取人民法院关于涉外审判的专项工作报告，确保人民政府、人民法院和人民检察院在宪法法律范围内履行职责，促进依法行政、公正司法。

1. 全国人大常委会对环境保护法实施情况执法检查

全国人大常委会开展法律监督工作的方式，是组织执法检查组对所检查的法律法规提出执法检查报告，对法律法规实施情况进行评价，提出执法中存在的问题和改进建议，由全国人大常委会给出审议意见。[④] 2022 年，全国人大常委会开展了对于《中华人民共和国环境保护法》实施情况的执法检查[⑤]，报告指出，修订后的环境保护法自

---

① 《最高法民四庭：党的十八大以来人民法院海事审判工作综述》，“海口海事法院”微信公众号，2022 年 10 月 21 日，https：//mp. weixin. qq. com/s？ __biz = MzIwMzQ1NzA5Mg = = &mid = 2247517130&idx = 3&sn = 60c1157b491d8cc073c21e3614c7f62c&chksm = 96cdd4e1a1ba5df78a68ff84b4841378f4f1838f8ad73013cc2dcfea5655e1a5076ddcb4330c&scene=27，2022 年 12 月 1 日登录。

② 《海南法院大事记：海事审判篇》，海口海事法院，2022 年 10 月 24 日，http：//hsfy. hicourt. gov. cn/preview/article？ articleId = e2b0f413 - 690e - 4cfe - 8181 - 955b9756e65f&&colArticleId = 1e8e4e42 - c95f - 4506 - 8416 - 8a34ef7c8777&&siteId=9234dd90-5c67-4a30-b212-cb6262d80a9c，2022 年 12 月 1 日登录。

③ 《宁波海事法院工作报告》，宁波海事法院，2022 年 4 月，http：//zjjcmspublic. oss-cn-hangzhou-zwynet-d01-a. internet. cloud. zj. gov. cn/jcms_files/jcms1/web3782/site/attach/0/e77144c80b0f48db9b17ab186479241e. pdf，2022 年 12 月 1 日登录。

④ 《中华人民共和国各级人民代表大会常务委员会监督法》，国家法律法规数据库，https：//flk. npc. gov. cn/detail2. html？ MmM5MDlmZGQ2NzhiZjE3OTAxNjc4YmY2M2I5ZTAzMzk%3D，2022 年 12 月 7 日登录。

⑤ 《全国人民代表大会常务委员会执法检查组关于检查〈中华人民共和国环境保护法〉实施情况的报告》，中国人大网，2022 年 9 月 2 日，http：//www. npc. gov. cn/npc/c30834/202209/8d26b62274bb4dc9b12840a38f8b4a54. shtml，2022 年 12 月 7 日登录。

2015年实施以来，各地各部门依法治理污染、保护和改善生态环境取得显著成效。

在海洋领域，全国近岸海域水质优良面积比率提高约12.9个百分点、达到81.3%的良好局面。初步完成生态保护红线划定，涵盖了全国大部分陆地生态系统和典型海洋生态系统，对生态功能极重要、生态极脆弱区域等进行严格保护。生态环境执法监管更加严格，恶意环境违法势头得到明显遏制。2015—2021年，全国各级生态环境主管部门累计下达环境行政处罚决定书106.34万份，罚没款数额总计695.5亿元；全国检察机关共对破坏环境资源类犯罪案件提起公诉17.5万件28.4万人；全国法院共审理一审环境资源案件97.7万余件。

执法检查发现，当前还存在部分法律制度措施执行不到位、生态环境执法协调联动不足、自然生态保护和修复法律制度有待完善等问题。报告建议，各地各部门要认真贯彻落实环境保护法和大气、水、土壤、固废、海洋等生态环境保护法律法规，坚持把法律责任落实到生态环境保护和污染防治全过程，适时制定或修改国家公园法、自然保护地法、矿产资源法等法律，推进生态环境综合行政执法。

全国人大常委会开展专题询问，提出持续加大污染防治工作力度、强化生态环保执法监管、推进生态环保法治体系建设等具体建议，深入贯彻实施环境保护法，依法推动经济社会发展全面绿色转型。①

2. 全国人大常委会对人民法院涉外审判工作的监督

2022年10月，全国人大常委会听取和审议人民法院涉外审判工作情况的报告②，对人民法院履行涉外审判职能情况、涉外审判工作存在的问题和困难提出改进措施和建议等。

人民法院涉外审判工作是涉外法治工作的重要组成部分。党的十八大以来，各级法院审结各类涉外和涉中国港、澳、台案件38.4万件，充分发挥海事司法职能作用，为营造市场化法治化国际化营商环境、服务高水平对外开放，维护国家海洋权益、服务海洋强国建设，落实统筹推进国内法治和涉外法治要求提供司法服务，主要表现在：

一是服务统筹经济发展和疫情防控。发布审理涉疫情涉外商事海事案件指导意见，服务稳外贸、稳外资、产业链供应链安全稳定和航运市场健康发展。

二是切实维护国家海洋权益。制定海事诉讼管辖、海事法院受理案件范围和审理发生在中国管辖海域案件，对中国管辖海域全面行使司法管辖权。

---

① 《对检查环境保护法实施情况报告的意见和建议》，中国人大网，2022年10月15日，http：//www.npc.gov.cn/npc/c30834/202210/3aae4954b4d4475f8eb8ab93be7412df.shtml，2022年12月7日登录。

② 《全国人大常委会2022年度监督工作计划》，中国人大网，2022年5月6日，http：//www.npc.gov.cn/npc/c30834/202205/3b193f6d73e74888877565fbc3e4fb78.shtml，2022年12月7日登录。

三是服务海洋生态环境保护和海洋经济发展。制定扣押与拍卖船舶、审理海洋自然资源与生态环境损害赔偿纠纷案件、审理涉船员纠纷案件等司法解释，发布海事审判典型案例89件。妥善处理“康菲”溢油事故系列案、“中威”执行案等国内外广泛关注的案件，切实维护国家海洋权益和当事人合法权益。

四是大力推进国际海事司法中心建设。新设南京海事法院，健全全国海事审判组织体系，常态化发布中英文版海事审判白皮书，上线中国海事审判网。越来越多与中国没有管辖连接点的案件当事人主动选择中国海事法院管辖，充分彰显中国海事司法影响力。①

当前涉外审判工作还存在一些问题和困难，例如服务对外开放能力水平有待提升；涉外法律适用规则体系有待完善；涉外审判机制改革有待深化等。针对这些问题，报告提出应加快民事诉讼法涉外编的修法进程，适时将修订海事诉讼特别程序法纳入立法规划；修改全国人大常委会关于在沿海港口城市设立海事法院的决定，授权海事法院审理特定类型的海事刑事案件，有效维护中国海洋权益等建议。

（四）检察机关的法律监督

人民检察院是国家监督体系的重要组成部分，在推进全面依法治国、建设社会主义法治国家中发挥着重要作用。2021年6月，党中央首次发布《中共中央关于加强新时代检察机关法律监督工作的意见》②，要求人民检察院充分发挥法律监督职能作用，全面提升法律监督质量和效果，维护司法公正，全面落实司法责任制，加强对检察机关法律监督工作的组织保障。这是习近平法治思想在检察机关法律监督工作中的具体体现，是未来一个时期检察机关开展法律监督的指导纲领。

在海洋领域，检察机关开展法律监督的重要方式是海洋生态环境公益诉讼。习近平总书记强调“由检察机关提起公益诉讼，有利于优化司法职权配置、完善行政诉讼制度，也有利于推进法治政府建设”。③ 开展公益诉讼五年以来，各级检察机关拓展公益诉讼案件范围，完善公益诉讼法律制度，积极稳妥推进公益诉讼检察。④

一是完善办案规范，严格依法履行公益诉讼检察职责。2021年，海南省检察院印

---

① 《最高人民法院关于人民法院涉外审判工作情况的报告》，中国人大网，2022年10月29日，http://www.npc.gov.cn/npc/c30834/202210/a3adfb94fc8b4070bb50e4a5a9d25e7b.shtml，2022年12月7日登录。

② 《中共中央关于加强新时代检察机关法律监督工作的意见》，最高人民检察院，2021年8月2日，https://www.spp.gov.cn/tt/202108/t20210802_525619.shtml，2022年12月15日登录。

③ 《习近平：关于〈中共中央关于全面推进依法治国若干重大问题的决定〉的说明》，中国共产党新闻网，2014年10月28日，http://cpc.people.com.cn/n/2014/1028/c64094-25926150.html，2023年4月24日登录。

④ 《检察机关全面开展公益诉讼五周年工作情况》，最高人民检察院，2022年6月30日，https://www.spp.gov.cn/xwfbh/wsfbt/202206/t20220630_561637.shtml#2，2022年12月1日登录。

发《关于海洋公益诉讼和海洋生态修复的工作指引》，促进规范办理海洋生态修复类案件。

二是拓展公益诉讼范围，加强海洋资源保护领域公益诉讼协作。2021 年 4 月，广东省检察院与广州军事检察院、广东海警局签订《关于加强检警军地协作配合工作的意见》，进一步加强军地检察机关与海警机构协作配合，在打击海上刑事犯罪、加强海洋行政执法、推进海洋环境公益诉讼和生态修复补偿等方面形成工作合力。

四、小　结

2022 年，国家海洋法治建设稳步推进，国家和地方各级立法机关在涉海法律法规的研究制定、修改实施和解释上都取得了进展。海洋执法部门全面依法履职的主动性和积极性得到加强，执法依据和规范进一步健全完善，执法效能有所提升。海事审判机构积极行使海事司法管辖权，为加强海洋综合治理、维护海洋秩序提供有力司法支持。立法机关和检察机关多种形式的法律监督，使法律实施效果得到及时评估。中国海洋法治建设的整体水平和效能取得了良好进展。

第十二章　周边海洋法律秩序的发展

20 世纪 70 年代以来，随着国际海洋法的发展，中国及周边国家日益重视通过国内立法表达各自海洋主张，基于国际法原则及规则，通过协议解决日益突出的海洋资源开发、海洋划界等问题，中国周边海洋法律秩序由此逐步构建。在此进程中，中国始终是主要推动力量。党的二十大报告提出，发展海洋经济，保护海洋生态环境，加快建设海洋强国，强化海洋安全保障体系建设，维护海洋权益。[①] 面对时代大变局和世纪大疫情，中国与周边国家坚持通过对话管控分歧、通过合作增进互信、通过规则制定推动周边海洋法律秩序的构建。

一、周边海洋法律秩序的构建基础

周边海洋法律秩序是指在相对独立政治地理范围内的国家，通过双多边条约及机制化安排，就共同关切的海洋问题形成相对稳定的区域性海洋法律关系。中国周边海域，包括黄海、东海及南海均为闭海或半闭海。中国与周边海上邻国的主张管辖海域存在多种形式的重叠，存在领土及海洋划界等方面争端。这是建立、维护及发展周边海洋法律秩序的基本背景。同时，在国内法和国际法要求下，有关国家都有开展多层级海上合作的政治意愿及法律义务。

（一）海洋合作的国际义务

海洋合作是全球性国际条约中的法律义务，得到《联合国宪章》《联合国海洋法公约》（以下简称《公约》）等国际法律文件的指导。海洋活动的国际法律制度包括全球、区域和双多边的涉海法律文书，以及在《公约》框架下通过的国家立法。由于海洋对建设人类和地球可持续未来的重要性，国际社会日益关注海洋可持续发展问题，期盼开展有效国际合作。

---

① 《习近平：高举中国特色社会主义伟大旗帜 为全面建设社会主义现代化国家而团结奋斗——在中国共产党第二十次全国代表大会上的报告》，新华网，2022 年 10 月 25 日，http：//www. news. cn/politics/cpc20/2022-10/25/c_1129079429. htm，2022 年 10 月 25 日登录。

1. 全球海洋治理的发展需要开展海洋合作

国际社会在海洋可持续发展问题上凝聚普遍共识。2015 年 9 月，第 70 届联合国大会通过《改变我们的世界——2030 年可持续发展议程》（简称“联合国 2030 年可持续发展议程”）的成果文件。该议程提出 17 个可持续发展目标。其中目标 14 提出“保护和可持续利用海洋和海洋资源以促进可持续发展”。海洋驱动多个全球系统，海洋生物多样性对人类和地球的健康至关重要。妥善管理海洋，优先考虑拯救海洋，对建设可持续的未来至关重要。①

“一个海洋”峰会旨在为国际海洋议程提供强大的政治动力，支持并加强全球海洋保护，采取积极行动应对海洋面临的挑战。首届峰会于 2022 年 2 月在法国举行，与会各方呼吁加强海洋保护和治理。联合国秘书长表示，国际社会应在海洋保护方面继续努力，促进海洋的可持续发展战略，加强对海洋的科学研究。② 中国提出，打造和平海洋、合作海洋、美丽海洋需要推动海洋可持续发展、建设全球海洋治理并维护国际海洋秩序。共同加强全球海洋治理，坚定维护包括《公约》在内的国际法。稳步推进国家管辖外海域生物多样性养护和可持续利用协定谈判，发达国家要向发展中国家转让海洋技术，保障海洋遗传资源各种利益共享。③

联合国海洋大会开启“海洋行动新篇章”。联合国海洋大会是海洋可持续发展领域最重要的国际会议。2022 年 6 月，第二次联合国海洋大会举行。会议通过了《里斯本宣言》，同意加大基于科学和创新的海洋行动力度，以应对当前的海洋紧急情况。中国代表、自然资源部海洋发展战略研究所党委书记、副所长贾宇在发言中充分肯定《公约》在确立现代国际海洋法律制度的基本框架、维护全球和地区海洋秩序等方面的作用，认为《公约》兼容其他国际法规则，确认并丰富了可持续发展的重要理念，有效兼顾各种利益诉求。④

中国积极支持联合国 2030 年可持续发展议程。中国提出全球发展倡议，对促进海

---

① 《目标 14：保护和可持续利用海洋和海洋资源以促进可持续发展》，联合国网站，https：//www. un. org/sustainabledevelopment/zh/oceans/，2022 年 10 月 26 日登录。

② 《法国举办“一个海洋”峰会马克龙呼吁加强海洋保护》，中国新闻网，2022 年 2 月 11 日，https：//www. chinanews. com. cn/gj/2022/02-11/9674325. shtml，2022 年 10 月 26 日登录。

③ 《在“一个海洋”峰会上的致辞》，外交部，2022 年 2 月 11 日，https：//www. fmprc. gov. cn/zyxw/202202/t20220211_10641481. shtml，2022 年 8 月 15 日登录。

④ 《联合国海洋大会上的“中国声音”（二）》，自然资源部，2022 年 7 月 13 日，https：//www. mnr. gov. cn/dt/ywbb/202207/t20220713_2742156. html，2022 年 8 月 15 日登录。

洋等各领域可持续发展发挥重要作用。[①] 2022 年 6 月，习近平在全球发展高层对话会上强调，中国将同各方携手推进重点领域合作，促进陆地与海洋生态保护和可持续利用。[②] 全球发展高层对话会，将发展问题置于国际合作议程的核心位置，致力于落实联合国 2030 年可持续发展议程。会议形成的 32 项成果清单中就包括推动建立蓝色伙伴关系，支持发展中国家海洋资源可持续利用和能力建设。[③]

2. 全球海洋治理的发展需要加强海洋法治

全球海洋治理面临的各种挑战，需要国际社会携手应对。海洋可持续发展需要倡导国际合作。海上互联互通和各领域海洋合作是经济社会发展的重要增长点，也是落实全球发展倡议的重要着力点。海洋可持续发展需要加强海洋法治。2022 年是《公约》开放签署 40 周年。《公约》作为海洋领域的综合性法律文书，与其他国际条约和习惯国际法一道，共同搭建了现代国际海洋秩序的“四梁八柱”。《公约》是多边外交的成功实践，也是多边主义的重要成果，为反对海洋霸权，保护海洋权益，促进海洋合作发挥了重要作用。《公约》是有生命力的兼收并蓄的“调节器”，应当始终与时俱进，以更好地适应国际海洋实践。[④] 国际社会有序推进涉海立法进程，可为海洋可持续发展提供新的契机。[⑤]

（二）构建周边海洋法律秩序的双多边意愿

中国与周边国家通过达成涉海协定、共识等推动着周边海洋法律秩序的发展。

1. 双边海洋合作意愿不断加深

2022 年，中国与周边国家继续推动落实双边协定，促进周边海洋法律秩序的建立。

自 2013 年建立全面战略伙伴关系以来，中国与印度尼西亚关系发展势头强劲。两

---

① 《“现代海洋法促进可持续发展”视频主题研讨会举办》，自然资源部，2022 年 7 月 25 日，https：//www.mnr.gov.cn/dt/hy/202207/t20220725_2742721.html，2022 年 8 月 15 日登录。

② 《习近平在全球发展高层对话会上的讲话》，外交部，2022 年 6 月 24 日，https：//www.fmprc.gov.cn/zyxw/202206/t20220624_10709711.shtml，2022 年 8 月 15 日登录。

③ 《全球发展高层对话会主席声明》，外交部，2022 年 6 月 24 日，https：//www.mfa.gov.cn/web/zyxw/202206/t20220624_ 10709803.shtml，2023 年 3 月 9 日登录。

④ 《共同弘扬真正的多边主义 携手推进海洋治理新征程》，外交部，2022 年 9 月 2 日，https：//www.mfa.gov.cn/web/wjbz_673089/zyjh_673099/202209/t20220902_10760372.shtml，2022 年 9 月 15 日登录。

⑤ 同①。

国构建了政治、经济、人文、海上合作“四轮驱动”的双边关系新格局。[①] 2022 年 7 月，双方发表《中华人民共和国和印度尼西亚共和国两国元首会晤联合新闻声明》，并签署关于共同推进“丝绸之路经济带”和“21 世纪海上丝绸之路”倡议与“全球海洋支点”构想有关合作的谅解备忘录以及海洋等领域合作文件。[②] 2022 年 11 月，双方发表联合声明，就加强中印尼全面战略伙伴关系和共建中印尼命运共同体达成新的重要共识。双方制定《中印尼加强全面战略伙伴关系行动计划（2022—2026）》，对两国未来五年各领域交往合作进行系统规划和部署。依托中印尼高级别对话合作机制等合作机制统筹推进各领域务实合作，夯实“四轮驱动”新格局。双方将用好海上合作机制，深化在海洋科研环保、航行安全、防灾减灾、海上能力建设和渔业等领域合作，开展好印尼“国家鱼仓”等项目，打造海上合作新亮点。双方签署了共建“一带一路”倡议与“全球海洋支点”构想对接框架下的合作规划。[③]

中国与越南进一步加强和深化中越全面战略合作伙伴关系。2022 年 11 月，中越发表《关于进一步加强和深化中越全面战略合作伙伴关系的联合声明》。在海上问题上，双方都认为妥善管控分歧、维护南海和平稳定至关重要，一致同意妥善处理海上问题。恪守两党两国领导人达成的重要共识和《关于指导解决中越海上问题基本原则协议》，用好中越政府级边界谈判机制，坚持通过友好协商谈判，积极磋商不影响各自立场和主张的过渡性、临时性解决办法，寻求双方均能接受的基本和长久解决办法。双方一致同意积极推进海上共同开发磋商和北部湾湾口外海域划界磋商早日取得实质进展。双方愿继续积极开展海上低敏感领域合作，并就深化拓展中越北部湾海上合作积极沟通。双方同意继续推动全面有效落实《南海各方行为宣言》（以下简称《宣言》），在协商一致基础上，早日达成有效、富有实质内容、符合包括《公约》在内国际法的“南海行为准则”（以下简称“准则”）；管控好海上分歧，不采取使局势复杂化、争议扩大化的行动，维护南海和平稳定，促进海上合作。[④]

中国与菲律宾互信日益增强。中国始终从战略高度看待中菲关系。在南海问题上，双方要坚持友好协商，妥处分歧争议。菲律宾总统马科斯表示，海上问题不能定义整个菲中关系，双方可就此进一步加强沟通；菲方愿同中方积极协商，探讨推进海上油

① 《中华人民共和国和印度尼西亚共和国两国元首会晤联合新闻声明》，外交部，2022 年 7 月 26 日，https：//www.mfa.gov.cn/web/zyxw/202207/t20220726_10728212.shtml，2023 年 3 月 9 日登录。

② 《习近平同印度尼西亚总统佐科会谈》，外交部，2022 年 7 月 26 日，https：//www.mfa.gov.cn/web/zyxw/202207/t20220726_10728298.shtml，2022 年 8 月 15 日登录。

③ 《中华人民共和国和印度尼西亚共和国联合声明》，外交部，2022 年 11 月 17 日，https：//www.fmprc.gov.cn/web/zyxw/202211/t20221117_10976699.shtml，2022 年 11 月 23 日登录。

④ 《关于进一步加强和深化中越全面战略合作伙伴关系的联合声明》，外交部，2022 年 11 月 2 日，https：//www.mfa.gov.cn/web/zyxw/202211/t20221102_10795594.shtml，2023 年 3 月 9 日登录。

气共同开发。[①]

2022年是中日邦交正常化50周年。2021年10月，两国领导人就推动构建契合新时代要求的中日关系达成重要共识，为两国关系发展提供了指引和遵循。两国各领域交流合作正在逐步恢复。2022年11月，两国领导人会见并就稳定和发展双边关系达成五点共识。其中包括同意尽早开通防务部门海空联络机制直通电话，加强防务、涉海部门对话沟通，共同遵守2014年四点原则共识。[②]

2. 区域性多边机制不断形成共识

中国在区域性多边机制中也与各方就共同关心的海上问题不断凝聚共识。

（1）中国与东盟继续深化合作

中国和东盟自20世纪90年代初启动对话关系，树立了地区合作共赢、共同发展的典范。2021年11月，双方宣布建立全面战略伙伴关系。习近平提出共建和平、安宁、繁荣、美丽、友好“五大家园”。

2022年是东盟成立55周年，也是中国东盟全面战略伙伴关系的开局之年。自建立全面战略伙伴关系以来，中国同东盟各领域合作成效显著。2022年8月，中国-东盟（10+1）外长会举行，释放加强合作的信号。中国与东盟愿持续推进共建“五大家园”，构建更为紧密的中国-东盟命运共同体。[③] 2022年11月，第25次中国-东盟领导人会议举行，通过了《关于加强中国-东盟共同的可持续发展联合声明》《纪念〈南海各方行为宣言〉签署20周年联合声明》《中国-东盟粮食安全合作的联合声明》等成果文件。[④] 成果文件明确要加快落实《中国-东盟关于“一带一路”倡议与〈东盟互联互通总体规划2025〉对接合作的联合声明》；支持东盟印太展望提出的四大优先领域，即海上、互联互通、联合国2030可持续发展目标、经济及其他领域合作；推动“一带一路”倡议同东盟印太展望开展互利合作，探讨通过全球发展倡议开展发展合作，助力实现《东盟共同体愿景2025》，支持东盟共同体建设进程，进一步加强现有东盟主导机制；欢迎感兴趣的东盟国家参与共建中新（重庆）战略性互联互通示范项目“国际

---

① 《习近平会见菲律宾总统马科斯》，外交部，2022年11月18日，https：//www.fmprc.gov.cn/web/zyxw/202211/t20221118_10977294.shtml，2022年11月23日登录。

② 《中日双方就稳定和发展双边关系达成五点共识》，外交部，2022年11月18日，https：//www.fmprc.gov.cn/web/zyxw/202211/t20221118_10977402.shtml，2022年11月23日登录。

③ 《王毅出席中国-东盟（10+1）外长会》，外交部，2022年8月4日，https：//www.mfa.gov.cn/web/wjbz_673089/xghd_673097/202208/t20220804_10734616.shtml，2022年8月15日登录。

④ 《李克强出席第25次中国-东盟领导人会议》，外交部，2022年11月12日，http：//new.fmprc.gov.cn/web/zyxw/202211/t20221112_10973106.shtml，2022年11月22日登录。

陆海贸易新通道”，共同提高本地区供应链的联通性和韧性。①

（2）东盟与中日韩（10+3）合作深化

东盟与中日韩（10+3）合作经过25年不断深化，取得大量重要成果，正处于承前启后的关键时期。2022年8月，东盟与中日韩（10+3）外长会举行，一致同意加快推进区域经济一体化，全面实施《区域全面经济伙伴关系协定》（RCEP）。② 2022年11月，第25次东盟与中日韩（10+3）领导人会议举行。各方认为，中国、日本、韩国是东盟国家的主要合作伙伴。10+3是地区合作的压舱石。③

（3）博鳌亚洲论坛提供对话平台

博鳌亚洲论坛以推动亚洲和世界发展为使命，是亚洲以及其他大洲有关国家政府、工商界和学术界领袖就亚洲以及全球重要事务进行对话的高层次平台。④ 2022年4月，博鳌亚洲论坛举行2022年年会，主题为“疫情与世界：共促全球发展，构建共同未来”。习近平在会上提出，坚定维护亚洲和平，积极推动亚洲合作，共同促进亚洲团结。⑤

（4）亚太经合组织重视海洋资源可持续管理

亚太经合组织是亚太地区层级最高、领域最广、最具影响力的经济合作机制。领导人非正式会议是亚太经合组织最高级别的会议。2022年11月18—19日，亚太经合组织经济体领导人举行四年来首次线下会议。会议发表了《2022年亚太经合组织领导人宣言》和《生物循环绿色经济曼谷目标》。与会各方重申致力于实现农业、森林、海洋资源和渔业的可持续资源管理；决心加强合作势头，通过《生物循环绿色经济曼谷目标》开展可持续发展行动。⑥ 亚太经合组织各机构将共同促进自然资源的可持续利用和管理，保护生物多样性；加强对海洋资源和生态系统的保护、可持续利用和管理，发展可持续渔业和水产养殖业；继续预防和减少海洋废物和塑料污染；加强打击非法采伐和相关贸易，阻止森林生态系统退化，促进可持续管理和合法采伐森林产品的贸

---

① 《关于加强中国-东盟共同的可持续发展联合声明》，外交部，2022年11月12日，http：//new. fmprc. gov. cn/web/zyxw/202211/t20221112_10973110. shtml，2022年11月22日登录。

② 《王毅出席东盟与中日韩（10+3）外长会》，外交部，2022年8月5日，https：//www. mfa. gov. cn/web/wjbz_673089/xghd_673097/202208/t20220805_10735059. shtml，2022年8月15日登录。

③ 《李克强出席第25次东盟与中日韩领导人会议》，外交部，2022年11月13日，https：//www. mfa. gov. cn/zyxw/202211/t20221113_10973277. shtml，2022年11月22日登录。

④ 《背景介绍》，博鳌亚洲论坛，2022年12月18日，https：//www. boaoforum. org/newsdetial. html? itemId=0&navID=1&itemChildId=undefined&detialId=1868&realId=118，2022年10月26日登录。

⑤ 《习近平在博鳌亚洲论坛2022年年会开幕式上的主旨演讲》，外交部，2022年4月21日，https：//www. fmprc. gov. cn/zyxw/202204/t20220421_10671052. shtml，2022年8月15日登录。

⑥ 《2022年亚太经合组织领导人宣言（摘要）》，外交部，2022年11月19日，https：//www. fmprc. gov. cn/web/zyxw/202211/t20221119_10978136. shtml，2022年11月23日登录。

易和消费；促进环境和自然资源保护与管理的多样性和包容性。[①]

（三）构建以国际法为基础的周边海洋秩序

在全球化的今天，多边主义是维护和平的重要基础。各国应共同加强国际法治维护以联合国为核心的国际体系、以国际法为基础的国际秩序、以联合国宪章宗旨和原则为基础的国际关系基本准则。[②] 海洋与大陆是和合共生的关系，而非海权陆权竞争的零和博弈，更不能再把海洋作为在全球推行单边强权的工具。[③] 周边海洋法律秩序是国际秩序的重要组成部分。构建周边海洋法律秩序是在区域层面维护合理国际秩序的应有之义。

1. 建立当今国际秩序的重要国际文件

《开罗宣言》是构建战后亚太地区国际格局的法律基石。1943 年，中国、美国、英国三国同时发表《开罗宣言》。《开罗宣言》是关于中美英三国与日本之间结束战争状态、构建亚太战后国际秩序的国际文件，是世界反法西斯战争的重大成果。《开罗宣言》认定日本自第一次世界大战以来对外掠夺土地的行为是国际法上应予惩罚的侵略行为。《开罗宣言》是近代以来确认台湾及其附属岛屿为中国领土的重要国际法文件之一，是确定台湾法律地位的有力证据，并为解决钓鱼岛问题提供了法律基础。

《开罗宣言》开启了亚太地区领土安排和国际秩序的新阶段。《开罗宣言》作为规划战后国际格局的重要国际法文件，完全符合当时的国际正义秩序和国际法规则，在巩固反法西斯战争胜利成果等方面发挥了重要作用，始终受到国际社会的承认和尊重。为维护世界的和平与稳定，必须维护建立在《开罗宣言》原则基础上的国际秩序。[④]

联合国大会通过决议确认一个中国原则。1971 年 10 月 25 日，联合国大会第 26 届会议第 1976 次全体会议上通过第 2758 号决议，恢复中华人民共和国政府在联合国的一切合法权利。中国作为联合国创始会员国及安理会常任理事国的身份，不因政权的更迭而改变。[⑤] 第 2758 号决议圆满解决了中华人民共和国在联合国的合法代表权问题，一个中国原则由此得到国际社会普遍承认，具有国际法效力，并成为第二次世界大战

---

① 《〈生物循环绿色经济曼谷目标〉（摘要）》，外交部，2022 年 11 月 19 日，https：//www. fmprc. gov. cn/web/zyxw/202211/t20221119_10978134. shtml，2022 年 11 月 23 日登录。

② 《习近平在中华人民共和国恢复联合国合法席位 50 周年纪念会议上的讲话》，外交部，2021 年 10 月 25 日，https：//www. fmprc. gov. cn/web/zyxw/202110/t20211025_9980825. shtml，2021 年 12 月 2 日登录。

③ 《加强团结合作，携手共建海洋命运共同体》，外交部，2021 年 11 月 9 日，https：//www. fmprc. gov. cn/wjbzhd/202111/t20211109_10445908. shtml，2021 年 12 月 14 日登录。

④ 孙东方、赵陈双：《〈开罗宣言〉及其重要影响》，载《学习时报》，2020 年 10 月 12 日 A3 版。

⑤ 《东西问丨戴瑞君：为何说联合国大会第 2758 号决议确认了一个中国原则?》，中国新闻网，2022 年 8 月 6 日，http：//www. chinanews. com. cn/dxw/2022/08-06/9821530. shtml，2022 年 10 月 17 日登录。

后国际秩序的重要组成部分，也是国际社会普遍共识和公认的国际关系基本准则。

2. 构建周边海洋法律秩序的基本原则和共同规范

2022年11月，中国和东盟国家发表《纪念〈南海各方行为宣言〉签署20周年联合声明》。其中有关维护南海和平稳定的经验重新体现了构建周边海洋法律秩序的基本原则和共同规范。一是以《联合国宪章》宗旨和原则、《公约》《东南亚友好合作条约》、和平共处五项原则以及其他公认的国际法原则作为处理国家间关系的基本准则；二是根据国际法相互尊重彼此独立、主权和领土完整；三是共同致力于维护和促进南海和平、安全与稳定；四是有关各方承诺根据公认的国际法原则，包括《公约》，由直接有关的主权国家通过友好磋商和谈判，以和平方式解决领土和管辖权争议，而不诉诸武力或以武力相威胁；五是尊重并致力于根据包括《公约》在内的国际法维护南海航行及飞越安全和自由；六是致力于全面有效完整落实《宣言》；七是继续在海洋环保、海洋科研、海上航行和交通安全、搜寻与救助以及打击跨国犯罪等领域探讨和开展海上务实合作；八是继续保持自我克制，不采取使争议复杂化、扩大化和影响和平与稳定的行动，避免采取可能使局势进一步复杂化的行动；九是维护并营造有利环境，以全面有效落实《宣言》，并在协商一致基础上，早日达成有效、富有实质内容、符合包括《公约》在内国际法的“准则”。①

3. 遵守中美三个联合公报，增加周边稳定性

中美建交40多年来，在双方共同努力下，两国关系持续发展，成为世界上最重要的双边关系之一。② 中美作为大国对维护世界和平安全，促进全球发展繁荣有着重要的引领作用。作为亚太国家，两国关系的走向更对亚太地区有着举足轻重的影响。2022年是《中美联合公报》（即“上海公报”）发表50周年，也是《中美联合公报》（即“八·一七公报”）发表40周年。这两个公报与《中美建交公报》一起，构成中美关系的政治基础，其核心要义是一个中国原则。

1972年，“上海公报”开启中美关系正常化进程。台湾问题是“上海公报”的核心。美国在“上海公报”中明确表示，“只有一个中国，台湾是中国的一部分。”美国政府对这一立场不提出异议。双方声明，任何一方都不应该在亚洲-太平洋地区谋求霸权，每一方都反对任何其他国家或国家集团建立这种霸权的努力。③

---

① 《纪念〈南海各方行为宣言〉签署二十周年联合声明》，外交部，2022年11月14日，http：//new. fmprc. gov. cn/web/zyxw/202211/t20221114_10974207. shtml，2022年11月22日登录。

② 乐玉成：《牢牢把握中美关系发展的正确方向》，载《人民日报》，2020年9月7日第9版。

③ 《中华人民共和国和美利坚合众国联合公报（一九七二年二月二十八日）》，外交部，2000年11月7日，https：//www. mfa. gov. cn/web/ziliao_674904/1179_674909/202111/t20211102_10439164. shtml，2023年1月28日登录。

在 1979 年《中美建交公报》中，美国承认一个中国原则，中华人民共和国政府是中国的唯一合法政府，美国人民将同台湾人民保持文化、商务和其他非官方关系。双方重申“上海公报”中双方一致同意的各项原则，并强调任何一方都不应该在亚洲-太平洋地区以及世界上任何地区谋求霸权，每一方都反对任何国家或国家集团建立这种霸权的努力。①

在 1982 年“八·一七公报”中，美国在承认一个中国原则的基础上，重申无意侵犯中国的主权和领土完整，无意干涉中国的内政，也无意执行“两个中国”或“一中一台”政策。②

中美两国领导人在 2022 年进行电话和视频通话。③ 国际社会普遍期待中美处理好彼此关系。遵守国际关系基本准则和中美三个联合公报，是双方管控矛盾分歧、防止对抗冲突的关键，也是中美关系最重要的防护和安全网。④

二、周边海洋法律秩序的发展

2022 年，中国与海上邻国继续推动落实相关协定，开展机制性及相关交流磋商，进一步加强中国与海上邻国在符合共同利益领域的合作，并为地区的和平、稳定、繁荣和可持续发展做出贡献。

（一）海洋事务机制性磋商

中国与海上邻国克服新冠疫情等因素，继续保持所建立的海洋事务磋商机制有效沟通。

1. 中日海洋事务高级别磋商机制

中日于 2012 年建立海洋事务高级别磋商机制，成为双方涉海事务的综合性沟通协

---

① 《中华人民共和国和美利坚合众国关于建立外交关系的联合公报（一九七九年一月一日）》，外交部，2000 年 11 月 7 日，https：//www. mfa. gov. cn/web/ziliao_674904/1179_674909/200011/t20001107_271737. shtml，2023 年 1 月 28 日登录。

② 《中华人民共和国和美利坚合众国联合公报（一九八二年八月十七日）》，外交部，2000 年 11 月 7 日，https：//www. mfa. gov. cn/web/ziliao_674904/1179_674909/200011/t20001107_271740. shtml，2023 年 1 月 28 日登录。

③ 《习近平同美国总统拜登通电话》，新华网，2022 年 7 月 29 日，http：//www. news. cn/politics/leaders/2022-07/29/c_1128872730. htm，2022 年 10 月 27 日登录。《习近平同美国总统拜登视频通话》，新华网，2022 年 3 月 18 日，http：//www. news. cn/politics/leaders/2022-03/18/c_1128483866. htm，2022 年 10 月 27 日登录。

④ 《新华时评：推动中美关系重回健康稳定发展轨道》，新华网，2022 年 11 月 15 日，http：//www. news. cn/world/2022-11/15/c_1129130196. htm，2023 年 3 月 9 日登录。

调机制。2013 年受钓鱼岛“国有化”事件影响而中断，2014 年重启。2022 年是该机制成立十周年。该机制设有全体会议，从第三轮起增设政治法律、海上防务、海上执法与安全及海洋经济四个工作组会议，第十二轮起改为海上防务、海上执法与安全、海洋经济三个工作组会议。近年来，在磋商举行前又增加了团长会谈。

2022 年 6 月，中日举行海洋事务高级别磋商团长会谈。[①] 2022 年 11 月，中日举行海洋事务高级别磋商机制第十四轮磋商（表 12-1）。双方回顾总结了十年来机制发展历程，充分肯定机制对增进相互了解和信任、维护海上和平稳定、完善涉海机制建设、促成务实合作等方面发挥的重要作用。双方一致认为，应着眼国际地区局势演变和中日关系大局，加强战略思考和顶层设计，更好地发挥机制作用，加强对话沟通，努力缩小分歧、扩大合作。[②]

表 12-1　中日海洋事务高级别磋商[③]

轮次	时间	地点
第一轮	2012 年 5 月 15—16 日	中国杭州
第二轮	2014 年 9 月 23—24 日	中国青岛

① 《中日举行海洋事务高级别磋商团长会谈》，外交部，2022 年 6 月 23 日，https：//www. mfa. gov. cn/web/wjb_673085/zzjg_673183/bjhysws_674671/xgxw_674673/202206/t20220623_10708853. shtml，2022 年 8 月 15 日登录。

② 《中日举行海洋事务高级别磋商机制第十四轮磋商》，外交部，2022 年 11 月 22 日，https：//www. mfa. gov. cn/web/wjb_673085/zzjg_673183/bjhysws_674671/xgxw_674673/202211/t20221122_10979395. shtml，2022 年 11 月 23 日登录。

③ 《中日举行第一轮海洋事务高级别磋商》，外交部，2012 年 5 月 16 日，https：//www. fmprc. gov. cn/wjbxw_673019/201205/t20120516_373212. shtml；《中日重启海洋事务高级别磋商》，中国政府网，2014 年 9 月 24 日，http：//www. gov. cn/xinwen/2014-09/24/content_2755801. htm；《中日举行第三轮海洋事务高级别磋商》，外交部，2015 年 1 月 22 日，https：//www. fmprc. gov. cn/wjbxw_673019/201501/t20150122_379195. shtml；《中日举行第四轮海洋事务高级别磋商》，中国政府网，2015 年 12 月 9 日，http：//www. gov. cn/xinwen/2015 - 12/09/content_5021466. htm；《中日举行第五轮海洋事务高级别磋商》，中国政府网，2016 年 9 月 15 日，http：//www. gov. cn/xinwen/2016-09/15/content_5108727. htm；《中日举行第六轮海洋事务高级别磋商》，中国政府网，2016 年 12 月 10 日，http：//www. gov. cn/xinwen/2016-12/10/content_5146073. htm；《第七轮中日海洋事务高级别磋商在日本举行》，中国政府网，2017 年 6 月 30 日，http：//www. gov. cn/xinwen/2017-06/30/content_5207045. htm；《中日举行第八轮海洋事务高级别磋商》，外交部，2017 年 12 月 6 日，https：//www. fmprc. gov. cn/wjbxw_673019/201712/t20171206_385812. shtml；《中日举行第九轮海洋事务高级别磋商》，外交部，2018 年 4 月 20 日，https：//www. fmprc. gov. cn/wjbxw_673019/201804/t20180420_386341. shtml；《中日举行第十轮海洋事务高级别磋商》，中国政府网，2018 年 12 月 18 日，http：//www. gov. cn/xinwen/2018-12/18/content_5349907. htm；《中日举行第十一轮海洋事务高级别磋商》，中国政府网，2019 年 5 月 11 日，http：//www. gov. cn/xinwen/2019-05/11/content_5390674. htm；《中日举行第十二轮海洋事务高级别磋商》，外交部，2021 年 2 月 4 日，https：//www. fmprc. gov. cn/wjbxw_673019/202102/t20210204_391239. shtml；《中日举行第十三轮海洋事务高级别磋商》，外交部，2021 年 12 月 20 日，https：//www. mfa. gov. cn/web/wjbxw_673019/202112/t20211220_10472052. shtml，以上均为 2022 年 11 月 18 日登录；《中日举行海洋事务高级别磋商机制第十四轮磋商》，外交部，2022 年 11 月 22 日，https：//www. mfa. gov. cn/web/wjb_673085/zzjg_673183/bjhysws_674671/xgxw_674673/202211/t20221122_10979395. shtml，2022 年 11 月 23 日登录。

续表

轮次	时间	地点
第三轮	2015 年 1 月 22 日	日本横滨
第四轮	2015 年 12 月 7—8 日	中国厦门
第五轮	2016 年 9 月 14—15 日	日本广岛
第六轮	2016 年 12 月 7—9 日	中国海口
第七轮	2017 年 6 月 29—30 日	日本福冈
第八轮	2017 年 12 月 5—6 日	中国上海
第九轮	2018 年 4 月 19—20 日	日本仙台
第十轮	2018 年 12 月 17—18 日	中国乌镇
第十一轮	2019 年 5 月 10—11 日	日本小樽
第十二轮	2021 年 2 月 3 日	视频方式
第十三轮	2021 年 12 月 20 日	视频方式
第十四轮	2022 年 11 月 22 日	视频方式

2. 中韩海洋事务对话合作机制

中韩海洋事务对话合作机制于 2021 年 4 月正式启动并举行首次会议。该机制在推进两国涉海交流合作、妥善管控海上矛盾分歧、维护海上局势稳定方面发挥重要作用。中韩海洋事务对话合作机制第二次会议于 2022 年 6 月举行。双方同意持续深入推进机制建设，通过谈判协商解决处理海上问题，加快海域划界谈判，加强海洋科研、生态环保、航运、渔业、海上执法、海事安全和海空安全等方面的务实合作。在日本福岛核污染水排海问题上，双方就日方排海计划表达关切，双方同意就此保持沟通。①

3. 中越相关海上磋商机制

为落实中越两国领导人共识和《关于指导解决中越海上问题基本原则协议》，中越设立了海上低敏感领域合作专家工作组、北部湾湾口外海域工作组和海上共同开发磋商工作组。

中越海上低敏感领域合作专家工作组于 2012 年启动，专题探讨并推进海上低敏感

① 《中韩举行海洋事务对话合作机制第二次会议》，外交部，2022 年 6 月 17 日，https：//www. mfa. gov. cn/web/wjb_673085/zzjg_673183/bjhysws_674671/xgxw_674673/202206/t20220617_10704829. shtml，2022 年 8 月 15 日登录。

领域的合作事宜。[①] 该机制迄今已举行15轮磋商，实施了“长江三角洲和红河三角洲全新世沉积演化对比合作研究”“北部湾海洋与海岛环境综合管理合作研究”“北部湾渔业资源增殖放流与养护合作”等海上低敏感领域合作项目。[②] 第十五轮磋商于2022年6月举行，双方同意继续就推进北部湾海上合作保持密切沟通。[③]

中越北部湾湾口外海域工作组磋商于2012年启动[④]，探讨北部湾湾口外海域划界与共同开发问题。截至2021年12月，工作组已进行了15轮磋商。

中越海上共同开发磋商工作组于2013年成立，旨在推进两国跨境地区和海上合作。[⑤] 截至2021年12月，工作组已进行了12轮磋商。

（二）海上执法合作

中国与周边海上邻国在海上执法领域的交流与合作也持续推进。

1. 持续开展双边交流

2022年8月，中国海警局与巴基斯坦海上安全局举办第二次工作层会议。双方围绕推动落实中巴海警第一次高级别工作会晤共识，讨论确定了高层会晤、舰船访问、人员交流等下一步合作项目。[⑥]

2022年12月，中越海警举行第六次高级别工作会晤。这是疫情以来，双方首次举行线下会晤。期间，中国海警局先后与泰国、印度尼西亚、菲律宾、柬埔寨等国海上执法机构举行双边会谈，就加强合作、管控分歧、增进互信，共同促进南海地区安全稳定等问题进行讨论交流。[⑦]

---

① 《中越两国启动海上低敏感领域合作专家工作组磋商》，中国政府网，2012年5月30日，http://www.gov.cn/jrzg/2012-05/30/content_2149137.htm，2022年10月18日登录。

② 《中越举行海上低敏感领域合作专家工作组第十一轮磋商》，外交部，2018年5月22日，http://infogate.fmprc.gov.cn/web/wjb_673085/zzjg_673183/bjhysws_674671/xgxw_674673/201805/t20180522_7671545.shtml，2022年10月18日登录。

③ 《中越举行海上低敏感领域合作专家工作组第十五轮磋商》，外交部，2022年6月29日，https://www.mfa.gov.cn/web/wjb_673085/zzjg_673183/bjhysws_674671/xgxw_674673/202206/t20220629_10711972.shtml，2022年8月15日登录。

④ 《中国越南举行北部湾湾口外海域工作组第一轮磋商》，中国政府网，2012年5月23日，http://www.gov.cn/jrzg/2012-05/23/content_2143358.htm，2022年10月18日登录。

⑤ 《中越成立海上共同开发磋商工作组》，海南大学，https://hd.hainanu.edu.cn/law/info/1246/10066.htm，2022年10月18日登录。

⑥ 《中国海警局与巴基斯坦海上安全局举办第二次工作层会议》，中国海警局，2022年9月7日，https://www.ccg.gov.cn//2022/gjhz_0907/2099.html，2022年10月17日登录。

⑦ 《中国海警局代表团参加中越海警第六次高级别工作会晤和首届“越南海警和朋友们”交流活动》，新华网，2022年12月12日，http://www.news.cn/politics/2022-12/12/c_1129202768.htm，2022年12月14日登录。

2. 积极参与多边机制

北太平洋海岸警备执法机构论坛是地区国家海上执法机构间交流与合作的重要平台。中国高度重视发挥论坛平台作用，长期参与论坛机制下各类合作项目，与有关各方一道共同维护海上安全稳定。2022 年 9 月，中国海警参加了第 22 届北太平洋海岸警备执法机构论坛高官会。中国、加拿大、日本、韩国、俄罗斯、美国 6 国海上执法机构负责人，以及各机构相关业务领域代表参会。会议认为应加强论坛机制下的交流与合作，共同应对海洋领域非传统安全问题，携手维护地区海上安全稳定。①

3. 稳妥组织联合行动

中韩开展渔业执法合作。一是举行年度渔业执法工作会谈。在 2022 年 6 月的会谈中，双方一致认为，在中韩海上执法部门的共同努力下，《中韩渔业协定》水域生产作业秩序得到持续改善，海上执法交流合作发挥了积极作用，取得了很好的实际效果。双方同意继续开展更加务实高效的执法交流合作，特别是加大对严重违规渔船的打击，共同维护好海上生产作业秩序。② 二是开展《中韩渔业协定》暂定措施水域联合巡航。联合巡航是中韩落实协定、加强海上执法交流合作的重要举措。中韩海上执法部门已开展 12 次联合巡航，共同维护暂定措施水域的正常渔业生产秩序。根据 2021 年中韩渔业执法工作会谈共识，中韩组成编队于 2022 年 4 月开展了 2022 年第 1 次联合巡航。③

中越海警北部湾海域联合巡航是双方海上执法合作的重要载体和地区海上执法合作的样板。中越自 2006 年开展北部湾海域联合巡航。2022 年 4 月和 11 月开展了两次联合巡航。2022 年 4 月的联合巡航还是《中国海警局与越南海警司令部合作备忘录》框架下实施的第四次巡航。此次巡航在双方人员不直接接触的前提下组织开展联合搜救演练，拓宽了合作内容，夯实了合作基础，对中越共同应对海上突发紧急情况、维护海上生产作业秩序具有重要意义。④ 截至 2022 年年底，中越两国海上执法部门开展

---

① 《中国海警局代表团参加第 22 届北太平洋海岸警备执法机构论坛高官会》，中国海警局，2022 年 9 月 22 日，https://www.ccg.gov.cn//2022/gjhz_0922/2121.html，2022 年 10 月 17 日登录。

② 《中韩举行 2022 年度渔业执法工作会谈》，中国海警局，2022 年 7 月 5 日，https://www.ccg.gov.cn//2022/gjhz_0705/1868.html，2022 年 10 月 17 日登录。

③ 《中韩海上执法部门开展中韩渔业协定暂定措施水域联合巡航》，中国海警局，2022 年 6 月 22 日，https://www.ccg.gov.cn//2022/gjhz_0622/1826.html，2022 年 10 月 17 日登录。

④ 《中越海警开展 2022 年第一次北部湾海域联合巡航》，中国海警局，2022 年 6 月 22 日，https://www.ccg.gov.cn//2022/gjhz_0622/1825.html，2022 年 10 月 17 日登录。

的联合巡航已达 24 次。①

（三）低敏感领域合作

东亚海洋合作平台是国家“一带一路”建设的优先推进项目，自 2016 年启动以来取得丰硕成果。青岛论坛和东亚海洋博览会已成功举办 5 届，成为具有较大影响力的国际海洋论坛和知名海洋展会品牌。“2022 东亚海洋合作平台青岛论坛”是青岛西海岸新区积极参与全球多边海洋治理机制的一次重要契机。东亚海洋合作平台充分发挥平台效应，协助各方推动联合国“海洋十年”落地落实，携手共建海洋命运共同体。②

2022 年 8 月，落实《宣言》框架下第二届南海海洋科研培训班成功举行。培训班由自然资源部第一海洋研究所承办，聚焦南海海洋生态、自然灾害防治、海洋生物多样性等科学议题。③

三、《宣言》对维护南海和平稳定的贡献

2022 年是《宣言》签署 20 周年。《宣言》是中国与东盟国家在南海问题上签署的首份政治文件。《宣言》的达成和落实，凝聚了地区国家共同维护南海稳定的政治共识，指明了通过对话协商解决南海争议的基本路径，提升了中国和东盟国家的政治互信，也为南海构建持久和平、合作共赢、规则治理的海洋秩序提供了基础和依据。④

（一）《宣言》的发展进程

2002 年 11 月，中国和东盟国家共同签署《宣言》。《宣言》是中国-东盟对话关系中具有里程碑意义的文件，体现了各方根据包括《公约》在内的国际法，促进地区和平与稳定、增进互信与信心的共同承诺。⑤ 为推动全面有效落实《宣言》，各方已举行

① 《中越海警开展 2022 年第二次北部湾海域联合巡航》，中国海警局，2022 年 11 月 5 日，https：//www. ccg. gov. cn//2022/gjhz_1105/2155. html，2022 年 11 月 24 日登录。

② 《二〇二二东亚海洋合作平台青岛论坛成果综述》，自然资源部，2022 年 8 月 2 日，https：//www. mnr. gov. cn/dt/hy/202208/t20220802_2743102. html，2022 年 8 月 15 日登录。

③ 《第二届南海海洋科研培训班成功举行》，外交部，2022 年 8 月 29 日，https：//www. mfa. gov. cn/web/wjb_673085/zzjg_673183/bjhysws_674671/xgxw_674673/202208/t20220829_10757113. shtml，2022 年 10 月 17 日登录。

④ 吴琳：《〈南海各方行为宣言〉作为南海和平稳定之锚的地位无可取代》，《中国日报》天下专栏，2022 年 7 月 22 日，https：//column. chinadaily. com. cn/a/202207/22/WS62da116fa3101c3ee7ae0450. html，2022 年 10 月 18 日登录。

⑤ 《纪念〈南海各方行为宣言〉签署二十周年联合声明》，外交部，2022 年 11 月 14 日，http：//new. fmprc. gov. cn/web/zyxw/202211/t20221114_10974207. shtml，2022 年 11 月 22 日登录。

了 19 次高官会和 37 次联合工作组会议[①]，召开 6 次特别视频会。[②]

各方加强务实对话和海上合作。2011 年中国和东盟国家就落实《宣言》指导方针达成一致通过，《宣言》框架下的务实合作正式启动[③]，合作成果众多，包括达成《关于未来十年南海海岸和海洋环保的领导人宣言（2017—2027）》，建立应对海上紧急事态外交高官热线平台，落实《中国与东盟国家关于在南海适用〈海上意外相遇规则〉的联合声明》，举办海洋防灾减灾、海洋生态环境与监测、海洋科学研究、海上执法机构合作等一系列研讨、培训和推演项目。[④]

各方推进“准则”磋商。制定“准则”是《宣言》第 10 条的明确要求，是各方共同做出的承诺。正确的推进路径应当是全面落实好《宣言》，在此过程中以循序渐进的方式稳步推进“准则”的商谈。[⑤] 2013 年，各方在落实《宣言》的框架下启动制定“准则”磋商。2017 年，各方达成“准则”框架并顺利启动“准则”案文磋商。在新冠疫情暴发后，以灵活务实方式推进磋商进程。

2016 年，“南海仲裁案”裁决挑战《宣言》第 4 条关于由直接有关国家通过友好磋商和谈判以和平方式解决领土和管辖权争议的规定，引起地区局势紧张，南海和平稳定受到扰乱。不久，各方发表《中国和东盟国家外交部长关于全面有效落实〈宣言〉的联合声明》[⑥]，重申《宣言》在维护地区和平稳定中发挥的重要作用，促使南海问题重回正轨。

2022 年 11 月，《纪念〈宣言〉签署二十周年联合声明》[⑦] 是各方近年来就南海问题达成的又一份重要共识文件，展现了各方致力于排除域外干扰、维护南海和平稳定

---

① 《落实〈南海各方行为宣言〉第 37 次联合工作组会在柬埔寨举行》，外交部，2022 年 10 月 14 日，https：//www. mfa. gov. cn/web/wjb_673085/zzjg_673183/bjhysws_674671/xgxw_674673/202210/t20221004_10777140. shtml，2022 年 10 月 18 日登录。

② 《中国与东盟国家举行落实〈南海各方行为宣言〉第六次特别视频会》，外交部，2022 年 7 月 27 日，https：//www. mfa. gov. cn/web/wjb_673085/zzjg_673183/bjhysws_674671/xgxw_674673/202207/t20220727_10728627. shtml，2022 年 10 月 18 日登录。

③ 《外交部副部长傅莹出席纪念〈南海各方行为宣言〉签署十周年研讨会》，外交部，2012 年 11 月 1 日，https：//www. fmprc. gov. cn/wjbxw_673019/201211/t20121101_374196. shtml，2022 年 10 月 18 日登录。

④ 吴琳：《〈南海各方行为宣言〉作为南海和平稳定之锚的地位无可取代》，《中国日报》天下专栏，2022 年 7 月 22 日，https：//column. chinadaily. com. cn/a/202207/22/WS62da116fa3101c3ee7ae0450. html，2022 年 10 月 18 日登录。

⑤ 王毅：《以循序渐进方式稳步推进〈南海各方行为准则〉的商谈》，外交部，2013 年 6 月 27 日，https：//www. mfa. gov. cn/web/zyxw/201306/t20130627_323457. shtml，2022 年 10 月 18 日登录。

⑥ 《中国和东盟国家外交部长关于全面有效落实〈南海各方行为宣言〉的联合声明》，外交部，2016 年 7 月 25 日，https：//www. mfa. gov. cn/web/zyxw/201607/t20160725_338699. shtml，2022 年 10 月 18 日登录。

⑦ 《纪念〈南海各方行为宣言〉签署二十周年联合声明》，外交部，2022 年 11 月 14 日，http：//new. fmprc. gov. cn/web/zyxw/202211/t20221114_10974207. shtml，2022 年 11 月 22 日登录。

的共同意志和坚定决心，表明本地区有关国家完全有信心、有智慧、有能力处理好南海问题。①

（二）《宣言》对维护南海和平稳定的作用

《宣言》签署20年来，各方全面有效落实《宣言》，逐步摸索出增进互信、管控分歧的有效路径，积累形成了对话合作、共同治理的成功经验②，展示了维护南海和平稳定的共同意志和决心。

《宣言》是中国与东盟国家在南海问题上签署的首份政治文件，确立了各方处理南海问题的基本原则和共同规范③，对于南海和平稳定、周边海洋法律秩序构建及多边主义在本地区的实践具有特殊重要意义。历史和事实都证明，只有坚持《宣言》所确定的政治共识和解决路径，各国才能有效管控分歧。

《宣言》是中国与东盟国家在没有外部势力介入的情况下，通过制度、规则和规范管控南海争议的成功实践，是各方寻求以规则稳定南海形势的开拓性尝试。《宣言》中所确立的宗旨、目标、原则和路径，深刻反映了各方为管控分歧进行自我克制和行为约束的规则意识和政治智慧。多年来，中国坚决维护《宣言》的权威性，积极推动《宣言》落实，使《宣言》的政治约束力和规范性得以延续和巩固。

《宣言》是南海周边国家建立互信、管控冲突、推动合作，共促南海和平稳定的指导性和纲领性文件。从明确"由直接有关的主权国家通过友好磋商和谈判，以和平方式解决它们的领土和管辖权争议"，到承诺"保持自我克制，不采取使争议复杂化、扩大化和影响和平与稳定的行动"，《宣言》为管控分歧、防止潜在危机、推动海上务实合作提供了行动指南和制度框架。

《宣言》是南海规则治理和海洋秩序构建的坚实基础和逻辑起点。"准则"与《宣言》本质上是不可分割、一脉相承的有机体。《宣言》是各方制定南海地区规则的阶段性成果和"早期收获"，并以制定"准则"为最终目标，《宣言》本身也自然而然成为"准则"磋商的参照系和协商框架。尤其是《宣言》提出的重要行为规范和原则、对话与沟通机制、海上合作倡议等，为各方制定"准则"奠定了基础。随着形势发展的迫切需要，推进"准则"磋商成为各方的共同愿景。以《宣言》精神为指引，加快打

---

① 钟声：《维护南海和平稳定是地区国家共同愿望》，载《人民日报》，2022年11月25日第7版。

② 《李克强出席第25次中国-东盟领导人会议》，外交部，2022年11月12日，http：//new. fmprc. gov. cn/web/zyxw/202211/t20221112_10973106. shtml，2022年11月22日登录。

③ 《继承〈宣言〉精神，凝聚地区共识，共建和平、友谊、合作之海》，外交部，2022年7月25日，https：//www. mfa. gov. cn/web/wjb_673085/zzjg_673183/bjhysws_674671/xgxw_674673/202207/t20220725_10727038. shtml，2022年10月18日登录。

造《宣言》的加强版和升级版，早日达成有效、富有实质内容、符合包括《公约》在内的国际法的“准则”，为管控分歧、推进合作提供更加强有力的制度保障。[①] “准则”磋商的继续推进，将有助于在世界树立起即便存在主权争议，当事国仍能保持克制和务实合作、并通过规则治理来管控南海争议的成功典范。[②]

事实证明，《宣言》符合地区实际、具有地区特色，体现了地区国家在南海问题上的最大公约数。《宣言》是中国-东盟对话关系中具有里程碑意义的文件，新形势下有必要加大努力、增进善意，全面有效落实《宣言》。[③] 中国作为南海当事国和地区负责任大国，始终坚持发挥《宣言》作为南海和平稳定之锚的重要作用，积极、有效、主动地落实《宣言》，努力推动“准则”磋商进程，为地区国家提供公共产品和海上务实合作条件。

四、小　结

海洋是中国及周边海上邻国的联系纽带和共同家园，维护周边海洋秩序符合中国和周边各国的共同利益。世界百年未有之大变局加速演进，周边海洋秩序正在经历深刻调整。周边海洋法律秩序的构建有助于维护和平稳定的周边海洋环境，也是在区域层面维护合理国际关系的应有之义，理应遵循维护以联合国为核心的国际体系、以国际法为基础的国际秩序、以联合国宪章宗旨和原则为基础的国际关系基本准则。[④] 加强合作，形成更加包容的海洋治理、更加有效的多边机制、更加积极的区域合作，才能有效应对海上的各种挑战和问题。周边海洋法律秩序的构建应以国际法为基础，兼顾各方关切和利益。近年来，南海地区和平、合作和发展繁荣的经验总结，为共建周边海洋法律秩序提供了有益借鉴。

---

① 《继承〈宣言〉精神，凝聚地区共识，共建和平、友谊、合作之海》，外交部，2022 年 7 月 25 日，https：//www. mfa. gov. cn/web/wjb_673085/zzjg_673183/bjhysws_674671/xgxw_674673/202207/t20220725_10727038. shtml，2022 年 10 月 18 日登录。

② 吴琳：《〈南海各方行为宣言〉作为南海和平稳定之锚的地位无可取代》，《中国日报》天下专栏，2022 年 7 月 22 日，https：//column. chinadaily. com. cn/a/202207/22/WS62da116fa3101c3ee7ae0450. html，2022 年 10 月 18 日登录。

③ 钟声：《维护南海和平稳定是地区国家共同愿望》，载《人民日报》，2022 年 11 月 25 日第 7 版。

④ 《习近平在中华人民共和国恢复联合国合法席位 50 周年纪念会议上的讲话》，外交部，2021 年 10 月 25 日，https：//www. fmprc. gov. cn/web/zyxw/202110/t20211025_9980825. shtml，2021 年 12 月 2 日登录。

第十三章 中国与《联合国海洋法公约》

2022年，是《联合国海洋法公约》（以下简称《公约》）开放签署40周年。《公约》作为国际海洋法的重要组成部分，与其他国际条约和习惯国际法一道，共同搭建了现代国际海洋秩序的“四梁八柱”。作为《公约》缔约国，中国重视《公约》维护海洋法治方面的重要作用，忠实维护《公约》宗旨原则，合理行使《公约》权利，善意履行《公约》义务，是《公约》及其机制的积极参与者、建设者和贡献者。中国主张客观、历史、辩证地看待《公约》的地位和作用，完整、准确、善意解释和适用《公约》，兼顾《公约》、其他涉海国际条约和习惯国际法，并处理好海洋法继承与发展的关系。

一、《公约》达成的意义

《公约》的达成，有力地推动了国际海洋法治，成功地践行了多边主义，积极地展现了妥协与平衡精神。

（一）推动海洋法治

《公约》在推动国际海洋法治方面发挥重要作用。20世纪50年代至80年代，联合国组织召开了三次海洋法会议。其中，1973—1982年召开的第三次联合国海洋法会议最终达成了以《公约》为重要里程碑的国际海洋法律秩序。[①]《公约》确立了12海里的领海宽度，终结了围绕这一问题的长期争论。《公约》允许拥有特殊或独特海岸线的沿海国划设直线基线，创设了专属经济区、群岛国、“区域”等新型法律体制以及“人类共同继承财产”等新型法律原则。《公约》创设的国际海底管理局、大陆架界限委员会、国际海洋法法庭三大机构，成为全球海洋治理重要机制，为讨论和解决海洋问题提供了有益平台。这些制度创新的成就，进一步发展了国际海洋法。《公约》谈判期间，中国代表也指出，新海洋法公约总的来说比旧海洋法有了不少进步，它对维护人类共同继承财产和各国正当海洋权益，规定了一系列重要法律原则和制度，打破了旧

① Annick de Marffy-Mantuano, La convention de Montego Bay, dans：Traité de droit international de la mer (Sous la direction de Mathias Forteau et Jean-Marc Thouvenin), Editions A. Pedone, 2017：58.

海洋法片面地有利于少数大国的局面。①

（二）践行多边主义

《公约》的达成是多边主义的成功实践。第三次联合国海洋法会议是多边主义的成功实践，孕育出《公约》这一重要成果，开启了全球海洋治理的新篇章。1973—1982年，包括中国在内的160多个国家，平等磋商、互谅互让，历经9年不懈努力，最终达成《公约》。《公约》最终以130票赞成、4票反对、17票弃权的压倒性优势获得通过，显示了多边外交的重大胜利。《公约》作为海洋领域的综合性法律文书，立足全人类共同利益，获得国际社会广泛接受，拥有168个缔约方。在整个《公约》谈判过程中，中国积极践行多边主义，弘扬国际法治精神，与其他发展中国家一道推动确立“人类共同继承财产”等重要海洋法原则和制度，为《公约》的最终通过做出重要贡献。《公约》达成的成功经验表明，唯有践行真正多边主义，才能不断推动国际海洋法治向前发展。

（三）展现妥协精神

《公约》是兼顾不同类型国家诉求而达成的“一揽子交易”。妥协与平衡，是《公约》成功达成的重要精神。谈判产生的《公约》反映了各国的妥协精神，主要通过协商一致的方式运转并平衡权利与义务关系。②《公约》规定的平衡性主要体现在以下方面。

一是各国利益的平衡。在第三次联合国海洋法会议期间，一些主要海洋强国提出了3海里的领海宽度，而另有一些国家提出50海里甚至200海里的领海宽度。为平衡各方利益并考虑到当时大多数国家的主张，《公约》最后采纳了12海里的规则。

二是权利与义务的平衡。《公约》列举了公海自由的六项内容，但同时也规定了行使公海自由的限制，包括适当顾及其他国家利益、和平目的等。

三是原则与例外的平衡。《公约》的起草者在争端解决机制中雄心勃勃地引入了“导致有拘束力裁判的强制程序”，但同时也设置了适用这种强制程序的限制和例外条款以及善意及禁止权利滥用条款。

---

① 段洁龙：《中国国际法实践与案例》，北京：法律出版社，2011年，第97页。

② See the Statement by Mr. Miguel de Serpa Soares (Under-Secretary-General for Legal Affairs and United Nations Legal Counsel) at High-Level Commemorative Meeting of the General Assembly to mark the 40th Anniversary of the Adoption of the United Nations Convention on the Law the Sea (UNCLOS), 29 April 2022, https://www.un.org/ola/sites/www.un.org.ola/files/documents/2022/05/29042022-mss-statement-40-anniversary-unclos.pdf, visited on 5 September 2022.

四是清晰与模糊的平衡。为在《公约》法律文本上尽快达成妥协与共识，各方及《公约》起草者在谈判期间都采取了“故意性模糊”的缔约策略。《公约》创设了专属经济区制度，清晰地规定了专属经济区的宽度，却笼统地规定了权利与责任的分配问题。在《公约》谈判中，美国等主要海洋国家认为，专属经济区应当继续作为公海的一部分，受制于沿海国的特别权利。其他国家则坚持专属经济区是沿海国的一个特殊海洋区域，受制于航行与飞越自由。[①]《公约》回避了这一争论，没有对专属经济区里的每一项海洋活动都作出十分详尽的规定。“故意性模糊”虽然有助于各方在法律文本上尽快达成妥协与共识，但它也创制了一些法律规制的“灰色区域”，进而导致了一些新问题新争论。

二、中国的行动与贡献

中国在1982年12月首批签署《公约》、1996年批准《公约》，有力地促进了《公约》的达成和生效。中国支持《公约》在维护国际海洋法治方面发挥重要作用，是《公约》及其机制的积极参与者、建设者和贡献者。

（一）积极建设《公约》及其机制

1. 全程参与《公约》谈判

1973—1982年召开的第三次联合国海洋法会议，是中国恢复联合国合法席位后参与的首个重要国际立法进程。包括中国在内的160多个国家，平等磋商、互谅互让，历经9年不懈努力，最终达成《公约》。

作为发展中海洋大国，中国全程积极参与《公约》谈判，是最早签署《公约》的国家之一。中国和广大发展中国家致力于改变已落后时代的旧海洋规则，积极维护各国特别是中小国家的正当合法权益。在政治上，中国坚定支持发展中国家，巩固了国际力量的对比。在法律上，中国反对美日侵权行径，坚决维护中国领土主权和海洋权益。在实践中，中国既坚持原则也灵活应对，通过多种方式积极参与谈判磋商。在整个谈判过程中，中国兼顾自身正当权益与国际社会整体利益，积极践行多边主义，弘扬国际法治精神，紧密团结亚非拉发展中国家，在领海宽度、军舰无害通过、专属经济区和大陆架、海洋环境保护、海洋科学研究、“区域”制度及“人类共同继承财产”

① Louis Sohn, Kristen Juras, et al., Law of the Sea in a Nutshell, Second edition, West Academic Publishing, 2010: 258.

原则、群岛整体性及海洋争端解决等问题上积极发声，通过多种方式主动作为，为以《公约》为代表的现代海洋法制度的创新性发展做出贡献。①

2. 持续赋能《公约》三大机构运作

国际海洋法法庭、国际海底管理局和大陆架界限委员会是《公约》创设的三大机构，为讨论和解决海洋问题提供了有益的多边平台。《公约》三大机构的创设，是多边外交的成功实践，也是多边主义的重要成果。中国赋能《公约》三大机构，支持并参与《公约》三大机构的工作，为其高效运作积极提供财务支撑，助力发展中国家参与全球海洋事务。

自国际海洋法法庭1996年成立以来，中国持续输送优秀法律人才担任法官。围绕国际海洋法法庭海底争端分庭关于“担保国责任”的咨询意见案（第17号案）以及国际海洋法法庭关于“次区域渔业委员会”咨询意见案（第21号案），中国积极向法庭提交了书面意见，对相关法律问题发表看法。作为法庭最大会费国，中国坚持及时足额缴纳会费，为其运作提供有力的财务支撑，助力法庭高效运作。

中国积极支持并参与国际海底管理局各项工作，践行有关深海环境保护举措，助力能力建设与技术转让，共建全球首个深海联合培训和研究中心，持续向国际海底管理局有关基金或项目捐款，在促进其组织制度建设、战略计划实施以及各项业务有序开展等方面做出了重要贡献。

中国积极参与大陆架界限委员会机制建设，全力支持中国籍委员履职尽责。中国支持委员会严格依据《公约》及现行《大陆架界限委员会议事规则》开展工作，积极评价委员会为平衡处理沿海国合法权益和国际社会整体利益、促进国际海洋秩序稳定做出的积极贡献，坚定维护委员会“有争议、不审议”原则。中国多年向委员会自愿信托基金提供捐助，支持发展中国家参与有关工作。

3. 积极参与国际涉海新规则制定

《公约》是一个开放包容、与时俱进的法律框架。中国积极参与《公约》框架下海洋治理机制和相关规则的制定。为更好地适应国际海洋实践，各方在《公约》出台后陆续制定了关于国际海底和鱼类种群两份执行协定。2023年3月，关于国家管辖范围外海域生物多样性养护和可持续利用问题（BBNJ）国际协定已经成功达成，等待正式通过及签署。中国积极参与了包括BBNJ国际协定在内的三个执行协定的谈判进程，

---

① 关于中国对第三次联合国海洋法会议的贡献，自然资源部海洋发展战略研究所党委书记、副所长贾宇研究员对此撰文有非常清晰凝练的总结，参见贾宇：《塑造国际海洋法律秩序的中国贡献——纪念〈联合国海洋法公约〉开放签署40周年》，载《亚太安全与海洋研究》，2022年第5期。

截至目前签署了关于国际海底和鱼类种群两份执行协定。中国还自始至终参与了《“区域”内多金属结核探矿和勘探规章》《“区域”内多金属硫化物探矿和勘探规章》《“区域”内富钴结壳探矿和勘探规章》的制定，并为这些勘探规章的出台做出了重要贡献。当前，中国正在参与“国际海底资源开发规章”的制定，为推动构建现代海洋秩序发挥了积极作用。

（二）积极贡献中国的实践及智慧

1. 积极推动《公约》落地生根

作为《公约》缔约国，中国恪守《公约》精神，全面、忠实、善意履行《公约》，在海洋立法、执法和司法方面推动《公约》落地生根。

中国积极打造海洋立法矩阵。《公约》签署后，中国依据《公约》规定和精神，先后颁布《中华人民共和国海洋环境保护法》《中华人民共和国海上交通安全法》《中华人民共和国渔业法》《中华人民共和国领海及毗连区法》等重要涉海法律。《公约》生效后，中国还出台了《中华人民共和国专属经济区和大陆架法》《中华人民共和国海域使用管理法》《中华人民共和国海岛保护法》等重要涉海法律。近年来，中国颁布《中华人民共和国深海海底区域资源勘探开发法》，出台《中华人民共和国海警法》，修订《中华人民共和国海洋环境保护法》《中华人民共和国海上交通安全法》等重要涉海立法，推出相关的配套规定和措施，积极打造海洋立法矩阵，不断完善符合包括《公约》在内的国际法的海洋立法体系。此外，中国的立法和实践还对《公约》的某些不足予以必要的补充。特别是1998年《中华人民共和国专属经济区和大陆架法》第14条关于历史性权利的规定，以及对“南海仲裁案”裁决中关于历史性权利已被《公约》所取代的论调的批驳，恰是对《公约》确认的“本公约未予规定的事项，应继续以一般国际法的规则和原则为准据”的践行。①

中国持续强化海洋执法力度。中国积极开展海洋资源环境突出问题整治和海洋渔业管理的专项执法行动，有效维护海洋开发利用活动秩序。中国严厉打击海上突出违法犯罪活动，推进平安海域建设。中国加强执法能力建设，加快执法协作机制建立，有效提升海上维权执法效能。中国不断健全完善双多边执法合作机制，扎实履行国际条约规定的执法责任。

中国不断完善海事司法制度。中国建立“三级法院二审终审制”的海事审判机构

① 参见贾宇：《塑造国际海洋法律秩序的中国贡献——纪念〈联合国海洋法公约〉开放签署40周年》，载《亚太安全与海洋研究》，2022年第5期。

体系，颁布《最高人民法院关于海事法院受理案件范围的规定》《最高人民法院关于海事诉讼管辖问题的规定》《最高人民法院关于审理发生在我国管辖海域相关案件若干问题的规定（一）》《最高人民法院关于审理发生在我国管辖海域相关案件若干问题的规定（二）》《关于审理海洋自然资源与生态环境损害赔偿纠纷案件若干问题的规定》等一系列关于海事司法的司法解释，将海事行政案件和部分海事刑事案件也纳入海事法院的受案范围，推动海事司法制度不断完善。

2. 高度重视海洋生态文明建设

海洋是人类共同的家园，保护和可持续利用海洋是全人类共同的任务。中国重视海洋生态文明建设，牢记《公约》“保护和保全海洋环境”的目标，认真履行《公约》环保义务，持续加强海洋环境污染防治，致力于保护海洋生物多样性，实现海洋资源有序开发利用，推动海洋可持续发展，在政策、法律、行动与措施方面成就显著。作为负责任国家，中国依据《公约》致力于科学养护和可持续利用渔业资源，促进全球渔业的可持续发展。中国坚持“国际海底区域”资源开发与环境保护相平衡的理念，促进“区域”矿产资源的可持续利用。

3. 大力支持发展中国家能力建设

中国积极履行《公约》相关合作义务，不断拓展和深化国际海洋合作，大力支持发展中国家能力建设，取得了显著的成就。一是中国积极提供海洋技术对外援助培训，为发展中国家培养高素质海洋人才。例如，2019 年，中国自然资源部与国际海底管理局签订备忘录，在中国青岛建立联合培训和研究中心。该中心是面向国际社会开放的致力于深海科学、技术、政策培训与研究的机构，主要目的是促进全球海洋合作，提升发展中国家参与“区域”活动的能力。二是中国还与相关国家开展联合研究，成立联合研究中心或平台，如中泰气候与海洋生态系统联合实验室、中柬海洋空间规划联合实验室等。三是中国还面向发展中国家提供资金支持或财政帮助，如中国政府海洋奖学金。

三、中国关于《公约》的基本立场

当前，世界百年未有之大变局加速演进，国际海洋秩序正在经历深刻调整，人类正处在一个挑战层出不穷、风险日益增多的时代。面对这些风险和挑战，中国忠实维护《公约》宗旨原则，合理行使《公约》权利，善意履行《公约》义务，围绕航行自由与安全、海洋争端解决、《公约》地位与作用，以及全球海洋治理等方面形成了基本立场。

（一）积极保障航行自由与航行安全

《公约》序言开宗明义提出，要“便利国际交通”。中国积极保障航行自由和安全，守护国际航运畅通。中国一贯尊重和支持各国依据国际法在周边海域享有的航行和飞越自由，但坚决反对以“航行自由”之名，行威胁主权和安全之实。中国积极落实《公约》和国际海事组织相关规定，加入了国际海事组织框架下几乎所有公约，不断提升海上搜救等保障服务，显著改善航行安全条件。

1. 尊重各国依法享有的航行权利

《公约》在领海、专属经济区、公海等海域规定了相应的航行制度。[①] 中国认为，各方在不同海域行使航行权利，均应全面遵守《公约》规定和精神，否则将损害《公约》的完整性和权威性。即使非《公约》缔约国也不能片面强调航行权利，而无视沿海国的正当合理权益。中国依法维护“航行自由”，反对“横行自由”。中国一贯尊重和支持各国依据国际法在周边海域享有的航行和飞越自由，但坚决反对以“航行自由”之名，行威胁主权和安全之实。

2. 保障管辖海域的航行安全

《公约》多次提及“通过主管国际组织”采取行动，要求“符合一般接受的国际规章”，显示《公约》对其他涉海组织和国际规则的尊重，协同发挥国际海事组织等国际机构的作用。中国积极落实《公约》和国际海事组织相关规定，加入了国际海事组织框架下几乎所有公约。中国致力于保障管辖海域的航行安全，不断提升海上搜救等保障服务，显著改善航行安全条件。中国的实践证明，沿海国主动提供通信、导航、搜救等船舶安全航行所必要的安全保障服务，能够切实守护相关海域的航行自由，维护和平安宁的海洋秩序。

---

① 外国船舶在领海享有无害通过，但不得损害沿海国的和平、良好秩序或安全；在专属经济区享有航行自由，但须顾及沿海国对自然资源的主权权利以及对海洋科考、海洋环境保护等事项的管辖权；各方在公海享有航行自由，但须符合“公海应只用于和平目的”等要求。

（二）通过谈判协商和平解决海洋争端

中国坚持以和平方式解决海洋争端。① 中国坚定维护《公约》的完整性和权威性，主张完整、准确、善意解释和适用《公约》，反对滥用《公约》争端解决程序，反对将《公约》作为对他国进行打压抹黑的工具，反对司法机构不当扩权滥权。中国认为，《公约》争端解决机制是一个精心设计、平衡反映各方关切的整体，应善意、准确、完整地理解和适用，避免滥用。《公约》提供多种争端解决途径，充分尊重争端当事国的自愿选择。2006 年 8 月 25 日，中国根据《公约》第 298 条的规定向联合国秘书长提交声明，称“关于《公约》第 298 条第 1 款（a）、（b）、（c）项所述的任何争端，中华人民共和国政府不接受《公约》第十五部分第二节规定的任何程序”，明确将涉及海洋划界、历史性海湾或所有权、军事和执法活动，以及联合国安全理事会执行《联合国宪章》所赋予的职务等争端排除在《公约》强制争端解决程序之外。在海洋争端问题上，中国主张由直接有关当事国在尊重历史事实和国际法基础上进行谈判协商。

（三）客观、历史、辩证地看待《公约》地位和作用

如同其他许多国际条约一样，《公约》也有其局限性。在实践中，《公约》在规制和实施上仍面临诸多问题与挑战。《公约》不是国际海洋法的全部，也无法彻底取代习惯国际法。中国主张各方应客观、历史、辩证地看待《公约》的地位和作用，完整、准确、善意解释和适用《公约》，兼顾《公约》、其他涉海国际条约和习惯国际法，并处理好海洋法继承与发展的关系，不断推动国际海洋法治迈向新篇章。

1.《公约》面临新挑战新问题

《公约》在规制范围、内容等方面存在的问题与挑战包括：一是《公约》调整范围有限。《公约》在序言中清晰载明，“未予规定的事项，应继续以一般国际法的规则和原则为准据”。这些“未予规定的事项”包括历史性权利、远海群岛等。二是《公约》在一些调整事项上缺乏清晰的法律定义和详尽的法律规则。例如，《公约》对“船舶”“海洋科学研究”等关键术语并未给出法律界定。三是其他国际组织及其他法律文书也参与涉海问题的法律规制。《公约》多次提及“通过主管国际组织”采取行动，要求“符合一般接受的国际规章”，也显示《公约》对其他国际组织及其他法律文书的尊重。四是《公约》对无人船舶使用、海平面上升、海洋垃圾、海洋酸化、水

---

① 中国以实际行动恪守和平解决国际争端的原则。中国坚持通过和平谈判与 14 个陆地邻国中的 12 个国家彻底解决了陆地边界问题，占中国陆地边界长度的 90%。中国与越南已通过和平谈判划定了两国在北部湾的领海、专属经济区和大陆架界限。

下噪声等新兴海洋问题规制不足。

在《公约》实施中，曲解《公约》条款、滥用《公约》程序等做法时有发生，损害了《公约》的严肃性和权威性。主要体现在：一是以法律解释之名，行越权造法之实。在司法实践中，法律解释与法律创制之间的界限并不清晰，存在个别裁判者枉法裁判的情况。“南海仲裁案”仲裁庭对《公约》第121条第3款进行的所谓“解释”，就是一个典型例子。① 二是动摇甚至恶意破坏《公约》的微妙平衡机制。有的缔约方在明知领土主权争议不属于《公约》调整范围，海洋划界争议已被有关声明排除的情况下，蓄意将有关争议包装成所谓的《公约》解释或适用问题，滥用《公约》争端解决机制，单方面提起强制仲裁。个别非缔约方恶意曲解“海洋自由”，滥用“航行自由”，严重冲击《公约》的妥协平衡机制。三是漠视甚至挑战善意与禁止权利滥用的法律原则。曲解《公约》条款，滥用《公约》程序，在很大程度上归因于对善意与禁止权利滥用原则的漠视甚至挑战。

2. 习惯国际法继续发挥难以替代的作用

现代海洋法是一个开放包容的体系，涵盖《公约》、其他涉海国际法律文书以及习惯国际法。尽管《公约》在维护国际海洋法治方面发挥重要作用，但它不构成国际海洋法的全部内容，也无法彻底取代习惯国际法。历史性权利、远海群岛等“未予规定的事项”仍继续由习惯国际法调整。

3. 国家实践推动海洋法新发展

国家实践在推动国际海洋法形成与发展方面发挥基础性作用。《公约》编纂了长久以来形成的国家实践，诸多制度都反映了习惯国际法。同时，国家实践也在驱动着国际海洋法的新发展。②《公约》作为开放包容、与时俱进的法律框架，应始终与时俱进，以更好地适应国际海洋实践。③ 国家实践没有止境，国际海洋法规则就不会停止发展。

---

① 法国巴黎第一大学荣休教授艾斯曼（Pierre Michel Eisemann）对此专门撰文指出，“南海仲裁”裁决对《公约》第121条第3款的所谓“解释”根本不能成立。仲裁庭无视立法准备文件和国家实践，根本没有解释《公约》法律文本，仅为行使“重写法律文本的自由”。参见 Pierre Michel Eisemann, Qu'est-ce qu'un rocher au sens de la Convention de Montego Bay de 1982? Observations sur la sentence arbitrale du 12 juillet 2016 relative à la mer de Chine méridionale, dans: Revue générale de droit international public, 2020, 124 (1): 7-38.

② 例如，17世纪欧洲国家的海洋主张和实践，推动了公海自由原则和领海制度的设立。1945年美国《杜鲁门公告》推动了大陆架制度的确立。“二战”后一些拉美国家的海洋主张和实践逐渐推动了专属经济区制度的确立。

③ 例如，《公约》出台后，各方又陆续制定关于国际海底和鱼类种群的两份执行协定。随着海洋科学技术和装备的发展及其相关实践活动的开展，人类对海洋生物多样性的认识不断丰富，利用海洋自然资源的能力也不断提升。这些新认识新实践正在推动着《公约》的法律体制继续向前发展。

（四）推动构建海洋命运共同体

命运共通，责任共担，利益共享，既是国际海洋法治的价值追求，也是中华传统文化的价值取向。当前，百年变局加速演进，海洋问题层出不穷，国际规则深刻震荡。面对新形势新问题新挑战，中国提出“推动构建海洋命运共同体”。《公约》序言也开宗明义提出，要“照顾到全人类的利益和需要”。《公约》还以法律形式巩固了“人类共同继承财产”原则，为发展中国家有效参与国际海底事务提供了制度保障。作为人类命运共同体的重要组成部分以及全球海洋治理的中国方案，“海洋命运共同体”理念立足国际社会整体利益，弘扬全人类共同价值，与《公约》彰显的多边主义、和平、合作、可持续发展等精神和理念相契合。

站在新的历史起点上，作为国际法治的倡导者、维护者和建设者，中国坚定奉行真正的多边主义，坚定维护以联合国为核心的国际体系和以国际法为基础的国际秩序，忠实维护《公约》宗旨原则，合理行使《公约》权利，善意履行《公约》义务，不断发展包括《公约》在内的国际海洋法，持续完善全球海洋治理规则。

四、小　结

《公约》作为一项重要法律成就在维护国际海洋法治方面发挥重要作用，也是多边主义的成功实践。《公约》是兼顾不同类型国家诉求而达成的“一揽子交易”，体现了各国利益的平衡、权利与义务的平衡、原则与例外的平衡以及清晰与模糊的平衡。中国在 1982 年 12 月首批签署《公约》、1996 年批准《公约》，有力促进《公约》的达成和生效。中国支持《公约》在维护国际海洋法治方面发挥重要作用，是《公约》及其机制的积极参与者、建设者和贡献者。同时，中国主张各方应客观、历史、辩证地看待《公约》的地位和作用，完整、准确、善意解释和适用《公约》，兼顾《公约》、其他涉海国际条约和习惯国际法，并处理好海洋法继承与发展的关系。中国愿与各国一道，坚定维护以联合国为核心的国际体系和以国际法为基础的国际秩序，继续弘扬《公约》体现的多边主义精神，忠实维护《公约》宗旨原则，共守《公约》精神，抵制海上“丛林法则”，推动构建海洋命运共同体。

第五部分

全球海洋治理与海洋命运共同体

第十四章　BBNJ 国际协定谈判与中国参与

国家管辖外海域生物多样性养护和可持续利用国际协定（Marine Biological Diversity of Areas beyond National Jurisdiction，BBNJ 国际协定）作为《联合国海洋法公约》（以下简称《公约》）框架下第三个执行协定，主要国家集团、沿海国、内陆国以及相关国际组织均给予高度重视。中国作为 BBNJ 国际协定谈判的主要贡献方、推动者，积极参与 BBNJ 国际协定谈判，为协定达成贡献中国智慧、提供中国方案，致力于维护全人类的整体利益，力促尽快完成谈判，出台具有法律约束力的国际协定，与国际社会共建海洋命运共同体。

一、BBNJ 国际协定概述

BBNJ 国际协定谈判是当前海洋和国际法领域最为重要的立法进程，将为国家管辖外海域生物多样性养护和可持续利用提供法律依据。经过近 20 年谈判，BBNJ 国际协定已于 2023 年 3 月完成磋商，下一步将开启全球海洋治理新篇章。

（一）协定谈判由来

根据《公约》规定，国家管辖外海域包括向所有国家平等自由开放的公海、属于人类共同继承财产的国际海底区域，占全球海洋面积的 64%，是人类赖以生存和发展的重要区域。随着经济发展和技术进步，人类对海洋及其资源和空间的开发利用强度增强，影响范围、活动空间逐渐由近海浅海向深海远洋拓展。海洋作为地球生命支持系统的基本组成部分，面临陆源污染、过度捕捞、富营养化、气候变化和海洋酸化等方面的不利影响，国家管辖外海域生物多样性面临的威胁日益增加，海洋遗传资源研究、开发和利用展示出巨大的商业前景。

1992 年，里约联合国环境与发展大会通过《生物多样性公约》（以下简称《生多公约》），公平公正地分享利用遗传资源产生的惠益成为该公约的三大目标之一。[①] 为推动实现该目标，在 1998 年召开的《生多公约》第 4 次缔约方大会上，决定成立获取与惠益分享问题特设工作组，就遗传资源获取与惠益分享议题开展谈判，并于 2010 年

① 《生物多样性公约》，https：//www. cbd. int/convention/，2022 年 10 月 21 日登录。

在第 10 次缔约方大会上通过了《〈生多公约〉关于获取遗传资源和公正公平分享其利用所产生惠益的名古屋议定书》。但《生多公约》及其名古屋议定书的管辖范围不包括各国管辖范围之外的区域，更不能解决发展中国家普遍关注的国家管辖外海域遗传资源获取和惠益分享问题。①

2002 年，约翰内斯堡联合国可持续发展峰会通过的《约翰内斯堡执行计划》指出，在符合国际法和科学信息的基础上建立保护区，到 2012 年年底之前建立有代表性的公海保护区网络以及禁渔区或禁渔期保护育幼场。为落实该行动计划，《生多公约》等国际组织把划区管理作为重点任务，推动海洋从开发利用向保护优先转变。2010 年，《生多公约》第 10 次缔约方大会通过爱知生物多样性目标。② 该目标 11 提出，到 2020 年，建立代表性和连通性良好的保护区系统和其他有效的区域性养护措施，养护 10% 的沿海地区和海洋区域，特别是对生物多样性和生态系统服务具有特殊重要性的区域。沿海地区和海洋区域是指《生多公约》管辖的各国管辖海域，亦不适用公海和国际海底区域。

《约翰内斯堡执行计划》还提出，各级国际组织采取行动，充分考虑相关国际文书，以维持重要但脆弱的海洋和沿海地区生产力和生物多样性，包括国家管辖外海域。2003 年，联合国海洋和海洋法第四次非正式协商进程着重讨论国家管辖外海域生物多样性养护和可持续利用问题，建议各级国际机构紧急审议，以更好地处理国家管辖外海域生物多样性受到的威胁。③ 为此，2004 年，联合国大会通过第 59/24 号决议决定设立非正式特设工作组，专门研究与 BBNJ 养护和可持续利用有关问题④，开启谈判制定新协定的国际协商进程。

BBNJ 国际协定与《公约》前两个执行协定不同。1994 年《关于执行 1982 年 12 月 10 日〈联合国海洋法公约〉第十一部分的协定》、1995 年《执行〈联合国海洋法公约〉有关养护和管理跨界鱼类和高度洄游鱼类种群规定的协定》是对《公约》的完善，对已规定的国际海底矿产资源、公海渔业资源采取部门性管理。而 BBNJ 国际协定则是对《公约》未规定事项的补充和完善，视海洋为一个整体，综合管理海洋遗传资源及其惠益分享，包括公海保护区在内划区管理工具、环境影响评价、能力建设和海洋技术转让等问题。

---

① 郑苗壮、刘岩、裘婉飞：《中国政府参与国家管辖范围以外区域海洋生物多样性国际协定谈判预委会发言及国家立场文件汇编》. 北京：社科文献出版社，2019 年。

② UNEP/CBD. Strategic Plan for Biodiversity 2011—2020 and the Aichi Targets，https：//www. cbd. int/sp/targets/，2022 年 10 月 21 日登录。

③ 联合国海洋和海洋法问题不限成员名额非正式协商进程工作报告，A/58/95。

④ UNGA，oceans and law of the sea，A/RES/59/24，2004。

（二）谈判进程回顾

经过十多年磋商，专家层面的非正式特设工作组、为正式磋商筹备的预备委员会已全部完成，并于 2018 年正式启动政府间谈判。当前，各方要求尽快完成谈判、出台具有法律约束力国际协定的政治意愿强烈，谈判加速冲刺。

1. 非正式特设工作组①

2004—2015 年为谈判“第一阶段”，以专家层面研讨为主，对“解决是否要制定新协定，以及新协定将规范哪些议题”达成认识上的共识。经联合国大会授权成立的 BBNJ 非正式特设工作组，在“第一阶段”的 11 年内共召开 9 次工作组会议、2 次会间专家研讨。② 经各方务实合作，决定在《公约》框架下制定具有法律约束力的国际协定，“一揽子”同步解决海洋遗传资源及其惠益分享，包括公海保护区在内划区管理工具、海洋环境影响评价、能力建设与海洋技术转让四项议题。

2. 预备委员会③

2016—2017 年为谈判的“第二阶段”，主要为政府间正式磋商提供基础文本，对案文框架结构达成共识。根据 2015 年联合国大会第 69/292 号决议，“第二阶段”共召开 1 次组织程序会议、4 次预备会议。④ 在 2017 年结束的预备委员会第 4 次会议上，各方对各议题虽取得一定共识，但分歧依旧严重。发展中国家努力推动谈判取得积极进展，加强与欧盟、美国等发达国家和地区的协商力度，但部分国家态度强硬，拒不让步。向联合国大会提交的协定要素草案既不反映各方共识，也不影响各国在政府间大会谈判中的立场，致使预备委员会未能达成预期成果。

3. 政府间大会⑤

2017 年以来为谈判的“第三阶段”，就 BBNJ 国际协定的案文条款进行政府间谈判

---

① Ad Hoc Open-ended Informal Working Group to study issues relating to the conservation and sustainable use of marine biological diversity beyond areas of national jurisdiction.

② https：//www. un. org/Depts/los/biodiversity working group/biodiversity working group. htm，2022 年 11 月 22 日登录。

③ Preparatory Committee established by General Assembly resolution 69/292：Development of an international legally binding instrument under the United Nations Convention on the Law of the Sea on the conservation and sustainable use of marine biological diversity of areas beyond national jurisdiction.

④ UNGA，oceans and law of the sea，A/RES/69/292，2015.

⑤ Intergovernmental Conference on an international legally binding instrument under the United Nations Convention on the Law of the Sea on the conservation and sustainable use of marine biological diversity of areas beyond national jurisdiction.

磋商，要在“案文上达成共识”，出台对各方具有法律约束力的法律文书。根据联合国大会第72/249号决议，决定启动政府间大会拟订案文并尽早出台BBNJ国际协定。[①] 政府间谈判历时5年、完成5轮磋商，各方在关键问题上依旧存在分歧，多数国家务实推进谈判期待早日出台协定，但令人遗憾的是部分发达国家态度消极。特别是在与150多个发展中国家诉求密切相关的海洋遗传资源议题上，谈判举步维艰，中国、巴西等代表团多次进行调解，但部分发达国家拒不承担国际责任、拒绝履行国际义务。在政府间谈判中，包括中国在内的多数代表团努力推动谈判取得积极进展。

二、政府间会议谈判新进展

BBNJ国际协定的制定和实施将重构国家管辖外海域的利益格局，攸关各国在公海和国际海底区域的战略利益及其布局。各国普遍支持尽快完成谈判，出台对各国具有法律约束力的国际协定，但对部分议题立场不一，分歧严重，谈判仍将是复杂而艰巨的利益博弈过程。

（一）会议特点及趋势

受新冠疫情影响，时隔两年之后，BBNJ政府间谈判再次开启，并于2022年3月和8月召开两次政府间大会。大会以主席起草的协助谈判文件为基础，结合其拟定的问题清单展开磋商。主要呈现以下特点和趋势：

1. 主要议题谈判进展失衡

多数国家养护和可持续利用国家管辖以外区域生物多样性的政治意愿强烈，关于划区管理工具、环境影响评价的具体制度安排和案文条款磋商取得显著进展，就实质性问题的共识在扩大，部分制度安排已初步达成一致。但发展中国家和发达国家关于海洋遗传资源的根本性分歧未见弥合，人类共同继承财产与公海自由的原则之争愈演愈烈。自2004年设立非正式特设工作组以来，与海洋遗传资源议题相关的实质性问题磋商寸步未进，制度安排持续“虚化”“弱化”，发展中国家的利益诉求从未得到发达国家正面回应，难以公平公正地分享利用海洋遗传资源产生的各种惠益。此外，发展中国家主张发达国家为BBNJ提供资金支持，加强对其开展能力建设和技术转让，切实提升其养护水平质量和利用能力；但发达国家总体态度消极，缺乏务实合作精神，主动性和参与性不强，致使谈判进展极为缓慢。

---

① UNGA, oceans and law of the sea, A/RES/72/249, 2017.

2. 谈判阵营强化、分化和重新组合

发展中国家在海洋遗传资源、能力建设和海洋技术转让等议题上态度坚决，诉求一贯明确且合理，77 国集团、非洲集团、拉美国家集团、加勒比共同体等加大协调力度，共同发声维护国际社会整体利益，务实推动国家管辖以外区域生物多样性。欧盟与澳大利亚、加拿大、新西兰等发达国家“抱团”，通过高层政治外交、有条件援助等多种渠道，拉拢打压分化瓦解发展中国家集团，极力推动其所关注的环保议题谈判，但拒绝为 BBNJ 提供资金支持，而把划区管理、提高海洋活动的环保门槛作为限制发展中国家发展的手段和工具；美国调整谈判策略，加强与欧盟协调立场，把 BBNJ 国际协定的制定和实施武器化。部分海洋地理有利国酝酿形成新利益集团，纷纷表达 BBNJ 不能损害其对本国管辖海域利用的权利，以“养护”为名谋取邻近国家管辖外海域的特权，侵蚀公海和国际海底区域制度。

3. 要求完成谈判、出台协定的呼声高涨

包括中国在内的多数国家呼吁为加快 BBNJ 国际协定的谈判进程，尽快达成满足各方利益关切的 BBNJ 国际协定，维护国际社会和全人类的整体利益。至 2022 年 9 月，已有 50 多个国家加入 BBNJ 国际协定高雄心联盟。值得注意的是，各方虽普遍支持完成谈判、出台具有法律约束力的国际文书，但其关注点和出发点并不相同。多数发展中国家致力于创建海洋治理的国际多边体系，对 BBNJ 实施公平有效的管理，充分体现各方合理关切，公平公正地向发展中国家分享获取、研究和开发海洋遗传资源产生的各种惠益，让海洋遗传资源利用惠及整个国际社会。以欧盟为代表的发达国家和地区力推划区管理工具议题，谋划通过公海保护区制度落实“3030 目标”，按其意志主导公海保护区全球布局，继续把控国际海洋秩序，并非真正为养护海洋生物多样性实施划区管理。

4. 谈判进入寻求务实合作的新阶段

政府间大会已完成多轮磋商，各方谈判立场较为清晰，利益关切基本明确。为实现谈判目标，维护自身利益，各方在协定磋商加速的关键时期，密集开展立场协调和妥协，加快利益置换，以争取利益最大化，减轻损失，确保不突破底线、红线。当前，以欧盟为代表的发达国家和地区较为活跃，寻求尽快完成划区管理工具议题磋商，以对其他议题施加影响压力，破坏与发展中国家达成的“一揽子解决方案”。当前，各方就海洋遗传资源惠益分享等部分制度安排依然存在严重分歧，部分发达国家罔顾发展中国家的关切，通过实施政治压力、发动舆论攻势，图谋强行闯关结束 BBNJ 国际协定谈判，遭到多数国家抵制，以失败告终。如强制结束谈判、仓促出台协定，将重蹈《关于获取遗传资源和公正和公平分享其利用所产生惠益的名古屋议定书》谈判失败的覆辙，把难点留待协定生效之后继续磋商解决，可能长期悬而未决，不能满足部分国家的利益诉求。

（二）主要议题

BBNJ 国际协定谈判聚焦海洋遗传资源、划区管理工具、海洋环境影响评价等重大问题，表面上是讨论海洋生物多样性科学和法律问题，但实质上是在新时期对海洋空间管理、海洋新资源利用、海洋活动方式建章立制，将影响国际海洋利益格局。各方对谈判制定 BBNJ 国际协定的立场不一，分歧严重，完成谈判将是复杂而艰巨的利益博弈过程。

1. 海洋遗传资源及其惠益分享

发展中国家和发达国家划分为立场鲜明的两大阵营，基本观点对立，分歧严重难以调和。总体来说，发达国家在海洋遗传资源获取、研究、开发和商业化等方面占据先机，在监测利用海洋遗传资源的走向、向发展中国家分享货币化惠益等实质性问题上态度坚决，一味拒绝承担国际责任，已成为谈判取得进展的主要阻力来源。

发展中国家坚持海洋遗传资源属于人类共同继承财产，按该原则设计全过程追踪利用情况的管理制度，并强制分享产生的货币化惠益。具体来说，把海洋天然产物（衍生物）纳入海洋遗传资源的广义范畴，尽可能向前追溯《公约》生效之后、BBNJ 国际协定生效之前获取的遗传资源。为海洋遗传资源分配带有溯源性质的标识符，追踪其从获取到研究、开发和商业化的流向，以建立具有可操作性、可实施性的按阶段惠益分享制度。海洋遗传资源的保藏机构和原地获取方，应为使用方获取遗传材料提供便利，遗传资源分析得到的遗传序列信息应及时对外公布公开，发达国家不能垄断遗传序列信息及其存储的数据库。发展中国家可以作为与海洋遗传资源相关知识产权的共同持有人，特别是具有较高商业应用前景的专利；在进入商业化的特定阶段，应按比例向发展中国家分享货币惠益；如在商品销售阶段，从第 6 年开始分享 2% 的销售额，逐年增加 1%，至第 12 年增至 8%，除非另有规定其后保持不变。

发达国家观点与发展中国家针锋相对，主张海洋遗传资源适用公海自由制度，原地获取遗传资源为海洋科学研究活动，研究、开发和商业化阶段为应用遗传信息，而非遗传材料，惠益分享限于原地获取阶段，不应包括后续研究、开发和商业化阶段及其后续产生的货币或非货币惠益，仅在自愿基础上公开原地获取遗传资源目录等信息，拒绝分享具有潜在商业应用前景的研究成果、知识产权等有价值的惠益。认为海洋天然产物与具有遗传特性的遗传资源有本质区别，不属于海洋遗传资源。拒绝为遗传资源分配标识符，反对建立从获取到研究、开发和商业化的全过程追踪机制，提出有条件分享或自愿分享遗传序列数字信息，并利用当前在发达国家的国际数据库，继续垄断遗传信息存储。

2. 包括公海保护区在内的划区管理工具

各方普遍赞同为促进 BBNJ 国际协定谈判，表达支持对海洋生物多样性采取划区管理的政治意愿，就主要制度安排的关键要素达成初步共识，且推动谈判的力量在持续扩大，但在以下问题上仍存在较大分歧。

一是决策程序。欧盟、小岛屿国家和地区等主张，如缔约方大会就建立划区管理工具未能协商一致，可投票表决。部分国家对此提出质疑，认为他们在保护区域内有特殊利益关切，但其命运的决定权被其他国家所掌握，有违公平原则。美国、日本、冰岛等提出“两步走”方案，即指定划区管理工具但不设置管理措施时，可投票表决；但为划区管理工具建立而制定管理措施时，必须协商一致通过。俄罗斯等指出，指定仅是实施划区管理的一个步骤，仅指定而不采取管理措施，保护区只会停留在“纸面上”，并不能有效养护海洋生物多样性；建议指定划区管理工具和建立管理措施同步进行，协商一致通过。此外，美国、日本等还提出，缔约方可选择性执行已通过的管理措施，也可在一定期限内退出已执行的管理措施。

二是提案程序。多数国家支持划区管理的地理范围限定于国家管辖外海域，中国、土耳其、拉美国家集团等认为，如对某一海域是否为国家管辖外海域存在争议，则该区域也不能纳入提案。多数发展中国家认为，包括公海保护区在内的划区管理工具应保持养护和可持续利用的合理平衡，保护区域及其对应的管理措施有合理期限，定期评估管理措施的有效性和管理目标的实施进展，定期或到期后可对管理措施进行延长期限、撤销或调整；发达国家和小岛屿国家则提出，公海保护区是没有期限的，且只有养护目标，排除任何可持续利用的海洋活动。因缺乏必要的科研监测资金资源投入，管理措施难以动态调整，发达国家意图一建了之，把保护区建设成为人类活动的禁区。

三是“毗邻区域”。澳大利亚、加拿大、新西兰、挪威及小岛屿国家等部分海洋地理有利国指出，临近其专属经济区、大陆架、外大陆架之外的公海和国际海底区域应成为独特的地理单元，即“毗邻区域”。如在“毗邻区域”设立划区管理工具时，应主动与“毗邻”沿海国开展协商，听取其意见征得其同意，“毗邻”沿海国应享有划设管理的优先权和提案决策的否决权。美国、中国、欧盟、非洲集团等认为，《公约》并未规定“毗邻区域”，更未提出任何沿海国可在公海和国际海底区域享有特权；提出提案协商时，应积极听取包括沿海国在内所有国家的意见，特别是在相关保护区域内具有重要社会经济利益的国家。

3. 海洋环境影响评价

该议题的焦点是“由谁落实、如何落实”《公约》第204~206条规定的环评制度，在开展环评的程序、环评报告要素等方面已取得一定共识，但在环评的启动门槛、环评决策以及环评“国际化”等难点上还有较大分歧。

一是启动门槛。美国、中国、俄罗斯、日本、欧盟、拉美等多数国家和地区普遍支持环评应遵循《公约》的规定，把第206条“可能造成重大污染或重大和有害变化”作为环评的启动门槛。包括新加坡在内的小岛屿国家则建议参照《关于环境保护的南极条约议定书》的做法，采取“分层”的方式，对造成“不止轻微或短暂影响”的拟议活动开展初步环评，对“可能造成重大污染或重大和有害变化”的拟议活动进行全面环评。

二是环评决策。多数国家支持环评为一项国家程序，应由缔约方主导、缔约方决策，即缔约方决定就拟议活动开展环评、环评报告通过以及活动开展之后监测环境影响和审查环境影响报告等事项。小岛屿国家提出，应在科学和技术机构对环评报告审查建议的基础上，由缔约方大会决策。

三是环评“国际化”。非洲集团、拉美国家集团、印度、智利、菲律宾和泰国指出，科学和技术机构应核查缔约方作出的环评决定，审议和审查拟议活动开展之前的环评报告、活动开展之后的环境监测报告。小岛屿国家提出，环评“国际化”贯穿整个环评流程，包括启动环评、就环评报告草案协商、获取和审查环评决策报告、审查环境监测报告等方面。

4. 能力建设和海洋技术转让

能力建设和海洋技术转让是发展中国家的关注焦点，发达国家态度消极，不愿承担国际责任，谈判进展极其缓慢。

发展中国家主张能力建设和技术转让由“国家驱动”，即根据发展中国家在国家管辖外海域生物多样性养护和可持续利用方面的差距、不足和要求，有针对性地开展能力建设和技术转让。能力建设和技术转让为强制义务，在BBNJ国际协定生效的规定期限内，缔约方大会应制定并通过能力建设和技术转让的运行机制、程序和准则。根据公平和优惠条款开展技术开发和转让，知识产权不是转让技术的障碍，监测和审查是强制的，应确保能力建设和技术转让有效实施。

发达国家认为主张能力建设和技术转让是基于“需求驱动”的，即基于不同区域养护和可持续利用情况，根据发展中国家的需求和优先事项开展合作。强调能力建设和技术转让的自愿性，坚持企业掌握海洋技术的知识产权，应在现有知识产权体系下，根据共同商定的条款和条件转让技术，反对与发展中国家合作开发海洋技术。监测和审查是自愿的或保持较大灵活性，反对设置评估指标衡量进展和成效，以及新建附属机构开展监测和审查。

5. 跨领域问题

跨领域问题为上述四大议题的共性问题。功能决定形式，实质性问题尚未确定之前，共性问题皆存在变数。

一是管理机制。各方普遍支持应设立缔约方大会、秘书处、科学和技术机构、信息交换机制，分别负责决策、运行管理、咨询建议和信息交流等，但具体细节有待“一揽子”议题确定后方可明确。

二是供资机制。发展中国家提出，供资机制包括自愿和强制两种方式，提供可预测性和可持续的资金支持，并设立专项基金，解决能力建设和技术转让等问题。发达国家反对强制性的供资机制，主张自愿供资模式。英国抛出各国以摊派会费方式供资的提案，得到多数发达国家支持。该提案要求包括内陆发展中国家、小岛屿国家在内的发展中国家作为 BBNJ 基金的出资方，引起发展中国家强烈反对，纷纷表达不满。

三是执行和遵约机制。美国、瑞士、哥伦比亚、日本、澳大利亚、新加坡、欧盟、拉美国家集团等指出，执行和遵约机制应是建设性的，而非对抗性的，应以合作的形式促进各国执行和遵约。加勒比共同体、英国、马尔代夫、澳大利亚等支持建立执行和遵约委员会，以确保协定有效实施。

四是争端解决机制。各方普遍支持尽可能避免争端，和平解决争端，妥善处理技术性争端。美国、英国、新加坡、越南、菲律宾、欧盟等提出，直接参照适用《公约》争端解决的有关规定，包括强制性解决程序；中国、哥伦比亚、伊朗、萨尔瓦多、土耳其等认为，海域划界争端不适用《公约》的强制解决程序。

三、关于 BBNJ 问题的基本观点

中国积极参与全球治理体系改革和建设，践行共商共建共享的全球治理观，坚持真正的多边主义，推动全球治理朝着更加公正合理的方向发展。中国代表团全程参加 BBNJ 进程所有重要磋商，多次提交评论意见和案文建议，贡献中国智慧和方案。[①]

---

① 郑苗壮、刘岩、裘婉飞：《中国政府参与国家管辖范围以外区域海洋生物多样性国际协定谈判预委会发言及国家立场文件汇编》. 北京：社科文献出版社，2019 年。

（一）总体立场

中国高度重视全球海洋治理，支持在联合国框架下开展实际行动，为推动实现联合国2030年可持续发展议程做出贡献。BBNJ国际协定将深刻影响全球海洋秩序，牵涉各国在国家管辖外海域的航运、通信、渔业、采矿、科研等长远利益。谈判各方应遵照联合国大会授权开展工作，在协商一致的基础上反映普遍共识，同步处理“一揽子”问题，不能使任一议题掉队。

BBNJ国际协定是在《公约》框架下制定的国际法律文件，应遵循并落实《公约》的宗旨、目标、原则，是对《公约》的补充和完善，不能损害《公约》建立的制度框架，不能损害《公约》的完整性和平衡性。各国根据《公约》在航行、通信、捕鱼、采矿、科研等方面享有的自由和权利不应受到减损，包括在专属经济区、200海里以内和以外大陆架。各国在BBNJ国际协定下享有平等的法律地位，任何国家不得将国家管辖外海域据为己有。

BBNJ国际协定不能与现行国际法以及现有的全球性、区域性和专门性的海洋机制相抵触，不能损害现有相关法律文书或框架以及相关全球性、区域性和专门性机构。BBNJ国际协定应促进与其他相关国际机构的协调与合作，避免与联合国粮农组织、区域性渔业组织、国际海事组织、国际海底管理局等机构的职权重复或冲突。

BBNJ国际协定中的有关制度安排应有充分的法律依据和坚实的科学基础，养护与可持续利用之间保持合理平衡，兼顾人类探索和利用海洋生物多样性的客观现实和未来发展的实际需要，确立与人类活动和认知水平相适应的国际法规则，确保有关制度安排切实可行。顾及各方利益和合理关切，不能给各国，尤其是发展中国家增加超出其承担能力的义务和责任。

（二）海洋遗传资源及其惠益分享

海洋遗传资源为人类共同继承财产，对实现可持续发展、维护全人类的共同利益具有重要价值。相关制度应总体有利于国家管辖外海域生物多样性养护和可持续利用，有利于促进海洋科学研究和技术创新，研究和开发应出于和平目的，并公平合理地分享其利用所产生的惠益。

海洋遗传资源原地获取本质上属于海洋科学研究活动，作为惠益分享的起点，不应阻碍或设置障碍，而应鼓励或为原地获取创造条件。海洋天然产物是否属于海洋遗传资源的范围，在科学上还存在争议，可优先纳入一致认可具有遗传功能单元的海洋遗传资源。根据法不溯及既往原则，遗传资源的时间范围应为BBNJ国际协定生效之后原地获取的遗传资源。关于《公约》生效之后、BBNJ国际协定生效之前原地获取的海洋遗传资源，可由缔约方大会决定是否继续讨论。

为促进缔约方切实履行惠益分享义务，可考虑建立全过程追踪海洋遗传资源利用的监测制度，为海洋遗传资源分配标识符，在发表学术成果、申请专利等重要节点设置检查点，强制披露来源，知识产权不应成为惠益分享的障碍。优先分享非货币化惠益，包括为异地获取海洋遗传材料提供便利，通过培养留学生、开展合作研究等多种方式加强发展中国家利用海洋遗传资源的能力，以最优惠条件向发展中国家转让海洋技术，在规定期限内公开海洋遗传资源研究和开发的相关信息。鉴于海洋遗传资源获取、研究、开发和商业化的技术要求高、周期长、资金投入大、结果不确定等特点，可在商业化之后的一段时间内，或取得利润之后，按商定的一定比例分享货币化惠益。

（三）包括公海保护区在内的划区管理工具

划区管理工具包括多种管理形式和方法，包括但不限于公海保护区，应兼顾养护和可持续利用的合理平衡，尊重其他相关法律文书、国际机构的职能和授权。划区管理工具不等于人类活动的“禁区”，关于采取何种管理工具，应按照不同海域、生态系统、栖息地和种群等各自的特点，以及所受人类活动和自然变化的威胁，基于成本效益分析，选择不同的管理工具予以保护，并实施公平有效的管理。如以深海采矿活动为主，缔约方大会可向国际海底管理局建议设立特别环境利益区，由其决定是否设立，以及采取何种方式降低或减轻采矿活动可能造成的环境影响。

设立划区管理工具的提案应由缔约方提出，并向秘书处递交提案。提案应按照“四步走”方案开展工作。一是提案应由秘书处进行格式审查，除非当事方同意，不能涉及国家管辖海域、对国家管辖外海域的法律地位有争议的区域，经审查后对外公布并转交相关国际组织。二是与相关国际组织、利益攸关方在规定期限内开展充分协商，包括有特殊社会经济利益关切的缔约方、地理邻近的沿海国，就地理范围、保护对象、管理计划、设立期限、科研和监测计划等提案要素协商一致后，由秘书处转交科学和技术机构评估；如在规定期限内，各方未能就提案协商一致，则发回提案国修订后重新提交。三是由科学和技术机构对提案进行评估，包括审查复核与相关国际组织和利益攸关方的协商结果，协商一致作出评估建议，提案通过后方可提交缔约方大会决策；如提案未通过，提案国应按意见修改，重新评估。四是缔约方大会根据科学和技术机构的评估建议，对提案作出决定和建议，包括保护期限，以及开展监测计划的各项投入。

（四）海洋环境影响评价

海洋环境影响评价制度安排应遵循《公约》第206条所确定的基本法律框架和程

序要素。[①] 海洋环境影响评价的管理主体为各缔约方，即缔约方对其管辖或控制下的计划活动有权决定是否开展环评。评价对象是拟开展的海洋活动，包括海洋战略、规划或计划，战略环评不属于规范的对象，但考虑到海洋和海洋法的发展，各方可根据自身能力自愿开展战略环评。启动环评的门槛是“有合理依据认为”“可能造成重大污染或重大和有害的变化”，相关环评报告应直接或通过国际组织对外公布。[②] 此外，考虑到海洋活动可能会造成“轻微或短暂以上影响”，各方应通过国内立法，规范此类海洋活动的环评制度，包括公众可参与环评、征求利益攸关方意见等。

《公约》第 204 条是制定环境影响监测和审查制度的基础。[③] 缔约方作为海洋活动的管理主体，负责监测其管辖或控制下的活动可能造成的污染危险，以及根据环境影响的监测结果决定该项活动是否继续、终止或调整。在“实际可行的范围内”，考虑科学信息、技术方法、经济成本、监测能力等因素，监测已开展活动可能造成的环境影响；缔约方如不能单独完成环境监测任务，其他缔约方或国际组织根据其需求，可对其开展援助、协助、协作。

同时，为加强与其他国际组织的合作，指导缔约方开展环评，缔约方大会可授权制定环评指南，进一步明确环评的操作流程、环评的启动门槛、环评报告要素、环境监测方法等内容。科学和技术机构可对公开的环评报告发表评论性意见，总结最佳实践案例，为缔约方更好地开展环评提供参考或提出改进性意见。

（五）能力建设和海洋技术转让

能力建设和海洋技术转让的目标是促进各缔约国对于 BBNJ 的探索与认识。各缔约国应促进与发展中国家在能力建设和海洋技术转让方面的国际合作，切实提升发展中国家在养护和可持续利用生物多样性方面的能力，特别是顾及最不发达国家、内陆发展中国家、地理不利国和小岛屿发展中国家以及非洲沿海国家的特殊需求。根据《公约》第十四部分“海洋技术的发展和转让”的规定，在公平和优惠的条件下，加快向发展中国家开展海洋技术开发和转让，知识产权不应成为转让技术的障碍。

---

① 《公约》第 206 条“对各种活动的可能影响的评价”：各国如有合理根据认为在其管辖或控制下的计划中的活动可能对海洋环境造成重大污染或重大和有害的变化，应在实际可行范围内就这种活动对海洋环境的可能影响作出评价，并应依据第 205 条规定的方式提送这些评价结果的报告。

② 《公约》第 205 条“报告的发表”：各国应发表根据第 204 条所取得的结果的报告，或每隔相当期间向主管国际组织提出这种报告，该组织应将上述报告提供所有国家。

③ 《公约》第 204 条“对污染风险或影响的监测”：1. 各国应在符合其他国家权利的情形下，在实际可行范围内，尽力直接或通过国际组织，用公认的科学方法观察、测算、估计和分析海洋环境污染的危险或影响。2. 各国特别应不断监测其所准许或从事的任何活动的影响，以便确定这些活动是否可能污染海洋环境。

（六）跨领域问题

一是管理机制。为确保 BBNJ 国际协定正常运作和高效执行，可设立缔约方大会、秘书处、科学和技术机构、信息交换机制以及其他相关的附属机构。同时，建立适用“一揽子”议题统一的议事规则，具体可在第一次缔约方大会上，以协商一致方式通过包括缔约方大会及其附属机构的议事规则。

二是供资机制。该机制是 BBNJ 国际协定成败的关键，如缺乏可持续、可预测的资金支持，发展中国家不能增强养护和可持续利用的能力，参与度不高，可能成为少数发达国家主导的小圈子；此外，需要保护的区域因缺乏资金，难以得到真正保护，BBNJ 养护和可持续利用目标将落空。为此，发达国家作为供资主体，应主动承担供资义务、勇于承担国际责任，为共建海洋命运共同体做出积极贡献。

四、小　结

BBNJ 国际协定政府间谈判各方利益相互交织，共识与分歧并存。截至 2022 年年底，BBNJ 国际协定谈判进入尾声，多数国家普遍要求尽快完成谈判、出台协定。中国作为负责任的海洋大国，是维护《公约》原则和精神的中坚力量，持续发挥建设者、贡献者和领导者作用，坚定站在国际道义一边，坚决维护国际社会的整体利益，实现海洋生物多样性养护和可持续利用的雄心与务实平衡，与各方推动共建海洋命运共同体。

第十五章　国际海底事务与中国深海事业

国际海底区域（以下简称“区域”）是深海空间的重要组成部分，指的是国家管辖范围以外的海床和洋底及其底土。“区域”及其资源是人类的共同继承财产，“区域”内活动应为全人类的利益而进行。中国持续发展深海事业，积极参与国际海底事务，为深海治理积极贡献中国方案。

一、国际海底制度的确立与发展

“人类共同继承财产”原则是国际法上关于“区域”及其资源法律地位的一项基本原则，其经历了由政策主张到法律原则的发展历史。1982 年《联合国海洋法公约》（以下简称《公约》）确认了“人类共同继承财产”原则，对国际海底各项具体制度作出规定。1994 年《关于执行 1982 年 12 月 10 日〈联合国海洋法公约〉第十一部分的协定》（以下简称《执行协定》）对《公约》建立的国际海底制度作出重大调整与补充，与《公约》第十一部分共同作为单一文书解释和适用。依据《公约》成立的国际海底管理局（International Seabed Authority，ISA）（以下简称“海管局”）制定有关规章，细化和发展了《公约》和《执行协定》确立的国际海底制度。

（一）国际海底制度的确立

“区域”蕴藏着丰富的资源，主要包括多金属结核、多金属硫化物和富钴铁锰结壳。多金属结核是“区域”中最早被发现而且研究时间最长的深海固体矿产。1868 年，在俄罗斯西伯利亚岸外的北冰洋喀拉海首次发现了多金属结核。1876 年英国皇家海军“挑战者”号考察船环球探险过程中发现许多大洋的海底都存在多金属结核。[①] 20 世纪 60 年代，多金属结核的开发问题引起国际社会关注。1967 年 8 月，马耳他驻联合国代表阿尔维德·帕多大使致函联合国秘书长，建议在第 22 届联合国大会议程中增加一项议题：“关于专为和平目的保留目前国家管辖范围外海洋下海床洋底及为人类利益而使用其资源的宣言和条约”，在随附的解释性备忘录中正式提出了“人类共同继承财

① 王明和：《深海固体矿产资源开发》，长沙：中南大学出版社，2015 年，第 3 页。

产”的概念。[1] 1970年12月17日，第25届联合国大会通过了《关于各国管辖范围以外海床洋底及其底土的原则宣言》（以下简称《原则宣言》），宣告国家管辖范围以外的海床洋底及其底土和该区域的资源是人类共同继承财产。[2]

1973—1982年，第三次联合国海洋法会议经过9年时间共11期会议的协商与谈判，制定了《公约》，确定了包括“区域”内资源勘探开发在内的各项法律制度。《公约》以明确的语言规定了“区域”及其资源是人类的共同继承财产，确定了“区域”内资源勘探开发的基本法律制度，设立了海管局这一国际机构来组织和控制“区域”内活动、特别是管理“区域”内资源。《公约》确立了进行“区域”内活动的“平行开发制”。具体来讲，勘探和开发“区域”资源的活动应由海管局的企业部进行，或由缔约国或国营企业，或在缔约国担保下的具有缔约国国籍或由这类国家或其国民有效控制的自然人、法人或符合条件的上述各方的组合与海管局以协作方式进行。[3]

《公约》通过后，以美国为首的西方发达国家对《公约》第十一部分表示强烈不满，拒绝批准《公约》，致使《公约》的普遍性深受影响。与此同时，基于20世纪70年代流行的国际金属市场供应短缺和商业性深海采矿时机预测而确立的某些“区域”制度，已不能适应自《公约》订立以来发生的国际政治和经济形势的变化。1990—1994年，联合国秘书长先后主持召开了两轮共15次海底问题的非正式磋商会议，最终达成了《执行协定》。《执行协定》从“缔约国的费用和体制安排”“企业部”“决策”“审查会议”“技术转让”“生产政策”“经济援助”“合同的财政条款”“财务委员会”9个方面对《公约》第十一部分的内容做了实质性的修改和补充，照顾了主要发达国家和潜在国际海底采矿国的利益和要求，从而为《公约》的普遍接受铺平了道路。

（二）国际海底制度的发展

海管局于1994年11月正式成立，其主要机关包括大会、理事会、秘书处、法律和技术委员会（以下简称“法技委”）、财务委员会、企业部（尚未正式成立）和经济规划委员会（尚未正式成立）（见图15-1）。按照《公约》，“区域”内的勘探和开

---

① United Nations General Assembly Twenty- second session, Note verbale dated 17 August 1967 from the Permanent Mission of Malta to the United Nations addressed to the Secretary-General, A/6595, 17 August 1967.

② United Nations General Assembly Twenty-fifth session, Declaration of Principles Governing the Sea-Bed and the Ocean Floor, and the Subsoil Thereof, beyond the Limits of National Jurisdiction, A/RES/2749 (XXV), 17 December 1970.

③ 《公约》第153条第2款规定，“区域”内活动应依第3款的规定：（a）由企业部进行，和（b）由缔约国或国营企业、或在缔约国担保下的具有缔约国国籍或由这类国家或其国民有效控制的自然人或法人、或符合本部分和附件三规定的条件的上述各方的任何组合，与管理局以协作方式进行。

发活动应按照《公约》有关规定和海管局制定的规则、规章和程序进行。[①] 海管局成立后即开始致力于有关“区域”内资源的探矿和勘探规章的制定工作。海管局在2000年、2010年和2012年先后通过了《“区域”内多金属结核探矿和勘探规章》（以下简称《多金属结核勘探规章》）、《“区域”内多金属硫化物探矿和勘探规章》（以下简称《多金属硫化物勘探规章》）和《“区域”内富钴铁锰结壳探矿和勘探规章》（以下简称《富钴结壳勘探规章》）。[②] 上述规章不仅是《公约》和《执行协定》相关规定内容的具体化，而且还针对“区域”不同资源的特点，进一步丰富和发展了《公约》和《执行协定》有关框架下的规定，促进了“区域”内活动的有序开展，提高了对“区域”环境的保护和保全。

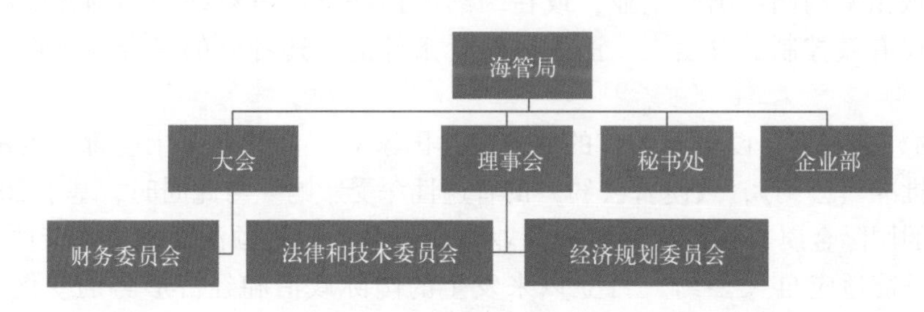

图15-1　海管局组织机构图

制定《“区域”内矿产资源开发规章》（以下简称《开发规章》）是海管局近年来的重点工作之一。2011年，斐济代表团在海管局第17届会议上提出，理事会现在应当着手进行《开发规章》的制定工作，理事会随即要求秘书处编写一份关于拟订《开发规章》的战略工作计划，自此启动了《开发规章》的制定工作。《开发规章》作为落实“区域”及其资源属于人类共同继承财产原则的重要法律文件，将统一对“区域”内的多金属结核、多金属硫化物和富钴结壳资源的开发合同申请、商业生产、开发活动涉及的环保要求、缴费机制、监督检查以及开发合同承包者的权利和义务等事项作出系统性规定。

① 《公约》第153条第1款。

② 国际海底管理局文件：《“区域”内多金属结核探矿和勘探规章》ISBA/6/A/18（2000）；《“区域”内多金属硫化物探矿和勘探规章》ISBA/16/A/12/Rev. 1（2010）；《“区域”内富钴铁锰结壳探矿和勘探规章》ISBA/18/A/11（2012）。2013年管理局对《“区域”内多金属结核探矿和勘探规章》进行了修订，修订后的规章文本参见管理局文件：《“区域”内多金属结核探矿和勘探规章》ISBA/19/C/17（2013）。

二、国际海底事务发展与形势

"区域"内活动当前仍处于勘探阶段，承包者根据其与海管局签订的勘探合同，有序开展着各项工作。海管局作为主管"区域"内活动的国际组织，在勘探合同监管、保护海洋环境、组织开展《开发规章》制定等方面做了大量工作。

（一）"区域"勘探活动进展

管理和控制"区域"内资源勘探和开发活动是海管局的核心职能。截至2022年12月底，海管局已与22个承包者签订了31份"区域"内资源的勘探合同，包括19份多金属结核勘探合同、7份多金属硫化物勘探合同、5份富钴结壳勘探合同。2022年3月，理事会根据法技委的建议，核准了印度政府提交的多金属结核勘探合同延期申请，至此8个勘探合同到期的多金属结核勘探合同承包者均获得了5年的合同延期（表15-1）。

表15-1　获得延期的多金属结核勘探合同

序号	承包者	担保国	签约时间	到期时间	位置
1	国际海洋金属联合组织	保加利亚、古巴、捷克、波兰、俄罗斯、斯洛伐克	2001-03-29	2026-03-28	太平洋CC区[①]
2	海洋地质作业南方生产协会	俄罗斯	2001-03-29	2026-03-28	太平洋CC区
3	大韩民国政府	韩国	2001-04-27	2026-04-26	太平洋CC区
4	中国大洋矿产资源研究开发协会	中国	2001-05-22	2026-05-21	太平洋CC区
5	深海资源开发有限公司	日本	2001-06-20	2026-06-19	太平洋CC区
6	法国海洋开发研究所	法国	2001-06-20	2026-06-19	太平洋CC区
7	印度政府	印度	2002-03-25	2027-03-24	印度洋
8	德国联邦地球科学及自然资源研究所	德国	2006-07-19	2026-07-18	太平洋CC区

① 克拉里昂-克利珀顿区，简称CC区，位于东中太平洋，在夏威夷群岛之南和东南，是世界著名的海底多金属结核富集区。

海管局理事会在2010年4月召开的第16届会议上请海底争端分庭就担保国责任和义务相关问题发表咨询意见[①]，海底争端分庭在2011年2月发布了《国家担保个人和实体在“区域”内活动的责任和义务的咨询意见》（以下简称《咨询意见》）。[②]《咨询意见》指出担保国应主要承担两类义务：一是“确保遵守”义务；二是需由担保国直接负担并独立履行的“直接义务”。《咨询意见》中强调，担保国为履行其“确保遵守”的义务，应制定法律和规章并采取行政措施。海管局理事会在2011年海管局第17届会议上邀请担保国及海管局其他成员向秘书处提供与“区域”内活动有关的国家法律、条例和行政措施的信息或文本。截至2022年5月，海管局收到了37个国家提交的本国相关立法信息或文本。[③]

海管局秘书长在2022年1月向海管局成员通报了巴西矿产资源研究公司的通知。由于巴西矿产资源研究公司所获得的勘探矿区在位置上与巴西主张的200海里外大陆架存在重叠，巴西矿产资源研究公司宣布放弃其富钴铁锰结壳勘探合同所载的勘探区权利，巴西政府也终止了对巴西矿产资源研究公司的担保。[④] 法技委在2022年3月和7月会议期间对图瓦卢循环金属有限公司提交的多金属结核勘探合同申请进行了审议，鉴于图瓦卢政府在2022年3月通知海管局其决定撤销对图瓦卢循环金属有限公司的担保，法技委决定终止对图瓦卢循环金属有限公司勘探合同申请的审议。[⑤]

法技委在2022年3月和7月会议期间审议了日本石油天然气和金属国有公司、中国大洋矿产资源研究开发协会（简称“中国大洋协会”）提交的区域放弃报告，以及德国联邦地球科学和自然资源研究所、法国海洋开发研究所延迟多金属硫化物勘探合

---

① 海管局理事会请海底争端分庭就以下问题发表咨询意见：1）《公约》缔约国在依照《公约》特别是依照第十一部分以及1994年《执行协定》担保“区域”内的活动方面有哪些法律责任和义务？2）如果某个缔约国依照《公约》第153条第2（b）款担保的实体没有遵守《公约》特别是第十一部分以及《执行协定》的规定，该缔约国应担负何种程度的赔偿责任？3）担保国必须采取何种适当措施来履行《公约》特别是第139条和附件三以及《执行协定》为其规定的义务？参见国际海底管理局文件：《国际海底管理局理事会关于依照〈联合国海洋法公约〉第一九一条请求发表一项咨询意见的决定》ISBA/16/C/13（2010）。

② Seabed Dispute Chamber of the International Tribunal for the Law of the Sea, Responsibilities and Obligations of States Sponsoring Persons and Entities with Respect To Activities In the Area Advisory Opinion, 2011.

③ 国际海底管理局文件：《担保国及国际海底管理局其他成员通过的与“区域”内活动有关的法律、条例和行政措施以及有关事项》ISBA/27/C/26（2022）。

④ 国际海底管理局文件：《勘探合同现状及相关事项，包括有关已核准勘探工作计划执行情况定期审查的信息》ISBA/27/C/28（2022），第5段。

⑤ 国际海底管理局文件：《法律和技术委员会主席关于委员会第二十七届会议第二期工作的报告》ISBA/27/C/16/Add. 1（2022），第23-29段。

同区域放弃的申请。[1] 日本石油天然气和金属国有公司、中国大洋协会如期完成了相关区域放弃义务。海管局理事会根据法技委的建议，核准了德国联邦地球科学和自然资源研究所、法国海洋开发研究所延迟多金属硫化物勘探合同区域放弃的申请。

（二）"区域"环境保护进展

确保海洋环境不受"区域"内活动可能产生的有害影响也是海管局的重要职责之一。法技委在 2022 年 3 月会议期间审议通过了"审查与测试采矿组件或在勘探期间需要进行环境影响评估的其他活动有关的环境影响报告的程序"订正草案，并增加了相关的解释性评注，以期就利益攸关方协商向承包者提供指导。

海管局近年来采取的重要环境保护措施是制定有关区域环境管理计划。法技委在 2022 年 8 月发布了其拟定的《促进制定区域环境管理计划的指导意见》（以下简称《指导意见》）。《指导意见》旨在为"区域"内环境管理计划的制订、核准和审查提供标准化方法，《指导意见》还为区域环境管理计划提供了包括指示性要素在内的通用模板。[2] 海管局理事会在 2022 年 10—11 月召开的第三期会议上对《指导意见》进行了审议，决定交还法技委予以修改。

海管局在 2012 年核准"克拉里昂-克利珀顿区环境管理计划"后，一直致力于在其他区域制定区域环境管理计划。海管局在 2022 年 4 月公布了"大西洋中脊北部区域的区域环境管理计划草案"，征求利益攸关方意见，收到了海管局成员国、观察员和承包者等提交的 27 份书面评论意见。法技委根据这些评论意见对草案进行了修订，在 2022 年 8 月发布了其拟定的《以多金属硫化物矿床为重点的北大西洋中脊"区域"的区域环境管理计划》。[3] 理事会在第三期会议上对该环境管理计划进行了审议，要求法技委予以进一步修改。

（三）《开发规章》制定进展

按照海管局在 2021 年 12 月通过的《开发规章》制定路线图，海管局理事会在 2022 年召开三期会议对《开发规章》草案进行审议。海管局理事会为推进《开发规章》制定设立的"财务问题特设工作组"和"保护和保全海洋环境""检查、遵守和

---

① 国际海底管理局文件：《法律和技术委员会主席关于委员会第二十七届会议第一期工作的报告》ISBA/27/C/16（2022），第 5-26 段；《法律和技术委员会主席关于委员会第二十七届会议第二期工作的报告》ISBA/27/C/16/Add. 1（2022），第 7-8 段。

② 国际海底管理局文件：《促进制定区域环境管理计划的指导意见》ISBA/27/C/37（2022）。

③ 国际海底管理局文件：《以多金属硫化物矿床为重点的北大西洋中脊"区域"的区域环境管理计划》ISBA/27/C/38（2022）。

执行”“机构事项”以及“理事会全会”非正式工作组在理事会会议期间分别召开会议，就各自负责的《开发规章》草案相关内容进行了审议（表 15-2）。

表 15-2　《开发规章》制定各非正式工作组及其工作范围

非正式工作组	工作范围
理事会全会非正式工作组	序言 第三部分　承包者的权利和义务 第十部分　一般程序、标准和准则 附件一　请求核准工作计划以取得开发合同的申请书 附件二　采矿工作计划 附件三　融资计划 附件五　应急和应变计划 附件六　健康和安全计划和海上安保计划 附件九　开发合同及附表 附件十　开发合同的标准条款 附录一　应通报的事件 附表　用语和范围
“机构事项”非正式工作组	第一部分　引言 第二部分　请求核准采取合同形式的工作计划申请书 第五部分　工作计划的审查和修改 第八部分　年费、行政费和其他有关规费 第九部分　资料的收集和处理 第十二部分　争端的解决 第十三部分　本规章的审查 附录二　年费、行政费和其他适用的规费表 附录三　罚款
“检查、遵守和执行”非正式工作组	第十一部分　检查、遵守和强制执行
“保护和保全海洋环境”非正式工作组	第四部分　保护和保全海洋环境 第六部分　关闭计划 附件四　环境影响报告 附件七　环境管理和监测计划 附件八　关闭计划 其他　新增环境相关附件、相关环境标准和准则

续表

非正式工作组	工作范围
财务问题特设工作组	第三部分　承包者的权利和义务（第 27 条、38 条、39 条） 第七部分　开发合同的财政条款 附录四　确定特许权使用费负债 其他　财务模型、财务相关的标准和准则

经过三期会议的工作，“财务条款”“保护和保全海洋环境”“检查、遵守和执行”3 个非正式工作组完成对案文草案的“一读”。理事会第三期会议要求各方在 2023 年 1 月 15 日前提交书面修改意见，各协调员将根据各方意见在 2023 年 3 月理事会会前提交修订后的案文草案。海管局理事会就 2023 年《开发规章》制定路线图达成一致，决定 2023 年继续安排三次理事会会议，以积极争取《开发规章》在 2023 年 7 月完成制定；同时，海管局理事会也同意召开“闭会期间非正式对话”，以讨论《开发规章》未能如期完成制定可能带来的问题和影响。海管局理事会第三期会议还通过了两项与《开发规章》制定相关的决定，一是决定成立“闭会期间专家组”负责研究制定具有约束力的环境阈值①，二是决定由秘书处组织开展“区域”内开发活动环境成本内在化问题的研究。

（四）《开发规章》制定面临的形势

2021 年 6 月，瑙鲁总统致函海管局理事会主席，表示瑙鲁担保的承包者瑙鲁海洋资源公司有意请求申请核准开发工作计划，要求海管局理事会按照《执行协定》有关规定，在瑙鲁请求生效之日起两年内完成开发规章的制定，促成了“两年规则”。② 海管局在 2021 年 12 月通过未来两年开发规章制定的路线图，以增加理事会会期、召开非正式工作组会议等方式推进《开发规章》制定，以期在 2023 年出台《开发规章》。海管局理事会第三期会议对《开发规章》制定进展情况进行了评估。一方面，绝大多数理事会成员认可目前《开发规章》草案磋商取得了积极进展，同意继续以建设性方式进行磋商；另一方面，许多代表团也承认，无法如期完成《开发规章》制定存在很大

---

① 国际海底管理局文件：《国际海底管理局理事会关于制定具有约束力的环境阈值的决定》ISBA/27/C/42（2022）。

② 按照《执行协定》附件第 1 节第 15 段规定，海管局理事会经一个其国民打算申请核准开发工作计划的国家的请求，应在请求提出后两年内完成开发规则、规章和程序的制定；如果海管局理事会未在规定时间内完成拟订工作，而已经有开发工作计划的申请在等待核准，理事会仍应根据《公约》和《执行协定》规定和原则以及理事会可能已暂时制定的任何规则、规章和程序，审议和暂时核准该工作计划。

的可能性。海管局理事会多数成员认为未制定完成《开发规章》前，海管局不应核准任何开发工作计划申请，但均认同《执行协定》规定的两年期限到期后理事会仍可继续进行《开发规章》制定。总体而言，绝大多数理事会成员认可制定《开发规章》是《公约》缔约国和海管局成员的一项条约义务，继续支持推进《开发规章》制定进程。

三、中国深海事业发展

中国是国际海底事业的见证者、参与者和贡献者，多年来深入和全面地参与了“区域”事务，为促进“区域”治理体系建设、落实“‘区域’及其资源是人类的共同继承财产”原则、保护“区域”海洋环境、支持发展中国家能力建设等做出了重要贡献。

（一）参与“区域”事务

中国连续当选海管局理事会成员，全面参与海管局工作。中国在 1996 年以“区域”内最大投资国之一的身份，当选为海管局第一届理事会 B 组成员，2004 年，中国又以“区域”内矿物最大消费国之一的身份，当选为理事会 A 组成员，此后连续当选，为理事会各项工作开展贡献中国力量。中国提名专家自 1997 年至今一直被选举为法技委委员，向海管局提供矿物资源勘探和开发及加工方面等专业技术支持。中国提名专家自 1997 年至今一直被选举为财务委员会委员，向海管局提供财务规则规章制定、行政预算及其他财务事项等方面建议。1998 年 2 月，中国在牙买加金斯敦设立中国常驻国际海底管理局代表处，中国常驻国际海底管理局代表由中国驻牙买加大使兼任。

中国支持海管局就“区域”内资源的勘探开发活动以及海洋环境保护制定有关规章和政策，自始至终参与了《多金属结核勘探规章》《多金属硫化物勘探规章》《富钴结壳勘探规章》的制定，并为上述勘探规章的出台做出了重要贡献。中国积极参与了海管局有关《开发规章》的制定工作，为促进《开发规章》草案更加优化合理积极贡献中国智慧和方案。2022 年，中国全程参与了理事会为推进《开发规章》制定设立的相关非正式工作组的会议，就各个工作组协调员准备的案文草案积极建言献策，提交了多份具体案文修改意见，为建立公平合理的财务制度、高标准的海洋环境保护制度、全面有效的检查制度等贡献着中国智慧和方案。2022 年 6 月，中国大洋协会就“大西洋中脊北部区域的区域环境管理计划草案”向海管局提交了书面评论意见。

（二）开展深海科考

深海科学技术研究和资源调查是开展“区域”资源勘探、开发活动，提高对“区域”认知水平、有效保护海洋环境的基础性工作。早在20世纪70年代，中国就已经在太平洋进行海洋综合调查，并获取了海底多金属结核资料和样品。1991年中国大洋协会成立，中国在国际海底区域的勘探活动驶入快车道。据不完全统计，迄今中国已开展了70多个大洋航次，航迹遍布三大洋，获得了大量宝贵的调查资料，为开展资源评价、环境科学研究等提供了重要的基础素材。中国在国际海底开展调查活动的30年间，从单一多金属结核资源调查，到太平洋、印度洋3种矿产资源5块矿区，再到深海生物基因资源潜力评估与开发，中国海上调查与资源评价能力得到了迅猛发展和提升，也为人类认知、探索“区域”资源做出重要贡献。

2022年，中国开展了大洋73航次和75航次。大洋73航次在东太平洋克拉里昂-克里珀顿区开展了历时105天的资源勘探和环境调查，航程总计2.3万多千米，按计划圆满完成了中国大洋协会多金属结核合同区和中国五矿集团有限公司多金属结核合同区年度任务。航次主要利用中国自主研发的6000米级“潜龙四号”自治式潜水器（AUV）、结核富集装置、土工力学原位测试仪、箱式取样器、重力柱等设备开展了16项调查项目，获得了大量地质环境样品和丰富的原始数据资料。航次进一步拓展了中国大洋协会和中国五矿集团有限公司两个多金属结核合同区控制资源量和探明资源量的范围，为后续深海资源开发夯实了基础；为合同区环境影响参照区和环境保全参照区的环境基线研究提供了底栖生物、食腐生物、颗粒物通量、温盐参数、海流参数等重要基础数据。大洋73航次首次完成了多金属结核丰度原位评估系统和富集装置等勘探装备功能海上试验，为中国深海资源勘探开发技术装备的研发提供了重要支撑。大洋75航次（北京先驱第2航次），由“大洋一号”船执行海上调查任务，主要任务包括圈划北京先驱合同区M2区块重点勘探区，完成控制资源量勘探；开展环境综合站位调查，采集合同区环境基线数据，深化合同区底栖生物等基线的时空分布规律认识。大洋75航次分两个航段实施，第一航段于10月16日完成各项调查任务，历时59天，航程约6 480海里，在工作区持续作业时间长达41天，完成了104项定点调查作业，包括资源和环境箱式取样、多管取样、Lander系统观测和取样、沉积物土工原位测试等，以及约1 139千米的多波束测量工作，获得了北京先驱合同区大量宝贵的多金属结核、环境、生物样品和数据，将为北京先驱开展多金属结核资源评价，掌握合同区环境基线特征及变化规律等提供重要支撑。①

（三）履行勘探合同

中国的承包者先后与海管局签订了5份勘探合同，包括太平洋4个勘探矿区、印

① 《中国大洋75航次（北京先驱第2航次）第一航段海上调查工作圆满收官》，中国网，2022年10月17日，http：//ocean. china. com. cn/2022-10/17/content_78470060. htm？f=pad&a=true，2022年10月27日登录。

度洋 1 个勘探矿区，同时贡献了约 7.4 万平方千米作为保留区给海管局。中国成为世界上首个拥有 3 种主要国际海底资源 5 块专属勘探权矿区的国家，并为海管局贡献了 2 块保留区，为企业部提供了 2 项联合企业股份安排，为实现人类共同继承财产原则做出重要贡献。

中国承包者认真履行勘探合同义务。中国大洋协会在 2020 年 3 月和 2021 年 12 月先后向海管局提交了两份多金属硫化物勘探合同的区域放弃报告，总计放弃了 7 500 平方千米的合同区域，完成了《多金属硫化物勘探规章》规定的区域放弃义务。中国大洋协会在 2022 年 5 月向海管局提交了富钴结壳勘探合同的区域放弃报告，放弃了 1 000 平方千米的合同区域，按时完成了第一次区域放弃义务。中国承包者积极履行承包者培训义务，已为发展中国家学员提供了 60 余次培训机会。

（四）支持发展中国家能力建设

促进发展中国家有效参加“区域”内活动是实现“‘区域’及其资源是人类的共同继承财产”原则的必然要求，而提高发展中国家参与“区域”内活动能力的关键在于能力建设。截至 2021 年 12 月，中国已向海管局各类基金捐款 33 万美元，主要用于资助来自发展中国家的法技委委员和财务委员会委员参加会议。[①] 中国积极参与了海管局组织的相关主题研讨会，就如何更有效促进发展中国家能力建设贡献中国智慧。[②]

中国自然资源部与海管局共建的“中国-国际海底管理局联合培训和研究中心”在 2020 年 11 月 9 日正式启动。该中心面向国际社会特别是发展中国家开放，致力于深海科学、技术、政策培训与研究，为发展中国家相关人员提供深海科学、技术与管理方面的业务培训。2022 年 5 月 24—26 日，“中国-国际海底管理局联合培训和研究中心”通过线上方式成功举办第一期培训班。来自 20 个发展中国家的 55 名培训学员和来自海管局及中国十余家涉海机构的授课专家参加了培训班，培训内容涉及国际海底区域矿产资源调查与评估、深海生态系统特征与环境管理、国际海底区域勘探活动数据存储与管理等多个领域。[③]

---

① 《常驻国际海底管理局代表田琦大使在海管局第 26 届会议大会“秘书长报告”议题下发言》，中华人民共和国常驻国际海底管理局代表处，2021 年 12 月 16 日，http：//isa.china-mission.gov.cn/chn/xwdt/202112/t20211216_10470271.htm，2022 年 1 月 27 日登录。

② International Seabed Authority，Review of capacity-building programmes and initiatives implemented by the International Seabed Authority 1994—2019，Secretariat，2020，International Seabed Authority：Kingston，Jamaica.

③ 《中国-国际海底管理局联合培训和研究中心成功举办第一期国际培训班》，中国-国际海底管理局联合培训和研究中心，2022 年 6 月 2 日，https：//jtrc.ndsc.org.cn/News/Details/6e347672-24d1-44a7-a82c-8d284eed1c19，2022 年 10 月 27 日登录。

四、小　结

国际海底事务在海管局的带领下，一年来取得了多方面进展，海管局与各成员国一道应对全球新冠疫情挑战，灵活推动《开发规章》的制定等重要议题的磋商，成功处理了诸多迫切问题。经过多年来的发展，中国深海资源勘探开发和环境保护能力全面提升，探索深海大洋综合能力建设不断增强，参与国际深海治理积极有效，深海大洋工作取得了显著成绩。中国倡导的“人类命运共同体”“海洋命运共同体”理念与“‘区域’及其资源是人类的共同继承财产”原则高度契合，中国将继续深入和全面地参与国际海底事务，为“区域”治理体系建设做出重要贡献。

第十六章　北极治理与中国北极事业

在经济全球化、区域一体化不断深入发展的背景下，北极在经济、科研、环保、航道、资源等方面的价值不断提升，受到国际社会的普遍关注。北极问题已超出北极国家间问题和区域问题的范畴，涉及北极域外国家的利益和国际社会的整体利益，攸关人类生存与发展的共同命运，具有全球意义和国际影响。北极快速变化对中国的气候环境具有直接影响，对于中国的工农业生产和经济社会发展具有深远的影响，《中华人民共和国国民经济和社会发展第十四个五年规划和2035年远景目标纲要》明确强调，要参与北极务实合作，建设“冰上丝绸之路”，为中国北极事业的发展指明前进方向。

一、北极的战略价值、法律框架及治理机制

北极具有多方面的战略价值。北极治理目前还不存在统一适用的专门的国际条约。由《联合国海洋法公约》《斯匹次卑尔根群岛条约》等国际条约以及气候、环境、海事、动植物保护等领域的国际机制及规则，共同构成北极治理的法律框架和治理机制。

（一）北极的战略价值

通常意义上，北极地区是指北极圈（66°34′N）以北区域，包括北冰洋水域、岛屿以及欧洲、亚洲和北美洲的北方大陆。北极陆地和岛屿面积约800万平方千米，分别属于美国、俄罗斯、加拿大、丹麦、挪威、冰岛、芬兰、瑞典8个国家，其中前五国为北冰洋沿岸国家。

北极地区交通潜力巨大，可能成为“国际海运新命脉”。北极地区存在诸多重要航道：一是横穿加拿大北极群岛、连接大西洋和太平洋的西北通道；二是经过欧亚大陆北部海域的东北航道（俄罗斯将其中位于其北部沿海的航段称为“北方海航道”）；三是穿越北冰洋高纬度海域的穿极航道，又称中央航道。这些航线可以将绕道苏伊士运河或巴拿马运河连接欧洲、东北亚和北美的海上航线航程与航期缩短40%以上。[①] 北极航道的开通将导致世界航运和贸易格局的改变，影响极为深远。

---

① ACIA, Impacts of a waming Arctic Climate Impact Assessment, Cambrige University Press, 2004: 13.

北极地区能源、矿产和生物资源丰富，被称为“地球尽头的中东”。石油、天然气、煤炭储量分别占全球已探明储量的13%、30%和9%。作为世界上最浅的海洋，北冰洋半数以上陆架区水域深度不超过50米，便于资源大规模开采。北冰洋海冰的消融，进一步降低了北极能源开发成本。北极地区还富有金、铀、钻石等稀有矿产资源，评估价值高达5万亿美元。2003年加拿大北极地区发现钻石矿，加拿大一跃成为世界第三大钻石生产国。北冰洋底的多金属结核中蕴有丰富的锰、铜、铁、钴等资源。北极海域富集鳕鱼、红鱼、磷虾等，是世界最大的生物蛋白库之一。①

北极地区扼亚洲、欧洲和北美大陆的战略要冲，被军事专家视为“世界军事制高点”。目前，俄罗斯大多数先进战略核潜艇隐藏在北冰洋坚冰之下，美国在阿拉斯加则部署首个反导系统。北极复杂、特殊、恶劣的极端环境也对有关国家军事训练、武器试验具有重要意义。

（二）北极的法律框架

南北极的法律地位和治理机制存在很大差异。北极不存在类似于《南极条约》的国际条约或法律制度。北极地区是陆地包围海洋，主体部分为海洋，国际海洋法成为规范北极事务的重要法律依据。② 除部分岛屿外，北极大陆和岛屿的领土主权均已确定，北极国家内部在相邻海域划界方面尚存在一些争议。北极地区没有适用于北极各种活动的统一国际法体系和制度，不同领域的问题受到不同的国际法文件或制度规范，主要包括以下法律制度。

一是《联合国海洋法公约》（以下简称《公约》）。《公约》被普遍认为是现代海洋法的基本框架。除美国外，北极各国均加入了《公约》。美国在实践中也将《公约》中的诸多规则视作国际法习惯予以遵守。美国、俄罗斯、加拿大、丹麦、挪威等环北冰洋五国外长2008年发表的《伊鲁利萨特宣言》③ 以及有关北极理事会文件中，均明确了海洋法在北极海域的基础法律地位，也明确承认海洋法等广泛的法律框架适用于北冰洋。④

二是《斯匹次卑尔根群岛条约》（以下简称《斯约》）。斯瓦尔巴群岛位于挪威最

---

① 张侠：《北极油气资源潜力的全球战略意义》，载《极地研究》，2010年第2期，第11页。

② 贾桂德、石午虹：《对新形势下中国参与北极事务的思考》，载《国际展望》，2014年第4期，第8页。

③ The Ilulissat Declaration, Arctic Ocean Conference, Ilulissat, Greenland, May 27－29, 2008, http://www.oceanlaw.org/downloads/arctic/Ilulissat_Declaration.pdf.

④ Tromso Declaration on the Occasion of the Sixth Ministerial Meeting of the Arctic Council, April 29, 2009, http://www.arctic－council.org/index.php/en/document－archive/category/5－declarations; Arctic Council Secretariat, Kiruna Vision for the Arctic, Kiruna, Sweden, May 15, 2013, http://www.arctic-council.org/index.php/en/document-archive/category/425-main-documents-from-kiruna-ministerial-meeting.

北部，面积约 6 万平方千米，具有重要的科学研究价值和矿产、油气、渔业资源的开发潜力。1920 年开放签署的《斯约》在承认挪威对群岛拥有主权的同时，规定各缔约国在斯匹次卑尔根群岛和平开发利用的权利可分为“捕鱼权、狩猎权、自由通行权、开展经济活动的权利、建立无线电设备的权利以及财产所有权”等平等适用的权利；缔约国已获得的权利得到承认、条约签署前已取得或占有的与土地相关的权利按照与本条约具有同等效力的附件予以处理；建立国际气象站、开展科学考察等有待嗣后条约日后予以明确的权利。①

三是《预防中北冰洋不管制公海渔业协定》（以下简称《协定》）。缔约方包括俄罗斯、美国、加拿大、挪威、丹麦、欧盟、日本、韩国、中国和冰岛。中国于 2021 年 5 月正式批准《协定》，标志着《协定》正式生效。《协定》旨在通过实施预防性的养护和管理措施，防止在北冰洋中部公海部分进行无管制捕捞，并确保养护和可持续利用鱼类种群。《协定》基于渔业管理的预防方法，旨在保护和可持续利用北极公海海洋生物资源，在该地区至少 16 年内禁止商业捕鱼，同时进行科学研究，以进一步加强对该地区海洋生物的了解和认识。如果研究显示允许以可持续的方式进行渔业作业，将成立区域性渔业组织、机构予以安排。②

四是国际环境公约。北极地区受臭氧层减少、气候变化、持久性有机污染物等全球环境问题影响最大，《联合国气候变化框架公约》《关于持久性有机污染物的斯德哥尔摩公约》等大多数国际环境公约适用于北极地区，是北极法律框架的重要组成部分。北极国家普遍环保意识较强，在相关公约的制定中发挥了重要作用。

五是极地航行规则。国际海事组织从 1993 年开始制定极地水域航行国际法律文书，2002 年通过《北极冰封水域船只航行指南》，2009 年通过适用于南北两极的《极地冰封水域船只航行指南》。2009 年，国际海事组织启动制定具有法律约束力的《极地水域船舶强制性规则》，主要内容包括航行于极地的船舶建造、安全装备、航行要求、环境保护及损害控制等方面，成为北极航运的重要法律之一。2014 年 11 月，国际海事组织正式通过具有法律约束力的《极地水域船舶航行安全规则》，覆盖了与极地船舶航行相关的众多内容，包括船舶设计、建造、设备、操作、培训、搜救和环保等，并在对极地航行安全和防污染有关法规、公约和指南进行整合的基础上，针对南北两极水域多冰、低温、偏远、高纬度等特殊风险，提出了极地水域船舶操作安全和环保的附加要求。该规则于 2017 年 1 月 1 日起生效实施。

六是区域性法律文书。北极理事会分别于 2011 年和 2013 年制定了具有法律约束力

① 白佳玉：《〈斯匹次卑尔根群岛条约〉公平制度体系下的适用争论及其应对》，载《当代法学》，2021 年第 6 期，第 147 页。

② 桂静：《中北冰洋国际治理进程检视及其协调》，载《太平洋学报》，2021 年第 6 期，第 80-81 页。

的《北极海空搜救合作协定》和《北极海上油污预防和反应协定》，对北极地区的搜救和油污预防处理等问题进行了有效规范，以应对北极航运和资源开发过程中可能出现的船舶事故和溢油问题。2017 年制定《加强北极国际科学合作协定》，旨在打破北极国家间科学研究和探索的障碍，积极促进北极科学研究合作。这三份文件的制定及执行意味着北极理事会正在推动北极治理规范从“软法”模式向“硬法”方向转变。①

七是北极国家国内法。北极油气资源多数位于沿岸国管辖的领海、专属经济区和大陆架（含外大陆架）区域内，在这些区域进行油气开发需遵守相关国内法规定。各国对北极航道的法律地位还存在分歧，俄罗斯、加拿大等航道沿岸国关于航道使用的国内法值得关注和研究。

（三）北极的治理机制

目前，北极治理机制在主体、层级和涉及的领域方面呈现多样化趋势。既有北极理事会、巴伦支海欧洲北极理事会、极地科学亚洲论坛、欧洲北极论坛等区域性机构，也有国际海事组织、大陆架界限委员会、联合国政府间气候变化专门委员会等全球性机构；既有政府间组织，也有非政府组织和论坛。各机构分别在政治、经济、科技、环保、气候变化、航运、海域划界等领域讨论和处理北极问题，对促进北极和平、稳定和可持续发展发挥了重要作用。其中，北极理事会是最重要的政府间北极治理机构。

北极理事会（Arctic Council，AC）。北极理事会成立于 1996 年，旨在维护北极地区的可持续发展。理事会讨论议题广泛，包括北极科研、环境、航运、能源开发、原住民权益保护等领域，在协调北极科研、促进北极环境保护、推动北极地区经济和社会发展合作等方面发挥着重要作用。

8 个北极国家为理事会成员，享有决策权，以协商一致方式作出决定。萨米理事会、因纽特环北极大会、俄罗斯北方土著人协会、阿留申人国际协会、哥威迅人国际理事会、北极阿萨巴斯卡人理事会 6 个北极原住民组织是永久参与方，对理事会有关决策具有影响。理事会主席由八国轮流担任，任期 2 年（俄罗斯为现任主席国，任期自 2021 年 5 月至 2023 年 5 月）。部长级会议是理事会决策机构，每两年召开一次，在没有部长级会议的年份召开副部长级会议。高官会是理事会执行机构，每年召开两次例会，负责执行部长级会议决定，审查理事会下设北极监测与评估、动植物保护、可持续发展、海洋环境保护、污染物行动计划、突发事件预防、准备和处理 6 个工作组工作。各工作组均设有主席、管理委员会以及指导委员会。工作组依据北极理事会部长级会议授权成立，主要职能是完成部长级会议确定的项目目标，对部长级会议负责

① 肖洋：《北极国际组织建章立制及中国参与路径》，北京：中国社会科学出版社，2019 年，第 162 页。

并受其监督。[①] 除工作组外，理事会还成立特别任务组处理专门事宜，如北极科技合作任务组、海洋油污预防任务组、黑碳甲烷任务组等。

非北极地区国家或组织经理事会批准，可作为观察员参与理事会活动。观察员可出席理事会公开会议、参与理事会工作组工作，经主席同意可发言并提交相关文件。理事会现有32个观察员（12个国家，20个国际组织）。2013年5月，理事会部长级会议决定接受中国、日本、韩国、新加坡、印度、意大利6个国家为理事会观察员。

北极经济理事会（Arctic Economic Council，AEC）。为拓展北极商业开发利用前景，推动北极经济增长，加强政界与企业界的联系与互动，北极理事会于2014年9月正式成立“北极经济理事会”。AEC系由企业界代表组成的独立组织，旨在促进北极地区的经济增长、环境保护和社会发展。AEC独立于北极理事会，但与北极理事会有较强联系和互动。AEC可参加北极理事会及其下设工作组活动，向北极理事会提交与北极经济开发相关的工作建议及报告；北极理事会亦可就AEC重点工作领域提出建议。

北极圈论坛（Arctic Circle）。北极圈论坛于2013年4月由冰岛发起成立，每年10月在环北极国家召开大会，讨论涉及北极政治、法律、经济、社会等广泛领域的问题。论坛参与方包括北极和非北极国家政界、企业界、原住民、非政府组织、智库、科学家及媒体。冰岛有意将该论坛打造成为一个促进北极问题国际交流与合作，支持、补充和拓展北极理事会工作的开放平台。论坛开放参与、官民结合的特点，对北极理事会相对封闭的治理模式形成一定冲击，一定程度上有利于非北极国家参与北极事务。论坛首届会议于2013年10月在冰岛成功举办，40多个国家和地区的各界代表约1 200人出席。

北极地区议员大会（Conference of Parliamentarians of the Arctic Region，CPAR）。北极地区议员大会系地区间议会组织，成立于1993年，由8个北极地区国家议会及欧洲议会组成。宗旨是增进北极地区国家议员间相互了解和合作，致力于维护北极地区生态环境，积极应对气候变化对北极形成的挑战。北极地区议员常设委员会为该组织执行机构，成员8人，由成员国议会任命。该组织每两年举行一次大会，由成员国议会轮流主办。除成员国议会外，国际和地区间议会组织、非政府组织、学术团体等代表作为观察员列席大会。我国全国人大曾应邀与会。

巴伦支海欧洲北极理事会（Barents Euro Arctic Council，BEAC）。该理事会成立于1993年，成员包括北欧五国、俄罗斯和欧盟委员会，美国、加拿大、英国、德国、法国、意大利、荷兰、波兰和日本为观察员。理事会宗旨是缓解俄罗斯与西方国家在巴伦支海地区的对峙，加强经济、运输、环保和科技合作，共同开发俄罗斯西北地区和

---

① 赵隆：《多维北极的国际治理研究》，北京：时事出版社，2020年，第92页。

北欧国家北极区域。理事会高度关注俄罗斯科拉半岛的核安全问题，北欧国家与俄罗斯在理事会框架下签署多边计划，为俄罗斯安全处置存放于该地区的军用、民用核设施和核废料提供技术和设备援助。

国际北极科学委员会（International Arctic Science Committe，IASC）。委员会是目前最具影响的北极科研合作组织，成立于1990年，旨在通过提供科学建议和基金的方式鼓励和支持北极科研。委员会为非政府组织，但有明显政府色彩，仅国家级科学机构可以成为委员会成员。委员会现有18个成员，中国于1996年加入委员会。委员会下设"泛太平洋北极工作组"，工作组秘书处设在中国上海。

俄罗斯、挪威、丹麦、冰岛、加拿大先后向大陆架界限委员会提交200海里外大陆架划界申请。当务之急是明确外大陆架划界的地质标准，推动沿岸国在多边区域性海事制度安排的框架下，以沟通、协商与多层次治理等方式实现利益平衡。①

此外，国际海事组织、联合国政府间气候变化专门委员会等全球性机构也分别从制定极地航运规则、评估和应对北极气候变化、进行北极海域评估和监测等专门领域处理北极问题。

二、北极治理新发展

2022年以来，受俄罗斯与乌克兰冲突和俄罗斯与美国北极战略博弈的双重影响，北极地区面临"冷战"结束以来安全风险上升、政治分歧扩大、经济发展下行、治理机制调整的局面。② 美国、俄罗斯、加拿大等北极国家和英国、法国、印度等域外大国动作频繁，或加强北极航道管控，或实施北约北扩，或制定极地新战略，以期在极地变局中掌握主动。其他北极国家或北极相关国际组织已出现系统性"排俄"，政治化"选边站队"导致北极国际合作面临停滞。国际航运、油气企业纷纷退出俄罗斯北极油气资源开发项目，给北极发展与合作的利益相关方带来不确定因素。

（一）北极理事会

2022年3月3日，北极理事会其他七个正式成员国甩开俄罗斯发表关于俄罗斯入侵乌克兰后北极理事会合作的联合声明，称"俄罗斯无端入侵乌克兰，违反北极理事会有关尊重主权和领土完整的核心原则，俄做法阻碍北极等地区合作"；七国将不会前

---

① 杨显滨：《"冰上丝绸之路"倡议下北极外大陆架的治理困境与消解路径》，载《政治与法律》，2022年第6期，第124页。

② 肖洋：《北极安全治理：地缘风险与演变趋势》，载《当代世界》，2022年第7期，第55页。

往俄罗斯参加北极理事会会议，并将暂停参加其附属机构的所有会议①。七国联合声明实质上架空俄罗斯作为轮值主席国的地位，使北极理事会陷入停摆。

北极经济理事会紧随其后，决定将年度大会从圣彼得堡转为线上召开。北极经济理事会由加拿大担任北极理事会轮值主席国期间倡议成立，旨在就商业问题向北极理事会提供建议。七国发布联合声明四天后，北极经济理事会召开执行委员会特别会议，执行委员会4/5成员投票赞成"谴责俄罗斯入侵乌克兰的行动"，并作出排除俄罗斯召开线上会议的决定。

2022年10月7日，美国发布《北极地区国家战略》，提出将尽可能推动北极理事会的工作，但同时认为俄乌冲突使得与俄在北极地区的合作"几乎不可能实现"。该战略也明确表示在加强现有北极国际框架的同时，"将继续开放发展新的双边和多边的促进科学合作和美国在北极的其他利益所需的伙伴关系"。这似乎预示了美国有可能带领其北约盟国对北极理事会进行边缘化，另起炉灶，对北极国际合作和北极域外国家参与北极事务制定新的机制、规则和程序，甚至采取一些排他性、歧视性的标准，从而针对特定国家参与北极事务设置障碍。②

（二）《预防中北冰洋不管制公海渔业协定》执行情况

2022年11月23—25日，《预防中北冰洋不管制公海渔业协定》第一次缔约方大会在韩国仁川举行，此次会议由韩国海洋水产部和外交部联合举办。在本次会议上，缔约各方会上决定设立科学协调小组（替代临时科学协调小组）开展北冰洋公海海洋生物资源和生态系统研究，并建立监测项目。此外，会议还决定，2023年召开的科学协调小组会议将讨论如何在协定区进行探索性捕捞（Exploratory Fishing），在商业捕鱼之前评估渔业资源分布情况和经济效益。

（三）国际北极科学委员会

国际北极科学委员会发布《2022年北极科学现状报告》，汇总了北极地区科研活动和优先事项，以帮助北极地区的政策制定者、科学机构，以及其他科学利益攸关方了解北极科研的最新情况。报告认为：为应对北极地区和全球面临的挑战，北极科研

① Arctic Council Collaboration Halted! https://arcticportal.org/ap-library/news/2785-arctic-council-collaboration-halted; Joint statement by the Arctic 7 on the limited resumption of Arctic Council cooperation - without Russia! https://arcticportal.org/ap-library/news/2855-joint-statement-by-the-arctic-7-on-the-limited-resumption-of-arctic-council-cooperation-without-russia.

② 《张耀：警惕美国新战略架空北极理事会》，"环球网"百度百家号，2022年10月10日，https://baijiahao.baidu.com/s?id=1746251139060899575&wfr=spider&for=pc，2022年11月10日登录。

应该做到真正的跨学科和综合研究；应鼓励和加强北极科研国际合作，改进北极数据共享和循环使用。尽管全球都在共同努力，但当前北极地区的监测和科研水平尚不足以应对该地区面临的巨大挑战①。

（四）北极圈论坛

2022 年北极圈论坛大会于 10 月 13—16 日在冰岛首都雷克雅未克举行，北极圈论坛主席、冰岛前总统格里姆松致开幕词。2022 年有近 70 个国家和地区的 2 000 多人参会，为历次最多，再次表明国际社会愿为当前北极地区面临的种种挑战寻求解决方案。冰岛总理雅各布斯多蒂尔在开幕式讲话中呼吁在北极问题上加强合作。中国驻冰岛大使何儒龙应邀出席大会开幕式。外交部北极事务特别代表高风参与多场涉中国及亚洲相关议题的讨论。②

此外，2022 年北极圈论坛格陵兰分论坛于 8 月 27—29 日在格陵兰岛首府努克举行，这也是格陵兰最大的国际论坛。2022 年格陵兰论坛的焦点是：气候与繁荣，地缘政治与进步。来自美国、挪威、丹麦、冰岛、加拿大等国家的专家学者及政要参会。

三、中国北极事业的发展

北极的自然环境变化对中国气候系统和生态环境产生直接影响，进而影响中国工农业生产和经济社会可持续发展。北极冰雪消融、海洋酸化、航道利用、资源开发、科学研究、渔业治理等全球性问题也需要包括中国在内的北极域外国家共同参与才能有效解决。自 20 世纪 90 年代以来，中国对于北极的科学认识不断深入，生态环境保护不断加强，可持续利用不断拓展，国际合作不断深化。

（一）中国北极事业发展现状

中国于 1925 年加入《斯约》，20 世纪 90 年代初开始有规模地开展北极活动。中国于 1996 年加入国际北极科学委员会，2013 年成为北极理事会观察员，并于 2018 年顺利通过资格审查。

在北极事务的综合管理方面，中国政府批准的“三定”方案确定由自然资源部（国家海洋局）负责极地相关事务管理，其他相关部门根据职责分别负责相关领域的北

① 《〈2022 年北极科学现状报告〉发布》，中国海洋发展研究中心，2022 年 10 月 25 日，http：//aoc. ouc. edu. cn/2022/1024/c9829a380267/page. htm，2022 年 11 月 10 日登录。

② 《2022 年北极圈论坛大会在冰岛开幕》，新华网，2022 年 10 月 14 日，http：//www. news. cn/2022-10/14/c_1129063930. htm，2022 年 11 月 10 日登录。

极事务。随着北极考察活动的多元化发展，中国于2017年颁布实施《北极考察活动行政许可管理规定》，通过制定行政许可制度、环境影响评估制度和监督检查制度，强化国家对于北极考察资源的优化配置，避免重复建设和资源浪费，加强北极考察活动的规范管理。[①] 2018年1月，为阐明中国在北极问题上的基本立场，阐释中国参与北极事务的政策目标、基本原则和主要政策主张，指导中国相关部门和机构开展北极活动和北极合作，推动有关各方更好地参与北极治理，与国际社会一道共同维护和促进北极的和平、稳定和可持续发展，中国发布《中国的北极政策》白皮书，提出中国作为“近北极国家”和“北极事务利益攸关方”的身份定位，指出中国是北极事务的积极参与者、建设者和贡献者，努力为北极发展贡献中国智慧和中国力量，强调中国本着“尊重、合作、共赢、可持续”的基本原则，与有关各方一道，抓住北极发展的历史机遇，积极应对北极变化带来的挑战，为北极的和平稳定和可持续发展做出贡献。[②]

在北极科学考察和研究领域，中国于20世纪90年代启动北极科学考察，迄今已组织开展12次北冰洋科学考察、16个年度的北极黄河站站基考察和2个年度的中-冰联合观测站站基考察。其中，在北冰洋主要开展了海洋环流、海冰和生态系统变化监测和海洋地质、地球物理调查，在黄河站主要开展空间物理、冰川、生态环境变化等观测监测工作，在中-冰联合观测站主要开展高空物理、生态环境变化等观测监测。经过20多年的努力，中国初步形成了以地面站基、海洋浮标和考察船为平台的考察体系，国家北极观测监测网初步建成。2012年第5次北极科学考察期间“雪龙”船首次穿越东北航道，2017年第8次北极科学考察期间首次穿越西北航道和中央航道，为中国商业开发利用北极航道进行了有益尝试。参与国家组织的北极科考活动人员总计约2000人次，参与单位逾百家，活动区域主要集中在北冰洋公海区域和斯瓦尔巴群岛有限区域。自然资源部第一海洋研究所、第二海洋研究所、中国地质调查局等单位与俄罗斯相关科研机构在海洋化学、物理海洋、生态环境、海洋地质、区域地质、油气和天然气水合物等方面开展了卓有成效的合作，近期参与了由德国主导的“北极气候研究多学科漂流观测”大型国际北极研究计划。2010—2020年，自然资源部第一海洋研究所与俄罗斯研究机构使用俄科考船先后在日本海、鄂霍次克海、白令海、楚科奇海、东西伯利亚海和拉普捷夫海实施了6个联合调查航次（包括2次北极联合科考）。2017年9月，自然资源部第一海洋研究所与俄罗斯太平洋海洋研究所在符拉迪沃斯托克（海参崴）建立了“海洋与气候联合研究中心”。2022年6月，自然资源部第二海洋研究所联合美国阿拉斯加大学、德国阿尔弗雷德魏格纳极地研究所、俄罗斯全俄地质研究所、

① 《国家海洋局副局长解读〈北极考察活动行政许可管理规定〉》，中国政府网，2017年9月20日，http://www.gov.cn/zhengce/2017-09/20/content_5226465.htm，2022年11月10日登录。

② 国务院新闻办公室：《中国的北极政策》，北京：人民出版社，2018年，第2页。

挪威奥斯陆大学、加拿大纽芬兰纪念大学、斯里兰卡水生资源研究与发展署、塞舌尔蓝色经济部、新加坡南洋理工和中国海洋基金会共同申请的“多圈层动力过程及其环境响应的北极深部观测”（Arctic Deep Observation for Multi-sphere Cycling，ADOMIC）国际合作研究计划正式获批，这是2022年度联合国“海洋十年”获批的第一个中国项目①，也是中国首个极地研究项目。

在北极油气资源开发领域，中俄亚马尔液化天然气（LNG）项目自2014年启动，中国石油天然气集团有限公司获得该项目20%的股份，首船液化天然气已于2017年12月运抵中国。中国是该项目最大的国际投资方，中国石油天然气集团有限公司和丝路基金有限责任公司分别持股20%和9.9%，形成了以企业为主体、市场为导向、以股权技术和模块化生产为主的投资方式，是我国参与北极地区油气开发的样板工程。亚马尔项目一期工程于2017年12月正式投产，二期、三期工程于2019年陆续投产，具备每年1 650万吨的产能。根据协议，每年约有400万吨的液化天然气通过高冰级的液化天然气轮经北极东北航道运送至中国。中国石油海洋工程有限公司、海洋石油工程股份有限公司等7家企业承担了该项目共142个模块中85%的建造任务，共有45家中方企业为项目提供百余种装备和产品。2019年6月，中国石油天然气集团有限公司、中国海洋石油集团有限公司入股俄罗斯亚马尔LNG2项目。该项目首条液化天然气生产线拟于2023年投产运行，天然气年产量预计达1 980万吨。②

在北极航道利用领域，中国远洋海运集团有限公司积极开辟北冰洋商业新航路，初步建立了固定运营航线。2013—2021年期间，中国远洋海运集团有限公司已派出26艘船舶完成了56个航次的北极东北航道商业航行，其中自亚洲至欧洲西行29个航次，返程东行27个航次；培养适应极地航行的船员约500名；累计运送大宗设备、散货等货运量多达200万计费吨，节省二氧化碳排放62 718吨。2019年6月，中国远洋海运集团有限公司与俄罗斯诺瓦泰克股份公司、俄罗斯现代商船公共股份公司以及丝路基金有限责任公司在俄罗斯圣彼得堡签署《关于北极海运有限责任公司的协议》。根据协议，各方将建立长期伙伴关系，为俄罗斯联邦北极区向亚太区运输提供联合开发、融资和实施的全年物流安排，并组织在亚洲和西欧之间通过北

---

① 联合国海洋科学促进可持续发展十年（Ocean Decade：2021—2030，简称“海洋十年”）是未来十年联合国发起的最重要的全球性海洋科学倡议，旨在为全球海洋治理提供科学解决方案，确定可持续发展所需的知识，形成对海洋的全面认知和了解，加强对海洋知识的利用，最终形成“我们所希望的海洋”，实现海洋的可持续发展。2020年在第75届联合国大会审批通过后，于2021年1月正式启动。《中国主导的北极深部观测计划获批联合国“海洋十年”项目》，https：//www. sio. org. cn/redir. php? catalog_id = 84&object_id = 341903。截止到2021年12月，共有159个获批的计划及项目，其中中国申请获批的计划及项目有3个。

② 《总台记者探访俄北极液化天然气2号项目》，中央电视台，2021年12月2日，https：//tv. cctv. com/2021/12/02/VIDE0onA59Zd6yoezTEmwvgD211202. shtml，2022年11月10日登录。

极航道运输货物。[①] 同时，各方联合成立北极海运公司，加大开展利用北极航道货物运输的力度，使其成为北极航道最为活跃的过境航运企业。

在参与北极多边治理和开展双边合作领域，中国于 1996 年加入北极科学委员会，2005 年举办北极科学高峰周会议。2004 年与日本、韩国等国共同发起成立极地亚洲科学论坛。2007—2010 年期间实施“国际极地年”中国行动计划，与美国、俄罗斯、加拿大、芬兰、冰岛、挪威、法国等国开展了多项北极研究合作。2013 年中国成为北极理事会观察员，派遣专家积极参与了北极理事会下设北极动植物保护、监测与评估等工作组的日常活动。2012 年，中国与冰岛签署政府间北极合作协议，与美国、加拿大、俄罗斯、德国、法国、韩国等签署的双边政府间合作协议也均包含北极合作内容。近年来，中国积极参加了北极理事会、国际北极科学委员会、北极科学高峰周、新奥尔松科学管理委员会等重要国际组织会议，积极参与北极治理的议题设置和规则制定。2019 年 5 月，中国承办“北极圈”论坛中国分论坛，以“中国与北极”为主题，围绕冰上丝绸之路、科学与创新、运输与投资、可持续发展、海洋、能源、治理等议题展开深入探讨与交流。来自中国、冰岛、美国、加拿大、挪威、瑞典、波兰、日本、韩国、印度等北极国家和域外国家北极大使、驻华外交官、国内外专家学者、企业家和北极原住民组织代表约 500 人参加论坛。

在北极文化宣传和教育等领域，2013 年 7 月，内蒙古根河市敖鲁古雅乡成功承办第五届世界驯鹿养殖者代表大会，有效促进中国驯鹿养殖者与北极原住民组织的交流与合作，显示了中国为北极原住民权益做贡献的意愿和能力。[②] 中国表示愿意继续通过适当的项目向原住民群体做出自己的贡献。中国将向有关基金提供资助，支持北极原住民群体能力建设。[③] 中国海洋大学、哈尔滨工程大学、南方科技大学等中国 10 多所高等院校、科研院所等积极参加了北极大学联盟，积极参与北极地区的教育交流。2019 年，北极大学联盟-哈尔滨工程大学培训中心正式成立，成为北极大学联盟在北极八国以外成立的第一个区域中心。

（二）中国北极事业未来发展

中国参与北极事务、开展北极活动备受关注。在北极工作取得相应成就的同时，中国参与北极事务也面临着一些困难和问题。第一，某些北极国家对中国在北极的活

---

① 《中俄签署北极海运公司合作协议》，极地与海洋门户，2019 年 6 月 8 日，http://www.polaroceanportal.com/article/2715，2022 年 11 月 10 日登录。

② 《第五届世界驯鹿养殖者代表大会今天在根河市敖乡召开》，载《内蒙古日报》，2013 年 7 月 25 日。

③ 张笑一：《中等强国外交行为理论视野下的加拿大北极政策研究》，北京：时事出版社，2018 年，第 152 页。

动保持高度警惕和怀疑，担心中国挑战北极国家的主导权，甚至抹黑和攻击中国北极正常的科考和经济活动图谋“掠夺”北极资源、破坏北极生态环境、存在军事目的等。第二，北极地区自然恶劣、生态脆弱，基础设施建设尚不完备；环保标准和技术要求较高，北极原住民经济社会的权益备受国际社会关注，中国参与北极可持续发展面临着环保、技术、装备、法律等多方面的风险挑战。第三，北极活动的统筹协调还需要加强。目前中国北极活动，特别是科学考察活动分散在研究机构、大专院校，目标散乱不集中，难以形成合力。中国相关政府部门虽已发布《北极考察活动行政许可管理规定》，但由于法律层级和效力较低，对国内北极活动实施的管理效力还比较有限。

2019 年 6 月，国家主席习近平和俄罗斯总统普京在莫斯科共同签署《中华人民共和国和俄罗斯联邦关于发展新时代全面战略协作伙伴关系的联合声明》。声明中提到，推动中俄北极可持续发展合作，在遵循沿岸国家权益基础上扩大北极航道开发利用以及北极地区基础设施、资源开发、旅游、生态环保等领域合作；支持继续开展极地科研合作，推动实施北极联合科考航次和北极联合研究项目；继续开展中俄在“北极——对话区域”国际北极论坛内的协作。[①]

四、小　结

新的形势下，作为北极事务的重要利益攸关方和北极治理的参与者、建设者、贡献者，中国秉承尊重、合作、可持续三大政策理念，加强北极生态环境保护，不断深化对北极的科学考察和研究，依法合理开发利用北极资源，完善北极治理体制机制，加强同相关国家和国际组织的合作交流，积极向国际北极治理提供公共产品和服务，共同维护北极和平与稳定，开创北极美好新未来。

---

① 《中华人民共和国和俄罗斯联邦关于发展新时代全面战略协作伙伴关系的联合声明（全文）》，中国政府网，2019 年 6 月 6 日，http：//www. gov. cn/xinwen/2019-06/06/content_5397865. htm，2022 年 11 月 10 日登录。

第十七章　南极治理与中国南极事业

南极地区的自然环境正在发生快速变化，与全球气候变化交互作用，对人类生存发展产生重要影响。多年来，中国致力于维护南极条约体系的稳定，坚持和平利用南极，保护南极生态环境，积极参与南极事务国际交流与合作，不断为南极治理贡献中国智慧和中国方案。

一、南极国际治理基本框架

南极中央是冰雪覆盖的大陆，周围环海，岛屿众多。南极是国际合作和全球可持续发展的新疆域，南极治理是全球治理的重要组成部分。随着国际社会对南极保护重要性认识的提高，以保护南极环境和生态系统为主要目的南极治理规则不断发展和丰富。

（一）南极治理主要规制

南极治理以和平利用和多边治理为主要特征，“冻结”主权主张，注重环境和生态系统保护。以《南极条约》为基础形成的南极条约体系，构成了南极治理的基本制度框架。

1959 年签订的《南极条约》，冻结了有关国家在南极的主权争端，作为南极条约体系和南极国际秩序的核心，开启了建立保护南极国际秩序的进程。《南极条约》以主权冻结、和平利用和国际合作为基石，确立了南极治理的基本原则和制度。《南极条约》适用于60°S 以南、包括一切冰架，鼓励南极科考自由和国际合作，并规定了在南极的禁止活动和禁止活动例外，但不妨碍或影响各国根据国际法在该地区内公海权利的行使。该条约建立“视察”制度，并要求当事国通过适当的国内立法或者采取适当措施确保条约的遵守与执行。《南极条约》目前共有 54 个成员国，其中有 29 个国家因在南极开展实质性科研活动而成为拥有决策权的协商国。

南极治理的法律体系主要是以《南极条约》为基础形成的南极条约体系，除 1959 年《南极条约》外，还包括：由南极条约协商国制定的《南极海豹保护公约》《南极海洋生物资源养护公约》① （以下简称《CAMLR 公约》）、《南极矿产资源活动管理公约》②《关于环境保护的南极条约议定书》（以下简称《议定书》）及其环境影响评价、动植物保护、废物处理及废物管理、预防海洋污染、区域保护和管理以及环境紧急情况引起的责任这六个附件③等，以及南极条约协商会议通过的决定、措施和决议（见图 17-1）。《南极条约》规定《南极条约》协商会议（Antarctic Treaty Consultative Meeting，ATCM）为其决策机制。南极环境保护委员会（Committee of Environmental Protection，CEP）与南极海洋生物资源养护公约委员会（Commission for the Conservation of Antarctic Marine Living Resources，CCAMLR）是南极生态环境保护的主要机构。

（二）南极治理主要机制

南极治理主要特征是和平利用和多边治理，ATCM、CEP 和 CCAMLR 是南极条约体系框架下建立的重要治理机制。此外，南极研究科学委员会、国家南极局局长理事会、南极和南大洋联盟和国际南极旅游组织协会等在南极治理中也发挥着重要的作用。④

1.《南极条约》协商会议

2022 年 5 月，第 44 届 ATCM 暨第 24 届 CEP 在德国柏林举行。与会者包括来自 29 个协商国代表，来自 10 个非协商国的缔约国的代表，来自 CCAMLR、SCAR、COMNAP 的观察员以及来自国际水文组织 、国际自然保护联盟、世界气象组织 、南极和南大洋联盟以及国际南极洲旅游经营者协会等机构的专家，共计 400 余名。⑤

国家请求成为协商国情况。加拿大自 1988 年以来一直是非协商国，于 2003 年正式成为《议定书》的缔约国。加拿大表示已于 2021 年 10 月 21 日正式向保存国政府提交了获得协商国地位的请求。美国作为《南极条约》和《议定书》的保存国，确认加拿大遵守了第 2 号决定（2017）中规定的指导方针。中国和俄罗斯陈述了在这次 ATCM 上不对加拿大的请求作出决定的程序性及实质性理由。经过讨论和协商，各协商国未对加拿大成为协商国的请求表明立场，即同意将加拿大的申请列入议程，而是将在

① 《南极海洋生物资源养护公约》于 1980 年 5 月 20 日签署，1982 年 4 月 7 日生效。该公约适用于 60°S 以南和该纬度与构成南极海洋生态系统一部分的南极辐合带之间区域的南极海洋生物资源。

② 该条约未生效。

③ 《关于环境保护的南极条约议定书》及其四个附件于 1991 年 10 月 4 日通过，1998 年生效。1991 年第 16 次南极条约协商会议通过附件五，2002 年生效。2005 年第 28 次南极条约协商会议通过附件六。

④ 感谢中国政法大学国际法学院博士研究生杨一鑫和硕士研究生张孜翰对本部分内容的贡献。

⑤ Final Report of 44th ATCM, para. 1~5.

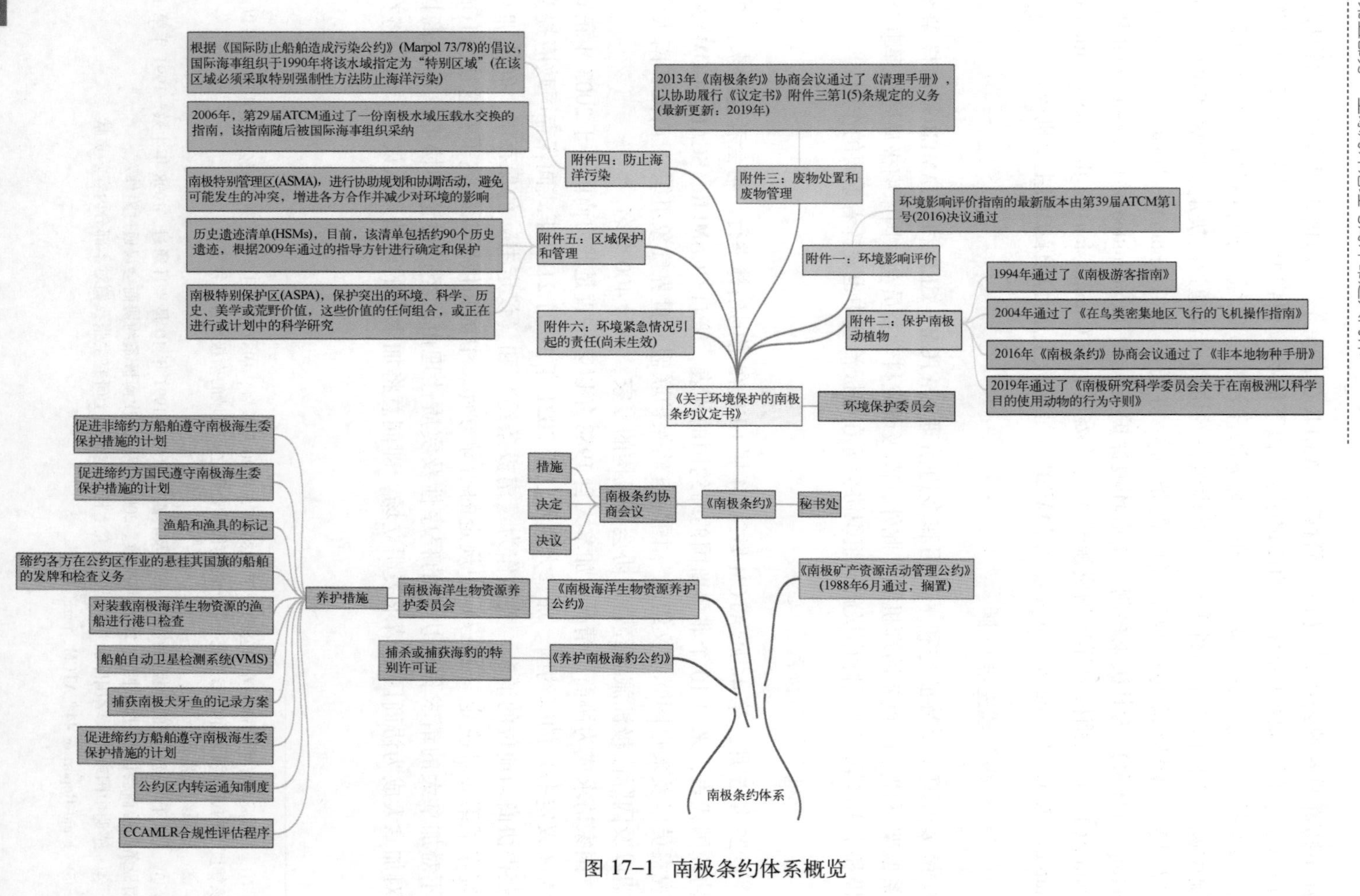

图 17-1　南极条约体系概览

赫尔辛基举行的第45届ATCM中进一步审议和决定。[①] 白俄罗斯于2021年第43届ATCM期间提出成为协商国的请求，当时大会决定将其请求推迟到2022年会议上正式讨论。但根据最终报告中初步拟定的第45届ATCM议程来看，白俄罗斯成为协商国的请求将于2023年会议正式讨论。

《议定书》附件六核准情况。[②] 各协商国提供了关于《议定书》附件六核准情况的最新资料及其在国内立法中的实施情况：智利和法国于2021年批准了附件六，截至2022年10月，共有19个协商国[③]批准了该附件。5个协商国，即比利时、芬兰、挪威、南非和瑞典报告称，在附件六生效之前，它们正在实施执行附件六的国内立法。

南极卫生安全相关情况。ATCM最终报告更新了新冠疫情管理的相关内容。国家南极局局长理事会提交了《国家南极计划管理理事会2021/2022年度报告》，表示尽管2019以来的新冠疫情带来了持续的挑战，国家南极局局长理事会仍致力于促进国家南极规划的合作，支持南极洲约500个科学项目，并协调南极关键基础设施的维护和安全；还更新了《2021—2022年南极季节COVID-19暴发预防和管理指南》，以协助各国编制本国南极项目。[④] 除COMNAP的报告之外，德国和印度共同提交《毛德皇后地航空网络（DROMLAN）为防止新冠病毒（SARS-CoV-2）在南极毛德皇后地扩散进行的努力》，德国单独提交《在新冠疫情期间高效、安全地开展南北极考察》，乌拉圭提交《乌拉圭2021—2022年南极活动卫生议定书的适用结果及其更新》。[⑤]

讨论和通过的措施、决定及决议。本届会议共通过18项措施、5项决定及6项决议（见表17-1）。措施主要涉及修订特别管理区、特别保护区管理计划相关事项。决定除涉及ATCM的预算、工作计划等常规内容外，为推进议定书附件六的生效工作，还特别通过了“环境紧急事件引起的责任”相关决定。决议主要是ATCM通过的一些有指导意义的文件和对缔约国、相关组织的建议、要求等，对于南极事务的开展起着重要的指导作用。历史遗迹、航空安全、气候变化、环境保护、旅游等问题仍然是ATCM关注的重点事项。

---

① Final Report of 44th ATCM, para. 118~122.

② Ibid, para. 151~158.

③ 澳大利亚、智利、厄瓜多尔、芬兰、法国、德国、意大利、荷兰、新西兰、挪威、秘鲁、波兰、俄罗斯、南非、西班牙、瑞典、乌克兰、英国和乌拉圭。

④ Final Report of 44th ATCM, para. 28.

⑤ Ibid, para. 215~216.

表 17-1　第 44 届 ATCM 通过的措施、决定及决议

措施		决定		决议	
序号	内容	序号	内容	序号	内容
M1	7 号南极特别管理区（西南安弗斯岛和帕尔默盆地）：经修订的管理计划	D1	秘书处报告、方案和预算	R1	经修订的《南极洲遗产评估和管理准则》
M2	109 号南极特别保护区（南奥克尼群岛、莫伊岛）：经修订的管理计划	D2	环境紧急事件引起的责任	R2	参观场地指引
M3	110 号南极特别保护区（南奥克尼群岛、林奇岛）：经修订的管理计划	D3	南极条约协商会议多年战略工作计划	R3	南极洲的航空安全
M4	111 号南极特别保护区（南鲍威尔岛及其邻近岛屿，南奥克尼群岛）：经修订的管理计划	D4	关于南极气候变化与环境：十年概要和行动建议报告	R4	南极气候变化与环境：十年概要和行动建议报告
M5	113 号南极特别保护区（利奇菲尔德岛、亚瑟港、安弗斯岛、帕尔默群岛）：经修订的管理计划	D5	信息交换的需求	R5	南极洲旅游和其他非政府活动的永久性设施
M6	115 号南极特别保护区（拉戈泰勒里岛，玛格丽特湾，格雷厄姆地）：经修订的管理计划			R6	修订的标准参观后报告表
M7	119 号南极特别保护区（戴维斯谷和福里达斯池塘，杜菲克山，彭萨科拉山）：经修订的管理计划				
M8	122 号南极特别保护区（罗斯岛、小屋角半岛、厄赖弗尔高地）：经修订的管理计划				
M9	124 号南极特别保护区（罗斯岛、克罗泽角）：经修订的管理计划				

续表

措施		决定		决议	
序号	内容	序号	内容	序号	内容
M11	127 号南极特别保护区（哈斯维尔岛）：经修订的管理计划				
M12	M12129 号南极特别保护区（罗瑟拉角、阿德莱德岛）：经修订的管理计划				
M13	南极第 133 号特别保护区（和谐角、纳尔逊岛、南设得兰群岛）：经修订的管理计划				
M14	139 号南极特别保护区（比斯科角、安弗斯岛、帕尔默群岛）：经修订的管理计划				
M15	第 140 号南极特别保护区（欺骗岛部分\ 南设得兰群岛）：经修订的管理计划				
M16	149 号南极特别保护区（雪瑞夫角和圣特尔莫岛，利文斯顿岛，南设得兰群岛）：经修订的管理计划				
M17	164 号南极特别保护区（斯克林和默里巨石，麦克·罗伯逊地）：经修订的管理计划				
M18	经修订的南极历史遗址和古迹名录：第 26、29、36、38、39、40、41、42、43 和 93 号历史遗址和古迹的更新信息				

2. 南极环境保护委员会

南极环境保护委员会审议了气候变化应对附属小组（Subsidiary Group on Climate

Change Response，SGCCR）关于气候变化应对工作计划（Climate Change Response Work Programme，CCRWP）的沟通、执行和审查的报告，以及与该问题相关的其他文件。① CEP 主席报告称，委员会尚未就 SGCCR 提出的 CCRWP 更新达成共识，因此，SGCCR 将在接下来的闭会期间继续工作，根据其当前的职权范围实施现有的 CCRWP（2016）。② 部分缔约方对未能就 CCRWP 的更新版本达成共识表示失望。③ 中国建议经济合作方案应侧重于现有的 CCRWP 的实施，而不是其更新。中方表示，委员会应注重研究和监测，以缩小 CCRWP 的知识差距。鉴于目前版本的 CCRWP 几乎所有的空白/需求和行动/任务都有待完成，目前阶段没有必要进行更新。中方强调承认经济伙伴关系成员之间的不同意见的重要性，并指出需要改进有效和高效更新 CCRWP 的方式。④

3. 南极海洋生物资源养护公约委员会

南极海洋生物资源养护公约委员会实施了一整套措施，以支持南极海洋生物资源的养护和南大洋渔业的管理。这些养护措施在委员会每次年度会议上审查和制定，随后由成员国在此后的闭会期间和捕鱼季节实施，养护措施在年度有效养护措施表中公布。根据《2021/2022 年生效的保护措施一览表》，2021—2022 年度新增的内容主要集中于渔业规定，如对牙鱼和磷虾新的养护措施。目前关于保护区的养护措施共有五个（CM91-01 ~ CM91-05），分别是 CCAMLR 生态系统监测方案计划站点的保护程序（2004）、南奥克尼群岛南部大陆架的保护（2009），建立 CCAMLR 海洋保护区的总体框架（2011）、保护南极特别管理和保护区的价值观（2012）、罗斯海区域海洋保护区（2016）。

CCAMLR 框架下的会议除了 CCAMLR 大会外，科学委员会（Scientific Committee，SC）、行政与财务常委会（Standing Committee on Administration and Finance，SCAF）和遵守与执行常委会（Standing Committee on Implementation and Compliance，SCIC）分别召开年度会议，讨论职权范围内的事项，并向委员会提交各自的报告。

第 41 届 CCAMLR 大会于 2022 年 10 月 24 日至 11 月 4 日在澳大利亚霍巴特市举行。会议共 15 项议程，其中讨论的主要议程包括：《CAMLR 公约》目标的执行情况、海洋资源管理、空间管理、气候变化对南极海洋生物资源保护的影响、实施和遵行情况、南极海洋生物资源保护委员会国际科学观测计划、养护措施，与南极条

① Final Report of 44th ATCM, para. 59.

② Ibid, para. 60.

③ Final Report of 44th ATCM, para. 63.

④ Ibid, para. 64.

约体系和国际组织的合作等问题。海洋保护区是大会讨论的重点议题之一。目前，南极已经建成的海洋保护区有两个：2009 年的南奥克尼群岛南大陆架海洋保护区和 2016 年的罗斯海区域海洋保护区。在过去的 11 年里，大会讨论了三个保护区提案，分别为东南极海洋保护区、威德尔海海洋保护区和南极半岛海洋保护区。在过去几次会议中，关于这三项新提案的讨论进展甚微，CCAMLR 对于现有的两个保护区相关的研究和监测计划也几乎没有讨论出新的进展。本届大会仍然没有通过任何新的设立保护区的提案。①

第 41 届 SC 会议于 2022 年 10 月 24—28 日在澳大利亚的霍巴特市举行。② 会议共 18 项议程，主要讨论了“统计、评估、建模、声学和调查方法方面的进展”“收获的物种（包括磷虾、鱼类等）”“捕捞作业的非目标渔获量和生态系统影响”“对南极生态系统影响的空间管理”“气候变化”“公约区内的非法、未报告和无管制（IUU）捕捞活动”“科学委员会的活动”等内容。

SCAF 年度会议于 2022 年 10 月 26—28 日在线上召开。③ 根据会议议程，本次 SCAF 会议共十项内容，其中主要内容有审查 2021 年度财务报表（第三项），听取秘书处报告以及审议秘书处 2023—2026 年战略计划（第四项），2022 年预算、2023 年预算草案和 2024 年计划预算（第六项）等。

SCIC 年度会议于 2022 年 10 月 24—28 日在线上召开。④ 该会议共计 11 项议程，主要包括：“审查与遵守和执行有关的措施和制度”（第三项），其中涉及“渔获记录方案”“船舶检验”“公约区域内的船舶监测系统和船舶移动活动”“关于新的和经修订的与遵约有关的养护措施的提案”等具体内容；“CCAMLR 合规性评估程序（CCEP）”（第四项），决定采用年度 CCAMLR 临时合规报告并对 CM 10-10⑤ 进行审查；“公约区内的非法、未报告和无管制捕捞活动”（第五项），审议了相关各方关于 2021/2022 年公约区域内 IUU 捕捞活动和趋势的信息并拟定一份 IUU 船只清单；“科学委员会对 SCIC 的建议”（第七项），即科学委员会主席酌情提供建议，并就 SCIC 需要审议的相关事项交换信息等。

---

① 41st CCAMLR: Proposal for an extraordinary meeting of the Commission on Spatial Planning and Marine Protected Areas, Annex 6 of Report of the Forty-first meeting of the Commission, pp. 6-7.

② https: //meetings. ccamlr. org/en/ccamlr-41，2022 年 11 月 10 日登录。

③ https: //meetings. ccamlr. org/en/scaf-2022，2022 年 11 月 10 日登录。

④ https: //meetings. ccamlr. org/en/scic-2022，2022 年 11 月 10 日登录。

⑤ Conservation Measure 10-10 (2019), CCAMLR Compliance Evaluation Procedure, see Schedule of Conservation Measures in Force 2021/22, p. 73.

4. 其他治理机制

南极研究科学委员会（SCAR）是管理南极科学事务的民间科学团体，是国际科学理事会（International Science Council，ISC）的一个专题组织。SCAR负责发起、发展和协调南极地区（包括南大洋）以及南极地区在地球系统中作用的有关国际科学研究，在国际南极科学领域具有学术权威性。除了发挥其主要的科学作用之外，SCAR还就影响南极洲和南大洋管理的科学和养护问题以及南极地区在地球系统中的作用向《南极条约》协商会议、《联合国气候变化框架公约》和政府间气候变化专门委员会等其他组织提供客观和独立的科学咨询。① 中国的一些组织机构已经加入SCAR，比如中国社会科学院（1997年加入）、中国科学技术协会（1937年加入）以及中国台北科学院（1937年加入）。② 中国积极支持SCAR工作，于2019年在上海主办了SCAR理事会成员面对面会议。③

COMNAP是成立于1988年的国际协会，由31个国家南极局成员组成。国家南极局是指那些代表各自政府并本着《南极条约》精神负责在《南极条约》地区开展和支持科学研究的组织。④ 中国的国家海洋局极地考察办公室和中国极地研究中心是其成员单位。⑤ 中国曾于上海成功主办第14届国家南极局长理事会大会，为这一长期的跨国界研究活动寻求更有效的合作途径，为南极的科学研究制定新的发展方向。⑥

南极和南大洋联盟（ASOC）成立于1978年，是一个致力于保护南极洲和周围南大洋的非政府组织，由超过15个对南极环境保护感兴趣的非政府组织组成。⑦ ASOC重视跟进《南极条约》协商会议关注的关键问题，并及时总结其优先事项。

国际南极旅游组织协会（IAATO）是一个成立于1991年的会员组织，旨在倡导和促进私营部门到南极进行安全、环保的旅行。⑧ 目前已经有部分中国会员，比如成都悦

---

① SCAR，https：//www. scar. org/about-us/scar-overview/，2021年10月16日登录。

② lnternational Science Council，https：//council. science/members/online-directory/，2021年11月16日登录。

③ lnternational Science Council，https：//council. science/current/news/isc - governing - board - meets - in - beijing - china/，2021年11月16日登录。

④ COMNAP，https：//www. comnap. aq/，2022年10月16日登录。

⑤ COMNAP，https：//www. comnap. aq/our-members，2022年10月16日登录。

⑥ 《南极挑战者会聚上海　中国科考成就显著》，央视网，http：//news. cctv. com/lm/522/41/38527. html，2021年11月16日登录。

⑦ ASOC，https：//www. asoc. org/about/coalition-members，2022年10月16日登录。

⑧ IAATO，https：//iaato. org/about-iaato/our-mission/，2022年10月16日登录。

旅有限公司、北京纽威尔国际旅行社有限公司、同程国际旅行社有限公司等。[①]

二、南极国际治理热点

极地是探索宇宙奥秘、生命起源和气候变化等问题的重要科学前沿。南极气候、环境变化与全球气候环境交互作用、相互影响。南极国际治理中的热点问题关乎人类长远发展，受到国际社会持续关注。

（一）气候变化与南极

随着人类对气候变化影响的认识加深，应对气候变化已成为人类实施可持续发展进程中的重要问题，南极臭氧空洞与全球气候变化关系等成为全球关注的热点问题。极地作为全球气候变化的预警系统和主要作用地区，应对气候变化和保护生态环境问题不仅是区域性问题，也是全球公共治理机制的关键部分。南极地区与气候变化相关的法律制度有全球和区域两个层次。《联合国气候变化框架公约》等全球层面的公约提出了应对气候变化的一般性原则；SCAR 于 2009 年发表了一份关于南极气候变化的详尽报告，此后，SCAR 每年都向《南极条约》协商会议提交更新报告。[②]

（二）南极环境保护

环境保护一直以来都是南极治理中的核心内容。1998 年生效的《议定书》包括序言、27 条、附则和附件[③]，为保护南极环境提供了一套综合性的保护体制。[④]《议定书》第二条规定，各缔约国承诺全面保护南极环境及依附于它的和与其相关的生态系统，特别是南极指定为自然保护区，仅用于和平与科学目的。第七条规定，除与科学研究有关的活动外，禁止任何有关矿产资源的活动。

《议定书》共有六个附件。附件 1 为环境影响评估，对应《议定书》的第八条，规定了初步环境影响评估和全面环境影响评估两种不同的评估形式以及评估应当遵

---

① IAATO，https：//iaato. org/who-we-are/member-directory/，2022 年 10 月 16 日登录。

② 同①，2022 年 9 月 16 日登录。

③ 《议定书》及其前 4 个附件于 1991 年 10 月 4 日通过，1998 年生效。1991 年第 16 次 ATCM 通过附件 5，2005 年第 28 次 ATCM 通过附件 6。

④ 颜其德、朱建钢：《南极洲领土主权与资源权属问题研究》，上海：上海科学技术出版社，2009 年，第 162 页。

循的具体程序。附件 2 为保护动植物的规定，并涵盖了 1964 年第 3 届 ATCM 通过的四项建议措施（即南极动植物保护议定措施、南极动植物保护暂定准则，SCAR 对南极动植物保护的关注和对海豹与冰块上的其他动物捕猎）中的部分条款。但这些措施对一些科学研究活动做了例外规定。除非按照规定，获取或有害干扰动植物的活动均应禁止。附件 3 是废物处理与管理规定，适用于在《南极条约》适用区域从事科学研究、旅游及一切其他政府性和非政府性活动，以及与之相关的后勤支援活动。附件 4 涉及防止海洋污染，它不仅适用于每个《议定书》缔约国，也适用于《南极条约》适用区域内悬挂缔约国国旗的船只，或协助缔约国开展作业的其他船只。附件 5 是关于南极保护区系统的规定。附件 6 是环境突发事件的责任，该附件涉及一旦发生环境事故如何界定责任的问题，包括预防措施、应急计划、应急行动和确定环境事故责任的指导方针等条款。目前在南极条约协商国中已经有超过半数的国家签署了该附件。有一些国家已经将该附件的内容转化纳入本国的南极立法之中。

（三）南极保护区建设

南极保护区是南极环境治理的主要载体之一。南极保护区可分为南极特别保护区、南极特别管理区和南极海洋保护区。对于南极保护区的设立，陆地和海洋适用不同的管辖，遵从不同的程序。就陆地而言，保护区选划的主要依据是《议定书》及其附件①；陆地带海的保护区选划也是依据《议定书》及其附件进行，但需要经 CCAMLR 通过，根据其保护规划和计划进行。就海洋而言，《CAMLR 公约》专门就南极海洋生物资源相关事宜做了规定，适用于南极辐合带以南海域。缔约国可以向 CCAMLR 提议设立南极海洋保护区，设立国可以确定受保护的物种、可捕捞物种的大小、捕捞季节和可捕量等。

公海保护区建设关系各国包括捕鱼在内的公海自由和权利等国际问题，应在确有必要的前提下审慎稳妥推进，避免成为新一轮“海洋圈地运动”的工具。

---

① 附件 5 针对之前的各种保护区，统一归成两类加以管理，即南极特别保护区（Antarctic Specially Protected Areas，ASPAs）和南极特别管理区（Antarctic Specially Managed Areas，ASMAs）。任何区域，包括任何海洋区域，均可被指定为 ASPAs，只有经过许可后才能进入这些区域，以保护其显著的环境、科学、历史、美学或荒野形态的价值。ASMAs 一般包括两类区域：（1）活动会产生相互干扰或产生累积环境影响危险的区域；（2）具有历史价值的遗址或纪念物。进入这种区域不需要许可证，但特别管理区内可能包括一个或几个特别保护区，需经许可才能进入。

（四）南极旅游等活动

南极环境保护面临的新问题是人类活动特别是南极旅游的快速发展对环境保护可能产生的影响。目前南极旅游主要是通过IAATO进行。IAATO于1991年由七家大型南极旅游公司联合成立，制定了针对南极旅游公司的《南极旅游从业者活动指南》和针对游客的《南极游客活动指南》，但这属于行业协定，缺乏法律效力。根据IAATO的统计，2008年，不到100名中国人访问了南极，但这一数字在2017年增长到8 273人。[①] 在这8 273人中，中国人占总入境人数的16%，数量上仅次于美国人。[②] 在管理和规范南极旅游活动方面，当前尚未形成有约束力的法律规则。中国是潜在的南极旅游大国，需对南极旅游相关议题和规制走向予以关注。

（五）200海里外大陆架划界[③]

200海里外大陆架定界与国际海底“区域”范围直接相关。《南极条约》第4条冻结了南极领土主权主张，但有关国家以不同形式对南极大陆架主张权利（见图17-2）。至2022年10月，已有5个国家分别基于南极陆地或者次南极岛屿向大陆架界限委员会（以下简称“委员会”）提交了涉及南极的划界案。一类是澳大利亚、挪威、阿根廷、智利基于其对南极大陆的领土主张，向委员会提交了200海里外大陆架划界案。鉴于《南极条约》冻结领土主权要求，以及《大陆架界限委员会议事规则》第46条和附件一的规定，目前委员会对此类基于南极大陆领土主张的200海里外大陆架划界案不做审议。另一类是澳大利亚、阿根廷和英国等基于其南极附近领土提出的200海里外大陆架自然延伸进入60°S以南。其中英国和阿根廷之间因存在岛屿争议，委员会就划界案中涉及两国争议岛屿的部分未予审议。委员会经审议同意了澳大利亚基于其本国岛屿主张的200海里外大陆架划界案，其中部分外部界限实际上进入60°S以南地区。2022年2月28日，智利向委员会提交了关于南极领地西区的200海里外大陆架外部界限划界案。

---

① Shine，https：//www. shine. cn/news/nation/1909061549/，2021年11月16日登录。

② WiT，https：//www. webintravel. com/the-wrap-antarctica-the-hottest-new-destination-for-chinese-travellers/，2021年11月16日登录。

③ 感谢自然资源部第二海洋研究所尹洁副研究员对本部分的贡献。

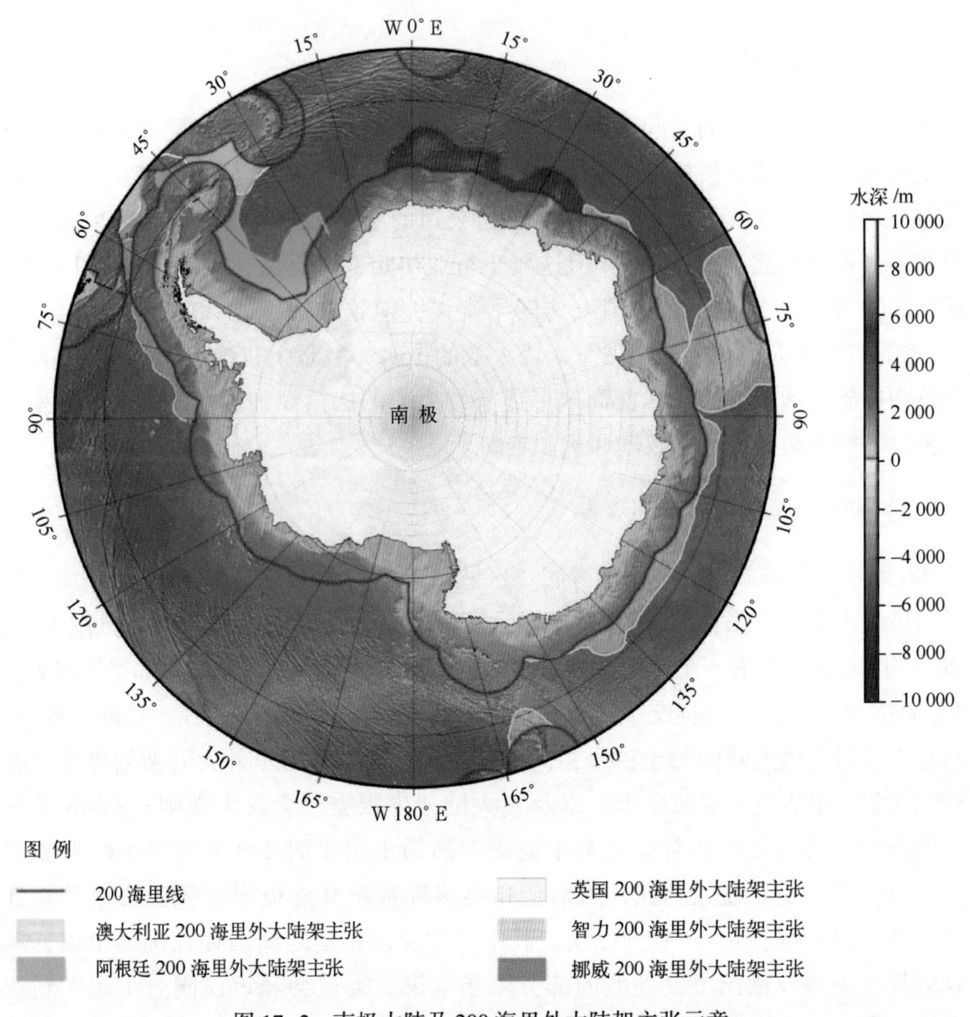

图 17-2　南极大陆及 200 海里外大陆架主张示意

三、中国南极事业的发展

中国坚定维护《南极条约》宗旨，保护南极环境，和平利用南极，倡导科学研究，推进国际合作，努力为人类知识增长、社会文明进步和可持续发展做出贡献。

（一）中国关于南极事务的立场和主张

中国一贯支持《南极条约》的宗旨和精神，秉持和平、科学、绿色、普惠、共治的基本理念，致力于维护南极条约体系的稳定，坚持和平利用南极，保护南极环境和生态系统，愿为国际治理提供更加有效的公共产品和服务，推动南极治理朝着更加公正、合理的方向发展。中国在南极着重致力于以下几个方面：一是提升南极科学认知，鼓励开展南极科学考察和研究，加大科学投入，加强南极科学探索和技术创新，增强南极科技支撑能力，普及南极科学知识，增进南极认知积累，不断提升国际社会应对全球气候变化的能力。二是加强南极环境保护，主张南极事业发展以环境保护为重要方面，倡导绿色考察，提倡环境保护依托科技进步，保护南极自然环境，维护南极生态平衡，实现可持续发展。三是维护南极和平利用，秉持“相互尊重、开放包容，平等协商、合作共赢”的理念，维护南极和平稳定的国际环境，遵守南极条约体系的基本目标和原则，坚持以和平、科学和可持续方式利用南极。

（二）南极科学考察研究

中国已经初步建成涵盖空基、岸基、船基、海基、冰基、海床基的国家南极观测网，基本满足南极考察活动的综合保障需求。中国于 1979 年 5 月成立国家南极考察委员会，同年 12 月至 1980 年 3 月，首次派出两名科学家参加澳大利亚国家南极考察队。1984 年 11 月，中国第一支南极考察队出征。1985 年，中国在西南极乔治王岛建立长城站（常年考察站），此后建成中山站（常年考察站）、昆仑站（内陆考察站）、泰山站（营地）。中国第 5 个南极考察站——罗斯海新站已于 2018 年 2 月在恩克斯堡岛正式选址奠基。中国已实现中国极地考察“双龙探极”的格局。在南极考察站建设与运行、交通运输、物资支持、医疗援助、人员培训、搜救等方面，中国与相关国家展开互助合作。“雪龙”号考察船和“雪鹰 601”固定翼飞机多次参与南极救助行动。

中国依托南极考察活动，初步建立门类齐全、体系完备、基本稳定的科研队伍，组建涵盖南极海洋、测绘遥感、大气化学等领域的重点实验室，在南极冰川学、空间科学、气候变化科学等领域取得一批突破性成果，推动南极科学研究由单一学科研究向跨学科综合研究发展。截至 2022 年 12 月底，中国已组织开展了 39 次南极考察活动，开展了地球科学、生命科学、天文学等多学科考察。

（三）南极生态环境保护

中国倡导以保护科学价值和环境价值等为目标，合理开展南极区域保护。根据《议定书》确立的区域保护和管理机制，中国于 2008 年单独提议设立了格罗夫山哈丁山南极特别保护区。此外，中国还与澳大利亚、俄罗斯、印度等国联合提议设立了阿曼达湾南极特别保护区、斯托尼斯半岛南极特别保护区和拉斯曼丘陵南极特别管理区，有效保护相关区域的环境，促进有关各方交流合作。

在第43届ATCM上，中国积极参与，向大会工作组提交了《关于加强罗斯海企鹅种群动态研究与监测合作的提案》，(Proposal to Enhance Cooperation in the Research and Monitoring on the Population Dynamics of Penguins in the Ross Sea Region)，报告了罗斯海企鹅种群的重要性和动态变化。随着近20年罗斯海地区帝企鹅和阿德利企鹅数量的增长，中国建议促进国际合作和数据共享，以开展全面、协调、长期、准确的罗斯海企鹅种群动态研究、监测和评估，揭示企鹅数量变化的模式及包括环境因素在内的驱动因素，同时将相关科学需求纳入相关的ATCM和CEP工作计划中。① 在第23届CEP期间，中国同意大利、韩国提议在罗斯海建立南极特别保护区②，还针对南极特别保护区管理计划中的某些措辞问题提出了建议。③ 中方认为，CEP应提醒ATCM，CCAMLR应制定并通过《罗斯海区域海洋保护区研究与监测计划》（Ross Sea Region Marine Protected Area，RSRMPA），这将有助于确定开展和支持相关研究和监测活动的机会。④ 中国还提交了《推动科学研究为南极决策提供信息》（Promoting Scientific Research to Inform the Antarctic Decision-Making）的文件。该文件建议CEP进行全面的基线数据收集，以及对与海洋环境和保护区系统有关的威胁/风险进行评估，并确定管理缺口，以提高南极决策过程中科学应用的可靠性和适应性。⑤

在2022年召开的第44届ATCM上，中国表示将继续致力于全面保护南极生态系统，支持南极条约体系这一决策制度。针对大多数缔约方的意见，中国重申愿在科学基础上，根据《南极条约》和《议定书》，努力达成共识，并强调缔约方应遵守已达成的规则。⑥ 南极特别保护物种（Antarctic Specially Protected Species，ASPS）是一种与其他南极本土动植物相比，向某一类物种提供额外或特殊保护的重要机制。本届会议中，中国向ATCM以及CEP提交《南极特殊保护物种法律框架及其应用综述》(An Overview on the Legal Framework on Antarctic Specially Protected Species and Its

---

① Final Report of 43th ATCM, para. 187.

② Ibid, para. 69.

③ Ibid, para. 77~78.

④ Ibid, para. 103.

⑤ Ibid, para. 170.

⑥ Final Report of 44th ATCM, para. 45.

Application）工作文件，提出具有建设性的建议。①

（四）南极国际治理与合作

中国于1983年加入《南极条约》，1985年成为南极条约协商国，1994年批准《议定书》，之后又陆续批准了《议定书》的5个附件。中国于1986年成为SCAR的正式成员国。1988年成为COMNAP的创始成员国。2006年中国批准加入CAMLR公约，成为CCAMLR成员国，全面参与南极海洋生物资源的养护和合理利用。中国在实践中已实际执行了《南极条约》《议定书》及其附件以及《CAMLR公约》等有关规定，并在积极推进关于南极活动的国内立法进程。

中国积极参与了涉及南极的国际重大科研项目合作。中国还积极开展与相关国家在南极科学考察与研究领域的双边合作，与有关国家②在南极研究、保障、科普等领域开展广泛合作，签署了多个政府间或研究机构间合作协议。此外，中国还积极推动区域国家间加强南极交流与合作，中国与日本、韩国共同倡导发起成立了亚洲唯一的区域性极地科学合作组织——“极地科学亚洲论坛”，旨在加强亚洲国家之间的协调，鼓励和推进亚洲国家在极地科学研究方面的合作与发展。

四、小　结

《南极条约》冻结南极领土主权主张，随着南极各类活动的增多，南极治理议题不断丰富和发展。中国是《南极条约》协商国、《CAMLR公约》及《议定书》缔约国，在南极条约体系框架下，积极参与南极国际治理，持续开展南极科学考察研究，坚定维护南极的和平利用，有效推进南极相关国际合作。南极关乎人类生存和可持续发展的未来，建设一个和平稳定、环境友好、治理公正的南极，符合中国和国际社会的共

---

① An Overview on the Legal Framework on Antarctic Specially Protected Species and Its Application, Working Paper submitted by the Delegation of China (WP24), https://www.ats.aq/devAS/Meetings/DocDatabase?lang=e, 2022年11月26日登录。主要提出以下建议：（1）根据2005年通过的《CEP按照议定书附件二规定提议新增和修订南极特别保护物种的指南》（以下简称《指南》），再次确认指定SPS的重要性以及建议的审议程序；（2）将未来的ASPS指定与之前的ATCM和CEP实践保持一致，特别是在充分科学信息的基础上应用标准和方法；（3）鼓励SCAR根据以往的实践，使用最新的国际自然保护联盟的标准来评估物种灭绝的风险；（4）审查和协调《指南》与议定书附件二之间的不一致之处。

② 美国、日本、韩国、泰国、澳大利亚、新西兰、智利、乌拉圭、俄罗斯、挪威、比利时、德国、法国、意大利、英国和欧盟等。

同利益。中国将坚定不移地走和平利用南极之路，坚决维护南极条约体系稳定，加大南极事业投入，提升参与南极治理能力，为南极乃至世界和平稳定与可持续发展做出更大的贡献。①

① 《国家海洋局发布〈中国的南极事业〉》，中国政府网，2017 年 5 月 23 日，http：//www. gov. cn/xinwen/2017-05/23/content_5196076. htm，2022 年 10 月 25 日登录。

附　录

附录 1

2022 年联合国海洋大会宣言草案（里斯本宣言）

我们的海洋、我们的未来、我们的责任

1. 我们，各国元首和政府首脑以及高级代表，于 2022 年 6 月 27 日至 7 月 1 日在里斯本举行总主题为“扩大基于科学和创新的海洋行动，促进落实目标 14：评估、伙伴关系和解决办法”的联合国支持落实《2030 年可持续发展议程》可持续发展目标 14 的会议，期间民间社会和其他相关利益攸关方均有参与，我们重申坚定承诺保护和可持续利用海洋和海洋资源。要解决海洋的严峻状况，各级都需要提振雄心。作为政府领导人和政府代表，我们决心果断而紧迫地采取行动，改善海洋及其生态系统的健康、生产力、可持续利用和复原力。

2. 我们重申 2017 年 6 月 5 日至 9 日举行的联合国支持落实可持续发展目标 14 即保护和可持续利用海洋和海洋资源以促进可持续发展高级别会议通过的题为“我们的海洋、我们的未来：行动呼吁”的宣言。

3. 我们认识到，没有海洋，就没有我们星球上的生命，就没有我们的未来。海洋是地球生物多样性的重要来源，在气候系统和水循环中发挥至关重要的作用。海洋提供一系列生态系统服务，为我们提供呼吸的氧气，促进粮食安全、营养及体面工作和生计，充当温室气体的汇和库，保护生物多样性，提供包括全球贸易使用的海上运输手段，是我们自然和文化遗产的重要组成部分，在可持续发展、可持续海洋经济和消除贫困方面发挥至关重要的作用。我们强调目标 14 与其他可持续发展目标之间的相互关联和潜在协同作用，并确认目标 14 的实施可大大促进《2030 年议程》的实现，因为该议程具有整体性和不可分割性。

4. 因此，我们对海洋面临的全球紧急情况深感震惊。海平面不断上升，海岸侵蚀正在恶化，海洋温度上升并且酸度增加。海洋污染正在以惊人的速度增加，三分之一的鱼类种群被过度开发，海洋生物多样性继续减少，所有活珊瑚约有一半已经消失，同时外来入侵物种对海洋生态系统和资源构成重大威胁。虽然在实现目标 14 的一些具

体目标方面取得了进展，但行动没有以实现我们的目标所需的速度或规模得到推进。我们对集体未能实现 2020 年到期的具体目标 14. 2、14. 4、14. 5 和 14. 6 深感遗憾，我们再次承诺采取紧急行动，并在全球、区域和次区域各级开展合作，以便尽快实现所有具体目标，避免不当拖延。

5. 我们重申，气候变化是我们时代面临的最大挑战之一，我们对气候变化对海洋和海洋生物的不利影响深感震惊，其中包括海洋温度上升、海洋酸化、脱氧、海平面上升、极地冰盖减少、包括鱼类在内的海洋物种的丰度和分布发生变化、海洋生物多样性减少、海岸侵蚀和极端天气事件以及对岛屿和沿海社区的相关影响，政府间气候变化专门委员会在其题为《气候变化中的海洋和冰冻圈特别报告》及其历次报告中强调了这些影响。

6. 我们强调落实《联合国气候变化框架公约》下通过的《巴黎协定》尤为重要，包括落实将气温升幅控制在工业化前水平以上低于 2 摄氏度之内并努力将气温升幅限制在 1. 5 摄氏度之内的目标，认识到这将显著降低气候变化的风险和影响，有助于确保海洋的健康、生产力、可持续利用和复原力，从而确保我们的未来。我们回顾，《巴黎协定》第二条第二款规定，协定的履行将体现公平以及共同但有区别的责任和各自能力的原则，考虑不同国情。我们还强调需要适应气候变化不可避免的影响。我们重申落实关于减缓、适应以及向包括小岛屿发展中国家在内的发展中国家提供和调动资金、技术转让和能力建设的《格拉斯哥气候协议》的重要性。我们欢迎框架公约缔约方决定确认必须保护、养护和恢复生态系统，包括海洋生态系统，以提供关键服务，包括充当温室气体的汇和库，减少受气候变化影响的脆弱性，并支持可持续生计，包括土著人民和地方社区的生计。我们还欢迎邀请《框架公约》下的相关工作方案和组成机构审议如何将海洋行动纳入相关任务规定和工作计划并予以加强，并欢迎邀请附属科学技术咨询机构主席举行年度对话，以加强海洋行动。

7. 我们深为关切第二次世界海洋评估和生物多样性和生态系统服务政府间科学与政策平台《生物多样性和生态系统服务全球评估报告》所强调的关于人类对海洋的累积影响，包括生态系统退化和物种灭绝，以及“同一健康”方针所确认的关于对食品安全和人类健康的影响的评估结果。我们认识到需要进行变革，并致力于制止和扭转海洋生态系统和生物多样性健康状况下降的趋势，保护和恢复海洋复原力和生态完整性。我们呼吁制定一个雄心勃勃、平衡、务实、有效、稳健和具有变革性的 2020 年后全球生物多样性框架，供第十五次生物多样性公约缔约方大会第二期会议通过。我们注意到 100 多个会员国自愿承诺到 2030 年通过海洋保护区和其他有效的划区养护措施养护或保护至少 30%的全球海洋。我们强调，强有力的治理和为发展中国家特别是小岛屿发展中国家提供充足资金，对于有效落实和维持这类区域和措施至关重要。我们还认识到联合国生态系统恢复十年（2021—2030）及其关于支持和扩大努力以防止、制止和扭转世界各地的生态系统退化的呼吁具有重要意义。

8. 我们欢迎第五届联合国环境规划署联合国环境大会续会2022年3月2日第5/14号决议决定召集一个政府间谈判委员会，以制定一项关于塑料污染，包括海洋环境中的塑料污染的具有法律约束力的国际文书，其中可包括具有约束力和自愿性的做法，其基础是处理塑料的整个生命周期的综合办法，同时除其他外考虑到《关于环境与发展的里约宣言》各项原则以及各国国情和能力。

9. 我们认识到冠状病毒病（COVID-19）大流行对海洋经济、特别是对小岛屿发展中国家海洋经济的破坏性影响，鉴于小岛屿发展中国家对海洋经济以及对海员和渔业社区的依赖，这些国家在疫情中受到的不利影响格外严重。我们还认识到，由于废物管理不当，包括个人防护装备等塑料废物管理不当，导致海洋中的海洋塑料垃圾和微塑料问题加剧，COVID-19大流行对海洋健康构成威胁。我们申明，保护和可持续利用海洋，推进基于自然的解决方案、基于生态系统的办法，在确保以可持续、包容、有环境复原力的方式从COVID-19大流行中恢复方面发挥关键作用。

10. 我们强调，我们落实目标14的行动应遵守、增进而不是重复或破坏现有的法律文书、安排、程序、机制或实体。我们申明，必须实施《联合国海洋法公约》所体现的国际法，加强对海洋及其资源的保护和可持续利用。如“我们希望的未来”第158段所述，《海洋法公约》为保护和可持续利用海洋及其资源确立了法律框架。我们注意到，2022年是《公约》通过四十周年。

11. 我们认识到，根据《联合国海洋法公约》的规定就国家管辖范围以外区域海洋生物多样性的养护和可持续利用问题拟订一份具有法律约束力的国际文书政府间会议正在开展的工作具有重要性，并促请各参会代表团毫不延迟地达成一项雄心勃勃的协定。

12. 我们还认识到，联合国海洋科学促进可持续发展十年（2021—2030年）及其实现我们希望的海洋所需要的科学的愿景具有重要性。我们支持十年的使命，即生成和利用知识，以采取必要的变革性行动，到2030年及以后实现健康、安全、有复原力的海洋，促进可持续发展。我们充分支持联合国教育、科学及文化组织政府间海洋学委员会落实十年的工作，并承诺支持这些努力。

13. 我们强调，符合预防性办法和基于生态系统的办法的基于科学的创新行动以及基于科学、技术、创新的国际合作和伙伴关系，可通过以下方式为克服实现目标14方面的挑战提供必要的解决办法：

（a）通过增进我们对人类活动对海洋的累积影响的了解，预测计划活动的影响，消除或尽量减少其负面影响，以及增进对所采取措施的有效性的了解，为海洋综合管理、规划和决策提供信息；

（b）在尽可能短的时间内使鱼群量恢复到并保持在至少产生最高可持续产量的水平，包括为此执行基于科学的管理计划，尽量减少废物、无用兼捕渔获物和丢弃物，打击非法、未报告和无管制的捕捞，包括为此使用监测、管制和监督技术工具，根据具体目标 14.6 终止有害补贴，并对渔业采用生态系统办法，保护重要生境，促进协作式决策进程，纳入所有利益攸关方，包括小规模和手工渔业，同时认识到两者在消除贫困和终止粮食不安全方面的作用，以及国际手工渔业和水产养殖年的重要性；

（c）动员开展行动，促进可持续渔业和可持续水产养殖，以获得充足、安全、有营养的食物，同时认识到健康的海洋在有复原力的粮食系统和实现《2030 年议程》方面的核心作用；

（d）通过增进我们对污染来源、途径和对海洋生态系统的影响的了解，并通过促进包括改进废物管理在内的全面生命周期和从源头到海洋的办法，防止、减少和控制陆地和海洋来源造成的各种海洋污染，包括营养盐污染、未经处理的废水、固体废物排放、有害物质、海事部门排放，包括航运、沉船污染和人为水下噪音；

（e）防止、减少和消除海洋塑料垃圾，包括一次性塑料和微塑料，包括为此促进全面的生命周期办法，鼓励资源效率和回收利用以及无害环境废物管理，确保可持续消费和生产模式，为消费和工业用途开发可行的替代品，同时考虑到对环境的全面影响、产品设计创新和针对海洋环境中已有海洋塑料垃圾进行的无害环境补救，并认识到第五届联合国环境大会续会设立了一个政府间谈判委员会，以制定一项关于塑料污染的具有法律约束力的国际文书；

（f）有效规划和实施划区管理工具，包括管理有效公平、具有生态代表性和连通性良好的海洋保护区，以及其他有效的划区养护措施、沿海区综合管理和海洋空间规划，为此除其他外评估其多重生态、社会经济和文化价值，并根据国家立法和国际法采用预防性办法和基于生态系统的办法；

（g）制定和执行各项措施，以减缓和适应气候变化，避免、最大限度地减少和处理损失和损害，减少灾害风险和增强复原力，包括为此增加使用可再生能源技术，特别是海洋技术，减少海洋极端天气事件的风险并为之做好准备，包括为此开发多种灾害预警系统，将基于生态系统的减少灾害风险办法纳入各级和减少和管理灾害风险的所有阶段，减少海平面上升的影响，减少海上运输包括航运的排放，并实施基于自然的解决方案、基于生态系统的办法，以便除其他外促进碳固存和防止海岸侵蚀。

14. 我们承诺紧急采取下列基于科学的创新行动，同时认识到发展中国家、特别是小岛屿发展中国家和最不发达国家面临需要应对的能力挑战：

（a）加强国际、区域、次区域和国家各级科学和系统的观测和数据收集工作，包括环境和社会经济数据的收集工作，特别是在发展中国家，改进数据和知识的及时分享和传播，包括为此通过开放使用数据库广泛提供数据，投资于国家统计系统，实现数据标准化，确保数据库之间的互操作性，将数据综合成供政策制定者和决策者参考的信息，并支持发展中国家的能力建设，以改进数据收集和分析；

(b) 确认土著人民和地方社区的土著、传统和地方知识、创新和做法的重要作用，以及社会科学在规划、决策和执行方面的作用；

(c) 加强全球、区域、次区域、国家和地方各级的合作，以加强海洋科学研究领域的协作、知识共享和最佳做法交流机制，包括为此开展南南合作和三方合作，并支持发展中国家克服其在获取技术方面的制约，包括为此加强科学、技术和创新基础设施、国内创新能力、吸收能力和国家统计系统的能力，特别是在最脆弱国家，这些国家在收集、分析和使用可靠数据和统计方面面临最大挑战；

(d) 建立有效的伙伴关系，包括多利益攸关方伙伴关系、公私伙伴关系、跨部门伙伴关系、跨学科伙伴关系和科学伙伴关系，包括为此鼓励分享良好做法，宣传表现良好的伙伴关系，并为有意义的互动、联网和能力建设创造空间；

(e) 探索、制定和促进创新性筹资办法，以推动向可持续的海洋经济转型，并扩大基于自然的解决方案、基于生态系统的办法，以支持沿海生态系统的复原力、恢复和养护，包括为此建立公私部门伙伴关系和资本市场工具，提供技术援助，以提高项目的可融资性和可行性，并将海洋自然资本的价值纳入决策的主流，解决筹资障碍，同时认识到发达国家需要提供进一步支持，特别是在能力建设、筹资和技术转让方面；

(f) 增强妇女和女童权能，因为她们充分、平等、有意义的参与是迈向可持续的海洋经济和实现目标 14 的关键，并将性别观点纳入我们保护和可持续利用海洋及其资源的工作的主流；

(g) 通过促进和支持普及海洋知识的高质量教育和终身学习，确保赋予人们，特别是儿童和青年相关知识和技能，使他们能够理解促进海洋健康的重要性和必要性，包括在决策中这样做的重要性和必要性；

(h) 通过海洋环境状况（包括社会经济方面问题）全球报告和评估经常程序等进程，加强落实目标 14 及其具体目标的科学-政策接口，确保政策以现有的最佳科学和相关的土著、传统和地方知识为依据，并强调可加以推广的政策和行动；

(i) 尽快减少国际海运、特别是航运的温室气体排放，同时确认国际海事组织的领导作用，考虑到其关于减少船舶温室气体排放的初步战略，期待其即将进行的审查，并注意到需要加强其雄心，以实现《巴黎协定》的温度目标，同时确定明确的中期目标，确保对研发以及港口和船舶等新基础设施的投资提高面对气候影响的复原力，不让任何人掉队，指出在采取一项措施之前，应酌情评估和考虑到该措施对会员国的影响，并应特别关注发展中国家、特别是小岛屿发展中国家和最不发达国家的需要。

15. 我们承诺履行我们在会上各自作出的自愿承诺，敦促在 2017 年会议上作出自愿承诺的国家确保适当审查和跟进其进展情况。

16. 我们强烈呼吁秘书长继续努力，在执行《2030 年议程》的工作中支持落实目标 14，特别是为此通过联合国海洋网络所做的工作，加强整个联合国系统在海洋问题上的机构间协调统一。

17. 我们深知，让海洋保持健康、多产，有可持续性、复原力，藉此恢复与自然界的和谐，对我们的地球、我们的生活和我们的未来至关重要。我们呼吁所有利益攸关方紧急采取雄心勃勃和协调一致的行动，加快落实工作，以尽快实现目标 14，不加不当拖延。

来源：联合国海洋大会网站，https：//documents-dds-ny. un. org/doc/UNDOC/GEN/N22/389/06/PDF/N2238906. pdf？OpenElement，2023 年 3 月 10 日登录。

附录 2

2022 年国家社会科学基金涉海项目简表

序号	项目名称	负责人	承担单位	项目类别
1	新时代构建海洋命运共同体理念的原创性贡献研究	陈娜	云南大学	一般项目
2	习近平总书记关于海洋强国的重要论述研究	王善	海南大学	一般项目
3	中国海洋经济核算供给与使用的理论架构、实践应用与国际比较研究	宋维玲	国家海洋信息中心	一般项目
4	可追溯视角下我国海洋捕捞渔业法律监管机制研究	何娟	上海交通大学	一般项目
5	国际软法在全球海洋治理中的功能及其优化路径研究	叶泉	东南大学	一般项目
6	古代北方海洋史文献与文物资料整理研究及数据库建设	马光	山东大学	一般项目
7	宋代海洋开发与滨海社会形成研究	张宏利	渤海大学	一般项目
8	海洋文明共同体视野下靺鞨-女真东北亚海域活动研究	胡梧挺	黑龙江省社会科学院	一般项目
9	中国东南沿海疍民海洋文化遗产调查、整理与研究	周俊	燕山大学	一般项目
10	19 世纪美国海洋叙事的文学绘图研究	田颖	杭州师范大学	一般项目
11	我国海洋牧场高质量发展机制与政策研究	赵万里	大连海洋大学	一般项目
12	应对气候变化与海洋生物多样性保护协同治理机制研究	姜玉环	自然资源部第三海洋研究所	一般项目
13	新发展格局下我国海洋产业净碳排放核算、影响机制与政策模拟研究	李燕	山东大学	一般项目
14	北极航道开发与中俄海权合作研究	郑义炜	同济大学	一般项目
15	产权激励推动社会资本参与我国海洋生态修复的机理与对策研究	许志华	中国海洋大学	青年项目

来源：《2022 年国家社会科学基金年度项目和青年项目立项结果公布》，全国哲学社会科学工作办公室，2022 年 9 月 30 日，http：//www. nopss. gov. cn/n1/2022/0930/c431027-32538160. html，2023 年 3 月 10 日登录。

附录 3

2022 年中国在海洋科学领域发表 SCI 论文情况

表 1　2022 年中国在海洋科学领域发表 SCI 论文所属学科情况

序号	学科类别	SCI 论文篇数	各学科 SCI 论文数占总 SCI 论文数的百分比/(%)
1	环境科学	2 447	22. 58
2	地球科学	1 864	17. 20
3	海洋学	1 422	13. 12
4	气象学	1 076	9. 93
5	海洋和淡水生物学	897	8. 28
6	遥感	786	7. 25
7	地球化学和地球物理学	740	6. 838
8	海洋工程学	730	6. 74
9	影像科学与摄影技术	717	6. 62
10	船舶轮机工程	660	6. 09
11	工程电气电子	632	5. 83
12	土木工程	595	5. 49
13	水利	356	3. 29
14	材料科学	350	3. 23
15	能源燃料	334	3. 08
16	自然地理学	317	2. 93
17	微生物学	260	2. 40
18	多学科科学	255	2. 35

续表

序号	学科类别	SCI 论文篇数	各学科 SCI 论文数占总 SCI 论文数的百分比/(%)
19	环境工程学	230	2.12
20	综合化学	228	2.10
21	应用物理学	219	2.02
22	生态学	199	1.84
23	渔业学	199	1.84
24	地质学	194	1.79
25	工程化学	167	1.54

注：根据 web of science 数据库查询结果整理得到。

表 2　2022 年中国在海洋科学领域发表 SCI 论文所属科研机构情况

序号	所属机构	SCI 论文篇数	各科研机构发表 SCI 论文数占总 SCI 论文数的百分比/(%)
1	中国科学院	2 646	24.416
2	中国科学院大学	1 167	10.769
3	青岛海洋科学与技术试点国家实验室	1 110	10.243
4	自然资源部	1 094	10.095
5	中国海洋大学	939	8.665
6	南方海洋科学与工程广东省实验室（珠海）	713	6.579
7	中国地质大学	587	5.417
8	中山大学	429	3.959
9	南京信息工程大学	424	3.913
10	中国科学院海洋研究所	415	3.829
11	中国科学院南海海洋研究所	325	2.999
12	浙江大学	322	2.971
13	厦门大学	321	2.962

续表

序号	所属机构	SCI 论文篇数	各科研机构发表 SCI 论文数占总 SCI 论文数的百分比/(%)
14	中国科学院大气物理研究所	318	2. 934
15	上海交通大学	312	2. 879
16	中国地质调查局	280	2. 584
17	南京大学	268	2. 473
18	南方海洋科学与工程广东省实验室（广州）香港分部	256	2. 362
19	河海大学	246	2. 27
20	上海海洋大学	242	2. 233
21	农业农村部	236	2. 178
22	中国气象局	221	2. 039
23	北京大学	220	2. 03
24	中国石油大学	203	1. 873
25	同济大学	202	1. 864

注：根据 web of science 数据库查询结果整理得到。